fy nodiadau adolygu

CBAC UG
MATHEMATEG

Sophie Goldie
Rose Jewell

Golygydd y Gyfres:
Elaine Lambert

CBAC UG Mathemateg: Fy Nodiadau Adolygu

Addasiad Cymraeg o *WJEC AS Mathematics: My Revision Notes* a gyhoeddwyd yn 2019 gan Hodder Education

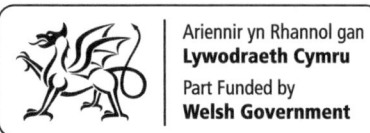

Cyhoeddwyd dan nawdd Cynllun Adnoddau Addysgu a Dysgu CBAC

Gwnaed pob ymdrech i gysylltu â'r holl ddeiliaid hawlfraint, ond os oes unrhyw rai wedi'u hesgeuluso'n anfwriadol, bydd y cyhoeddwyr yn falch o wneud y trefniadau angenrheidiol ar y cyfle cyntaf.

Er y gwnaed pob ymdrech i sicrhau bod cyfeiriadau gwefannau yn gywir adeg mynd i'r wasg, nid yw Hodder Education yn gyfrifol am gynnwys unrhyw wefan y cyfeirir ati yn y llyfr hwn. Weithiau mae'n bosibl dod o hyd i dudalen we a adleolwyd trwy deipio cyfeiriad tudalen gartref gwefan yn ffenestr LlAU (*URL*) eich porwr.

Polisi Hachette UK yw defnyddio papurau sy'n gynhyrchion naturiol, adnewyddadwy ac ailgylchadwy o goed a dyfwyd mewn coedwigoedd cynaliadwy. Disgwylir i'r prosesau torri coed a gweithgynhyrchu gydymffurfio â rheoliadau amgylcheddol y wlad y mae'r cynnyrch yn tarddu ohoni.

Archebion: Bookpoint Ltd, 130 Milton Park, Abingdon, Oxon OX14 4SE. Ffôn: (44) 01235 827827. Ffacs: (44) 01235 400401. E-bost: education@bookpoint.co.uk. Mae'r llinellau ar agor rhwng 9.00 a 17.00 o ddydd Llun i ddydd Sadwrn, gyda gwasanaeth ateb negeseuon 24 awr. Gallwch hefyd archebu trwy wefan Hodder Education: www.hoddereducation.co.uk.

ISBN: 978 1 5104 8628 7

© Sophie Goldie, Stella Dudzic, Rose Jewell, Elaine Lambert, Roger Porkess, Catherine Berry, Diana Boynova, Tom Button, David Holland, Richard Lissaman, Sue de Pomerai a MEI 2018 (Yr argraffiad Saesneg)

Cyhoeddwyd gyntaf yn 2020 gan
Hodder Education,
An Hachette UK Company,
Carmelite House,
50 Victoria Embankment
London EC4Y 0DZ

www.hoddereducation.co.uk

© CBAC 2020 (Yr argraffiad Cymraeg hwn ar gyfer CBAC)

Cedwir pob hawl. Heblaw am ddefnydd a ganiateir o dan gyfraith hawlfraint y DU, ni chaniateir atgynhyrchu na thrawsyrru unrhyw ran o'r cyhoeddiad hwn mewn unrhyw ffurf na thrwy unrhyw gyfrwng, yn electronig nac yn fecanyddol, gan gynnwys llungopïo a recordio, na'i chadw mewn unrhyw system storio ac adfer gwybodaeth, heb ganiatâd ysgrifenedig gan y cyhoeddwr neu dan drwydded gan yr Asiantaeth Drwyddedu Hawlfraint Cyfyngedig. Gellir cael rhagor o fanylion am drwyddedau o'r fath (ar gyfer atgynhyrchu reprograffig) gan yr Asiantaeth Drwyddedu Hawlfraint Cyfyngedig: Copyright Licensing Agency Limited, www.cla.co.uk

Llun y clawr © Valex – stock.adobe.com

Teiposodwyd yn Integra Software Services Pvt. Ltd., Pondicherry, India

Argraffwyd yn Sbaen.

Mae cofnod catalog y teitl hwn ar gael gan y Llyfrgell Brydeinig.

Manteisio'n llawn ar y llyfr hwn

Croeso i'ch Canllaw Adolygu ar gyfer cwrs Mathemateg UG CBAC. Bydd y llyfr hwn yn eich atgoffa o'r wybodaeth a'r sgiliau y bydd disgwyl i chi eu dangos yn yr arholiad. Bydd cyfleoedd hefyd i wirio ac ymarfer y sgiliau hynny ar gwestiynau enghreifftiol. Bydd awgrymiadau a nodiadau drwy'r llyfr i'ch helpu i osgoi camgymeriadau cyffredin a rhoi gwell dealltwriaeth i chi o'r hyn sydd ei angen yn yr arholiad.

Mae atebion i'r holl gwestiynau yng nghefn y llyfr.

Nodweddion i'ch helpu chi i lwyddo

Targedu wrth adolygu

Defnyddiwch y cwestiynau hyn ar ddechrau pob un o'r pum adran er mwyn i chi, wrth adolygu, ganolbwyntio ar y testunau hynny sy'n achosi'r anhawster mwyaf i chi. Mae'r **Atebion** yng nghefn y llyfr.

Ynglŷn â'r testun hwn

Ar ddechrau pob pennod, bydd hyn yn rhoi trosolwg cryno o'i chynnwys.

Cyn dechrau, cofiwch

Crynodeb o'r pethau allweddol mae angen i chi eu gwybod **cyn** i chi ddechrau ar y bennod.

Ffeithiau allweddol

Gwnewch yn siŵr eich bod yn deall yr holl ffeithiau allweddol ym mhob is-adran. Mae'r rhain yn rhoi rhestr wirio ddefnyddiol os byddwch chi'n cael trafferth â chwestiwn.

Enghraifft wedi'i hateb

Mae enghreifftiau wedi'u hateb yn llawn yn dangos i chi beth mae'r arholwr yn disgwyl ei weld i sicrhau marciau llawn yn yr arholiad. Mae'r enghreifftiau'n cwmpasu'r sbectrwm llawn o'r math o gwestiynau y gallwch chi eu disgwyl.

Awgrym

Bydd awgrymiadau gan arbenigwyr yn cael eu rhoi drwy'r llyfr i'ch helpu chi i wneud yn dda yn yr arholiad.

Camgymeriadau cyffredin

Bydd yr adrannau hyn yn tynnu eich sylw at gamgymeriadau cyffredin gan fyfyrwyr, er mwyn i chi eu hosgoi.

Profi eich hun

Setiau byr o gwestiynau i brofi eich dealltwriaeth o bob testun. Mae'r **Atebion** yng nghefn y llyfr.

Cwestiynau enghreifftiol

Ar gyfer pob testun, dyma gwestiynau nodweddiadol y gallwch chi ddisgwyl eu gweld yn yr arholiad. Mae'r **Atebion** yng nghefn y llyfr.

Cwestiynau adolygu

Ar ôl i chi gwblhau pob un o'r pum adran yn y llyfr, atebwch y cwestiynau hyn er mwyn ymarfer mwy. Mae'r **Atebion** yng nghefn y llyfr.

Ar ddiwedd y llyfr, fe welwch chi wybodaeth ddefnyddiol:

Paratoi at yr arholiad

Mae hyn yn cynnwys awgrymiadau a chyngor ar adolygu ar gyfer arholiad Mathemateg UG, a manylion union strwythur y papurau arholiad.

Gwnewch yn siŵr eich bod chi'n gwybod y fformiwlâu hyn ar gyfer eich arholiad

Dyma restr gryno o'r holl fformiwlâu mae angen i chi eu cofio a'r fformiwlâu a fydd yn cael eu rhoi i chi yn yr arholiad.

Sylwch y gallai'r daflen fformiwlâu, fel mae wedi'i darparu gan y bwrdd arholi ar gyfer yr arholiad, newid.

Yn ystod eich arholiad

Mae hyn yn cynnwys geiriau allweddol i'w gwylio, camgymeriadau cyffredin i'w hosgoi a chyngor os byddwch chi'n cael trafferth â chwestiwn.

Fy rhestr wirio adolygu

ADRAN 1: UNED 1 MATHEMATEG BUR

Targedu wrth adolygu (Penodau 1–4)

Pennod 1 Prawf
  2   Prawf

Pennod 2 Indecsau a syrdiau
  5   Indecsau a syrdiau

Pennod 3 Hafaliadau cwadratig
  9   Hafaliadau cwadratig

Pennod 4 Hafaliadau ac anhafaleddau
  15 Hafaliadau cydamserol
  18 Anhafaleddau

Cwestiynau adolygu (Penodau 1–4)

ADRAN 2: UNED 1 MATHEMATEG BUR

Targedu wrth adolygu (Penodau 5–8)

Pennod 5 Geometreg gyfesurynnol
  24 Llinellau syth
  29 Cylchoedd

Pennod 6 Trigonometreg
  34 Gweithio â ffwythiannau trigonometrig
  39 Trionglau heb onglau sgwâr

Pennod 7 Polynomialau
  42 Gweithio â pholynomialau
  46 Y theorem ffactor a braslunio cromliniau
  49 Ehangiadau binomaidd

Pennod 8 Graffiau a thrawsffurfiadau
  53 Braslunio cromliniau a thrawsffurfiadau
  59 Graffiau ffwythiannau trigonometrig

Cwestiynau adolygu (Penodau 5–8)

ADOLYGU	PROFI	YN BAROD AR GYFER YR ARHOLIAD

ADRAN 3: UNED 1 MATHEMATEG BUR

Targedu wrth adolygu (Penodau 9–12)

Pennod 9 Differu
- 64 Tangiadau a normalau
- 68 Ffwythiannau cynyddol a lleihaol, a throbwyntiau
- 72 Deilliadau uwch a graff $\frac{dy}{dx}$
- 76 Cymwysiadau a differu o egwyddorion sylfaenol

Pennod 10 Integru
- 80 Integru fel y broses wrthdro i ddifferu
- 83 Darganfod arwynebeddau

Pennod 11 Fectorau
- 89 Fectorau

Pennod 12 Ffwythiannau esbonyddol a logarithmau
- 93 Ffwythiannau esbonyddol a logarithmau
- 99 Modelu cromliniau

Cwestiynau adolygu (Penodau 9–12)

ADRAN 4: UNED 2 YSTADEGAETH

Targedu wrth adolygu (Penodau 13–17)

Pennod 13 Casglu data
- 109 Casglu data

Pennod 14 Prosesu, cyflwyno a dehongli data
- 112 Mesurau ystadegol
- 117 Dehongli diagramau
- 125 Data deunewidyn

Pennod 15 Tebygolrwydd
- 131 Gweithio â thebygolrwydd

Pennod 16 Dosraniadau tebygolrwydd
    137 Hapnewidynnau arwahanol
    140 Y dosraniad unffurf arwahanol
    143 Y dosraniad binomaidd
    147 Y dosraniad Poisson

Pennod 17 Profi rhagdybiaethau ystadegol gan ddefnyddio'r dosraniad binomaidd
    151 Profi rhagdybiaethau ystadegol gan ddefnyddio'r dosraniad binomaidd (profion ungynffon)
    157 Profion dwygynffon

Cwestiynau adolygu (Penodau 13–17)

ADRAN 5: UNED 2 MECANEG

Targedu wrth adolygu (Penodau 18–21)

Pennod 18 Cinemateg
    165 Defnyddio graffiau i ddadansoddi mudiant
    171 Defnyddio fformiwlâu cyflymiad cyson
    174 Mudiant fertigol o dan effaith disgyrchiant

Pennod 19 Grymoedd a deddfau mudiant Newton
    177 Grymoedd a deddf gyntaf Newton
    181 Ail ddeddf Newton
    183 Trydedd ddeddf Newton a gronynnau cysylltiedig

Pennod 20 Cyflymiad amrywiol
    187 Cyflymiad amrywiol

Pennod 21 Deddfau Newton mewn 2 ddimensiwn
    191 Cinemateg mewn 2 ddimensiwn

Cwestiynau adolygu (Penodau 18–21)

    197 Paratoi at yr arholiad
    198 Gwnewch yn siŵr eich bod chi'n gwybod y fformiwlâu hyn ar gyfer eich arholiad...
    203 Yn ystod eich arholiad
    206 Atebion

ADRAN 1
UNED 1 MATHEMATEG BUR

Targedu wrth adolygu (Penodau 1–4)

1. **Defnyddio prawf drwy ddiddwytho**
   Profwch fod swm sgwariau unrhyw ddau eilrif olynol yn gallu cael ei rannu â 4.
   (gweler tudalen 2)

2. **Defnyddio prawf drwy ddisbyddu**
   Mae **rhif perffaith** yn gyfanrif positif sy'n hafal i swm ei ffactorau (ac eithrio ef ei hun). Mae 6 yn rhif perffaith am mai ffactorau 6 yw 1, 2 a 3 ac mae $1 + 2 + 3 = 6$.
   Profwch mai 6 yw'r unig rif perffaith sy'n llai na 10.
   (gweler tudalen 2)

3. **Darganfod gwrthenghraifft i wrthbrofi tybiaeth**
   Drwy ddarganfod gwrthenghraifft, gwrthbrofwch y gosodiad canlynol.
   Mae $n^2 - 8n + 15$ yn bositif ar gyfer pob gwerth cyfanrifol o n.
   (gweler tudalen 2)

4. **Defnyddio a thrin syrdiau**
   Dangoswch y gall $\sqrt{48} + \sqrt{12}$ gael ei ysgrifennu ar ffurf $a\sqrt{b}$ lle mae a a b mor fach â phosibl.
   (gweler tudalen 5)

5. **Rhesymoli enwadur swrd**
   Symleiddiwch $\dfrac{2-\sqrt{3}}{2+\sqrt{3}}$.
   (gweler tudalen 5)

6. **Defnyddio ddeddfau indecsau**
   Symleiddiwch $\dfrac{12a^2b^3c^4}{(2ab^2c)^2}$.
   (gweler tudalen 5)

7. **Deall indecsau negatif a ffracsiynol**
   Ysgrifennwch $2^{-\frac{1}{2}} + \sqrt{2} + 2^{\frac{3}{2}}$ yn y ffurf $k\sqrt{2}$.
   (gweler tudalen 5)

8. **Gweithio â hafaliadau cwadratig**
   Defnyddiwch ffactorio i ddatrys $6x^2 - 7x - 3 = 0$. Trwy hynny brasluniwch gromlin $y = 6x^2 - 7x - 3$.
   (gweler tudalen 9)

9. **Cwblhau'r sgwâr**
   Ysgrifennwch $y = x^2 - 4x - 3$ yn y ffurf $y = (x+a)^2 + b$.
   (gweler tudalen 9)

10. **Defnyddio gwahanolyn cwadratig**
    Darganfyddwch werth(oedd) k fel bod gan yr hafaliad $4x^2 + kx + 9 = 0$ wreiddiau hafal.
    (gweler tudalen 9)

11. **Datrys hafaliadau cydamserol lle mae un hafaliad yn gwadratig**
    Darganfyddwch gyfesurynnau'r pwyntiau lle mae'r llinell $y = 2x + 1$ yn croestorri'r gromlin $y^2 = 6x + 7$.
    (gweler tudalen 15)

12. **Datrys anhafaleddau llinol**
    Datryswch $-6 < 3(1 - 2x) \leq 15$.
    (gweler tudalen 18)

13. **Datrys anhafaleddau cwadratig**
    Datryswch $x^2 - 2x - 15 > 0$.
    (gweler tudalen 18)

14. **Cynrychioli anhafaleddau ar ffurf graff**
    Ar ffurf graff, dangoswch y rhanbarth sy'n cael ei gynrychioli gan $x^2 + 3x - 5 \leq 2x + 1$.
    (gweler tudalen 18)

Atebion ar dudalen 206

GWIRIO ATEBION

Pennod 1 Prawf

Ynglŷn â'r testun hwn

Mae'r testun hwn yn datblygu'r sgiliau datrys problemau rydych chi wedi'u dysgu'n barod yn eich TGAU ac mae'n dangos sut i lunio dadl fathemategol a phrawf rhesymegol.

Cyn dechrau, cofiwch ...

- algebra a geometreg o TGAU Mathemateg
- gwahanol fathau o rif o TGAU Mathemateg.

Prawf

ADOLYGU

Ffeithiau allweddol

1. Mae $P \Rightarrow Q$ yn golygu 'mae P yn **ymhlygu** Q' neu 'mae P yn **arwain at** Q'.
   Felly mae Tom yn gath $\Rightarrow$ mae Tom yn famal.

2. Mae $P \Leftarrow Q$ yn golygu 'mae P yn **cael ei ymhlygu gan** Q' neu 'mae P yn **dilyn o** Q'.
   Nid yw 'mae Tom yn famal' yn ymhlygu 'mae Tom yn gath' – gallai fod yn gi!

3. Mae $P \Leftrightarrow Q$ yn golygu 'mae P yn **ymhlygu ac yn cael ei ymhlygu gan** Q' neu 'mae P yn **gywerth â** Q'.
   Er enghraifft, mae rhif yn eilrif $\Leftrightarrow$ mae'n bosibl ei rannu â 2.

4. **Cyfdro** $P \Rightarrow Q$ yw $P \Leftarrow Q$.

5. Mae **tybiaeth** yn osodiad mathemategol sy'n ymddangos yn debygol o fod yn wir, ond sydd heb gael ei brofi'n ffurfiol ei fod yn wir. Gallwch chi brofi tybiaeth drwy'r canlynol:
   - **Prawf drwy ddisbyddu**
   - **Prawf drwy ddiddwytho.**

6. Weithiau mae'n haws gwrthbrofi tybiaeth drwy ddarganfod **gwrthenghraifft**.

> Allwch chi ddim dweud mae Tom yn gath $\Leftarrow$ mae Tom yn famal.

> Rydych chi'n profi pob achos posibl – er mwyn disbyddu pob achos posibl.

> Dechreuwch â chanlyniad sy'n hysbys ac yna lluniwch ddadl resymegol sy'n dangos pam mae'n rhaid bod y dybiaeth yn wir. Mae'r math hwn o brawf yn aml yn defnyddio algebra.

> Dim ond un wrthenghraifft mae angen i chi ei darganfod er mwyn gwrthbrofi gosodiad.

Enghraifft wedi'i hateb

1 Prawf drwy ddisbyddu

Profwch nad oes gan unrhyw rif sgwâr ddigid olaf sy'n 8.

Datrysiad

Mae digid olaf mewn unrhyw rif sgwâr yn dod o sgwario'r digid olaf.

Profwch bob rhif un digid.

$0^2 = 0$, $1^2 = 1$, $2^2 = 4$, $3^2 = 9$, $4^2 = 16$, $5^2 = 25$
$6^2 = 36$, $7^2 = 49$, $8^2 = 64$, $9^2 = 81$, $10^2 = 100$

Nid oes gan yr un rhif un digid wedi'i sgwario ddigid olaf o 8, ac felly ni all yr un rhif sgwâr orffen ag 8.

> **Awgrym:** Mae prawf drwy ddisbyddu yn effeithiol pan fydd nifer cyfyngedig yn unig o achosion i'w gwirio.

> Meddyliwch am gyfrifo 123×123, dyweder, gan ddefnyddio lluosi hir. Bydd gan yr ateb ddigid olaf o 9.

Enghraifft wedi'i hateb

2 Prawf drwy ddiddwytho

Profwch fod y gwahaniaeth rhwng rhifau sgwâr olynol bob amser yn odrif.

Datrysiad

Os yw n yn gyfanrif cyffredinol, yna mae n^2 ac $(n+1)^2$ yn rhifau sgwâr olynol.

Mae hyn yn golygu bod y gwahaniaeth rhwng rhifau sgwâr olynol o'r ffurf

$$(n+1)^2 - n^2 = n^2 + 2n + 1 - n^2$$
$$= 2n + 1.$$

Nid oes modd rhannu $2n + 1$ â 2, felly mae'n rhaid bod y gwahaniaeth rhwng rhifau sgwâr olynol bob amser yn odrif.

Awgrym: I lunio'r prawf hwn, mae angen mynegiad cyffredinol arnoch chi ar gyfer y gwahaniaeth rhwng dau rif sgwâr olynol. I brofi a yw rhif yn odrif, mae angen i chi ddefnyddio diffiniad odrif, sef rhif nad oes modd ei rannu â 2.

Enghraifft wedi'i hateb

3 Gwrthbrawf drwy wrthenghraifft

A yw'n wir bod $x^2 \geq x$ ar gyfer pob rhif real?

Datrysiad

$1^2 = 1$

$50^2 = 2500$

$(-4)^2 = 16$

Fodd bynnag,

$\left(\dfrac{1}{2}\right)^2 = \dfrac{1}{4}$ a $\dfrac{1}{4} < \dfrac{1}{2}$, sy'n dangos nad yw'n wir bod

$x^2 \geq x$ ar gyfer pob rhif real.

Awgrymiadau:
- I ddangos bod tybiaeth yn anghywir, dim ond un achos lle nad yw'n gweithio, gwrthenghraifft, sydd ei hangen. Gall gwrthenghreifftiau fod yn anodd eu darganfod, ond mae'r dechneg yn bwerus iawn am mai un yn unig sydd ei hangen i brofi bod tybiaeth yn anghywir.
- Ar gyfer tybiaethau sy'n cynnwys rhifau, mae'n werth profi i weld a ydyn nhw'n gweithio ar gyfer rhifau negatif a ffracsiynau. Yn **Enghraifft wedi'i hateb 3**, mae'r dybiaeth bod $x^2 \geq x$ yn methu'n unig pan fydd $0 < x < 1$.

Profi eich hun

1. Mae prawf yn cynnwys y llinellau isod. Pa linell sy'n cynnwys gwall?
   Profwch, ar gyfer unrhyw rif real, N, lle mae $N \neq 0$, $N^0 = 1$.

   Gadewch i $N^0 = N^{(x-x)}$ [Llinell 1]
   $\Rightarrow N^0 = N^x \div N^{-x}$ [Llinell 2]
   $\Rightarrow N^0 = \dfrac{N^x}{N^x}$ [Llinell 3]
   $\Rightarrow N^0 = 1$ [Llinell 4]

2. Profwch neu gwrthbrofwch y gosodiad canlynol.
   'Ar gyfer pob gwerth n sy'n fwy na neu'n hafal i 1, mae $n^2 + 3n + 1$ yn rhif cysefin.'

3. Mae'n ymddangos bod y prawf isod yn dangos bod $2 = 0$.
   Mae'n rhaid bod y prawf yn cynnwys gwall. Ym mha linell mae'r gwall yn digwydd?

   Gadewch i $a = b = 1$
   $\Rightarrow a^2 = b^2$ [Llinell 1]
   $\Rightarrow a^2 - b^2 = 0$ [Llinell 2]
   $\Rightarrow (a+b)(a-b) = 0$ [Llinell 3]
   $\Rightarrow a + b = 0$ [Llinell 4]
   $\Rightarrow 2 = 0$ [Llinell 5]

4. Profwch, os yw cyfanrif, p, yn odrif, fod p^2 hefyd yn odrif.

Atebion ar dudalen 206

Cwestiwn enghreifftiol

Y lleiaf o bum cyfanrif olynol yw n.
i Ysgrifennwch y pedwar cyfanrif nesaf yn nhermau n.
ii Profwch y gall swm unrhyw bum cyfanrif olynol gael ei rannu â 5.
iii Gan ddefnyddio eich canlyniad o ran ii, ysgrifennwch swm 17, 18, 19, 20, 21.

Atebion ar dudalen 206

Pennod 2 Indecsau a syrdiau

Ynglŷn â'r testun hwn

Mae **rhif anghymarebol** yn rhif nad oes modd ei ysgrifennu fel ffracsiwn $\frac{a}{b}$, lle mae a a b yn gyfanrifau. Er enghraifft, mae, $\sqrt{2} = 1.414213\ldots$ yn rhif anghymarebol am nad yw'n bosibl ei fynegi fel ffracsiwn – mae'r rhan ddegol yn parhau am byth ac nid yw byth yn ailadrodd.

Indecsau yw gair lluosog **indecs**; mae indecs yn air arall am **bŵer**. Bydd angen i chi ddefnyddio deddfau indecsau i'ch helpu i drin a symleiddio mynegiadau.

Cyn dechrau, cofiwch …

- sut i ehangu cromfachau
- sut i symleiddio mynegiadau
- sut i ddefnyddio deddfau indecsau o TGAU Mathemateg.

Indecsau a syrdiau   ADOLYGU

Ffeithiau allweddol

1. Yn y mynegiad a^m, a yw'r **bôn** ac m yw'r **indecs** neu'r **pŵer** y mae'r bôn yn cael ei godi iddo.
2. Dyma **ddeddfau indecsau**:
   - $a^m \times a^n = a^{m+n}$ — Lluosi.
   - $\dfrac{a^m}{a^n} = a^{m-n}$ — Rhannu.
   - $(a^m)^n = a^{mn}$. — Pŵer wedi'i godi i bŵer.
3. Cofiwch fod unrhyw rif ansero i'r **pŵer sero** yn hafal i 1. — Nid yw 0^0 wedi'i ddiffinio.
   $3^0 = 1 \qquad (-2)^0 = 1 \qquad 2.6^0 = 1$
4. Ar gyfer pwerau negatif a ffracsiynol,
   - $a^{-m} = \dfrac{1}{a^m}$ — Mae indecs negatif yn dynodi'r cilydd.
   - $a^{\frac{1}{m}} = \sqrt[m]{a}$
   - $a^{\frac{m}{n}} = \sqrt[n]{a^m}$. — Mae indecs ffracsiynol yn isradd.
5. Mynegiad yw **swrd** sy'n cynnwys isradd anghymarebol, fel $5 + \sqrt{3}$ neu $2 - \sqrt[3]{7}$. — Cadwch y rhifau cymarebol a'r israddau ar wahân.
6. Mae swrd yn ei **ffurf symlaf** pan nad oes gan y rhif o dan yr ail isradd unrhyw ffactorau sgwâr. — Cofiwch fod $\sqrt{}$ yn golygu'r **ail isradd positif** yn unig.
   - Nid yw $\sqrt{12}$ yn ei ffurf symlaf.
   - Mae $2\sqrt{3}$ yn ei ffurf symlaf.
7. Gallwch **adio a thynnu syrdiau** i'w **symleiddio** yr un modd ag yn achos mynegiadau algebraidd eraill.
8. Pan fyddwch chi'n lluosi syrdiau, cofiwch:
   $\sqrt{x} \times \sqrt{x} = x \qquad \sqrt{xy} = \sqrt{x}\sqrt{y}.$

9 Pan fydd gan ffracsiwn swrd yn yr enwadur, nid yw yn ei ffurf symlaf.
Rydych chi'n ei symleiddio drwy **resymoli'r enwadur**.
Ar gyfer ffracsiynau yn y ffurf:

- $\dfrac{1}{\sqrt{a}}$ lluoswch y top a'r gwaelod ag $\sqrt{a}$

- $\dfrac{1}{a+\sqrt{b}}$ lluoswch y top a'r gwaelod ag $a - \sqrt{b}$.

Cofiwch fod $(a+b)(a-b) = a^2 - b^2$ a bod $(\sqrt{a} + \sqrt{b})(\sqrt{a} - \sqrt{b}) = a - b$.

Enghraifft wedi'i hateb

1 Symleiddio mynegiadau sy'n cynnwys indecsau

Symleiddiwch

i $\dfrac{3a^4 b \times (2ab^2)^3}{4a^2 b^9}$

ii $\sqrt[6]{c}\sqrt{c}$

Datrysiad

i $\dfrac{3a^4 b \times (2ab^2)^3}{4a^2 b^9} = \dfrac{3a^4 b \times 2^3 a^3 b^6}{4a^2 b^9}$ *Defnyddiwch ddeddfau indecsau i ddiddymu'r cromfachau: $(a^m)^n = a^{mn}$.*

$= \dfrac{3 \times 2^3 \times a^4 \times a^3 \times b \times b^6}{4a^2 b^9}$

$= \dfrac{3 \times 8 \times a^7 \times b^7}{4a^2 b^9}$ *Gan ddefnyddio $a^m \times a^n = a^{m+n}$.*

$= 6 \times a^5 \times b^{-2}$ *Gan ddefnyddio $\dfrac{a^m}{a^n} = a^{m-n}$.*

$= \dfrac{6a^5}{b^2}$ *Gan ddefnyddio $a^{-m} = \dfrac{1}{a^m}$.*

ii $\sqrt[6]{c}\sqrt{c} = c^{\frac{1}{6}} c^{\frac{1}{2}} = c^{\frac{1}{6}+\frac{1}{2}} = c^{\frac{2}{3}} = \sqrt[3]{c^2}$ *Gan ddefnyddio $a^{\frac{1}{m}} = \sqrt[m]{a}$ ac $a^{\frac{m}{n}} = \sqrt[n]{a^m}$.*

Enghraifft wedi'i hateb

2 Defnyddio nodiant indecsau

Darganfyddwch werth x yn y naill achos a'r llall.

i $32\sqrt{2} = 2^x$

ii $\dfrac{2^x}{\sqrt{2}} = \dfrac{1}{4}$

Datrysiad

i $32\sqrt{2} = 2^5 \times 2^{\frac{1}{2}} = 2^{5+\frac{1}{2}} = 2^{\frac{11}{2}}$

$2^x = 2^{\frac{11}{2}} \Rightarrow x = \dfrac{11}{2}$

Camgymeriad cyffredin: Peidiwch ag anghofio ateb y cwestiwn!

ii $\dfrac{2^x}{\sqrt{2}} = \dfrac{2^x}{2^{\frac{1}{2}}} = 2^{x-\frac{1}{2}}$ *Ysgrifennwch yr ochr chwith fel pŵer unigol o 2.*

$$\frac{1}{4} = 2^{-2}$$ ← Ysgrifennwch yr ochr dde fel pŵer unigol o 2.

$$\Rightarrow 2^{x-\frac{1}{2}} = 2^{-2}$$ ← Rhowch y pwerau'n hafal.

$$\Rightarrow x - \frac{1}{2} = -2$$

$$\Rightarrow x = -\frac{3}{2}$$

Enghraifft wedi'i hateb

3 Symleiddio syrdiau

Symleiddiwch

i $\quad \dfrac{4}{\sqrt{5}}$ ← Nid dyma'r ffurf symlaf am fod y llinell waelod yn swrd.

ii $\quad (\sqrt{7} - \sqrt{5})(\sqrt{7} + \sqrt{5})$

iii $\quad \sqrt{54} - \sqrt{24}$.

Datrysiad

i $\quad \dfrac{4}{\sqrt{5}} = \dfrac{4}{\sqrt{5}} \times \dfrac{\sqrt{5}}{\sqrt{5}} = \dfrac{4\sqrt{5}}{5}$ ← Rydych chi wedi rhesymoli'r enwadur.

ii $\quad (\sqrt{7} - \sqrt{5})(\sqrt{7} + \sqrt{5}) = \sqrt{7}\sqrt{7} + \sqrt{7}\sqrt{5} - \sqrt{5}\sqrt{7} - \sqrt{5}\sqrt{5}$
$\quad = 7 - 5 = 2$

Gan ddefnyddio $(\sqrt{a} + \sqrt{b})(\sqrt{a} - \sqrt{b}) = a - b$.

iii $\quad \sqrt{54} - \sqrt{24} = \sqrt{9 \times 6} - \sqrt{4 \times 6} = \sqrt{9}\sqrt{6} - \sqrt{4}\sqrt{6}$
$\quad = 3\sqrt{6} - 2\sqrt{6} = \sqrt{6}$

Awgrym: I symleiddio swrd, edrychwch am ffactorau sy'n rhifau sgwâr.

Enghraifft wedi'i hateb

4 Rhesymoli'r enwadur

Rhesymolwch yr enwadur $\dfrac{14 + 7\sqrt{2}}{5 - 3\sqrt{2}}$.

Datrysiad

$$\dfrac{14 + 7\sqrt{2}}{5 - 3\sqrt{2}} = \dfrac{14 + 7\sqrt{2}}{5 - 3\sqrt{2}} \times \dfrac{5 + 3\sqrt{2}}{5 + 3\sqrt{2}}$$

Lluoswch â $\dfrac{5 + 3\sqrt{2}}{5 + 3\sqrt{2}}$ i wneud y llinell waelod yn rhif cyfan.

$$= \dfrac{14 \times 5 + 35\sqrt{2} + 42\sqrt{2} + 21 \times 2}{5^2 - (3\sqrt{2})^2}$$

$$= \dfrac{112 + 77\sqrt{2}}{25 - 18}$$

$$= \dfrac{112 + 77\sqrt{2}}{7}$$

$$= 16 + 11\sqrt{2}$$

Camgymeriad cyffredin: Mae'n rhaid i chi luosi'r top a'r gwaelod â'r un peth (fel eich bod chi, mewn gwirionedd, yn lluosi ag 1). Fel arall, byddwch chi'n newid gwerth y ffracsiwn.

Pennod 2 Indecsau a syrdiau

CBAC UG Mathemateg

Profi eich hun

Gwnewch yn siŵr eich bod chi'n gallu cyfrifo'r rhain heb gyfrifiannell!

1. Darganfyddwch werth $\left(\frac{1}{3}\right)^{-2}$

2. Darganfyddwch werth $\dfrac{36^{\frac{1}{2}}}{16^{\frac{3}{4}}}$, gan roi eich ateb yn ei ffurf symlaf.

3. Symleiddiwch $(2 - 2\sqrt{3})^2$, gan roi eich ateb mewn ffurf wedi'i ffactorio.

4. Symleiddiwch $\dfrac{(2x^4 y^2)^3}{10(x^3 \sqrt{y^5})^2}$

5. Darganfyddwch yr union ateb i $\sqrt{54 \times 48}$, gan symleiddio eich ateb cymaint â phosibl.

Atebion ar dudalen 206

Cwestiwn enghreifftiol

Darganfyddwch werth a a b yn y naill achos a'r llall.

i $\dfrac{4 \times 2^a \times 3^{2b}}{3} = \dfrac{2}{\sqrt{3}}$

ii $\dfrac{3\sqrt{5} - \sqrt{3}}{\sqrt{5} + \sqrt{3}} = a - 2\sqrt{b}$

Atebion ar dudalen 206

Pennod 3 Hafaliadau cwadratig

Ynglŷn â'r testun hwn

Mae **hafaliadau cwadratig** yn codi mewn llawer o sefyllfaoedd mewn mathemateg. Mae'n bwysig gallu eu trin a'u datrys yn hyderus a gallu braslunio graff ffwythiant cwadratig.

Cyn dechrau, cofiwch ...

- sut i ehangu cromfachau
- sut i ffactorio mynegiadau.

Hafaliadau cwadratig

ADOLYGU ☐

Ffeithiau allweddol

1. Gall **hafaliad cwadratig** gael ei ysgrifennu yn y ffurf $ax^2 + bx + c = 0$ lle mae $a \neq 0$ a lle gall b ac c fod yn unrhyw rif.

   > Gall b ac c fod yn bositif, yn negatif neu'n sero.

2. Gall rhai hafaliadau cwadratig gael eu datrys drwy **ffactorio**. Cofiwch:
   - mae **sgwâr perffaith** yn fynegiad yn y ffurf $x^2 + 2ax + a^2 = (x + a)^2$
   - y **gwahaniaeth rhwng dau sgwâr** yw mynegiad yn y ffurf $x^2 - a^2 = (x + a)(x - a)$.

   > I gael eich atgoffa o hyn, edrychwch ar **Enghraifft wedi'i hateb 1** a **2**.

3. Mae graff hafaliad cwadratig yn gromlin. **Parabola** yw'r enw ar y gromlin.

   I fraslunio hafaliad cwadratig $y = ax^2 + bx + c$
   - edrychwch ar arwydd y term x^2 am fod hyn yn dweud wrthoch chi pa ffordd mae'r gromlin yn mynd

   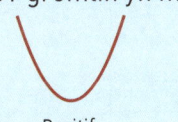 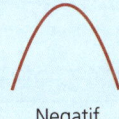
   Positif   Negatif

   - darganfyddwch lle mae'r gromlin yn torri'r echelin-x drwy ddatrys $ax^2 + bx + c = 0$

   > Pan fydd $x = 0$, yna $y = c$.

   - cofiwch fod y gromlin yn torri'r echelin-y yn c.

4. Mae **cwblhau'r sgwâr** yn golygu ysgrifennu mynegiad cwadratig yn y ffurf $a(x - p)^2 + q$.

   > Dim ond pan fydd cyfernod x^2 yn 1 y gallwch chi ddefnyddio'r dull hwn. Edrychwch ar **Enghraifft wedi'i hateb 1** a **2**.

5. **Dull cwblhau'r sgwâr**

   Enghraifft:
   $x^2 - 12x + 25$

   - Hanerwch gyfernod x Hanner -12 yw -6
   - Sgwariwch hwn $(-6)^2$ yw 36
   - Adiwch hyn at y ddau derm cyntaf a'i dynnu o'r cysonyn $x^2 - 12x + 36 + 25 - 36$
   - Ffactoriwch y tri therm cyntaf, i greu sgwâr perffaith $(x - 6)^2 - 11$

6. Gallwch chi ddefnyddio dull cwblhau'r sgwâr i ddatrys hafaliadau cwadratig.

   Enghraifft: $x^2 - 12x + 25 = 0 \Rightarrow (x - 6)^2 - 11 = 0$
   $$\Rightarrow (x - 6)^2 = 11$$
   $$\Rightarrow x - 6 = \pm\sqrt{11}$$
   $$\Rightarrow x = 6 \pm \sqrt{11}$$

   > Peidiwch ag anghofio'r ail isradd negatif.

7 Mae cwblhau'r sgwâr yn dweud llawer wrthoch chi am safle'r graff.

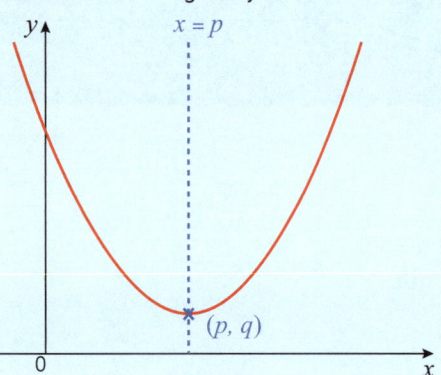

Mae gan graff $y = (x-p)^2 + q$ **bwynt arhosol** (neu **fertig**) yn (p, q).
Mae'r gromlin yn gymesur o gwmpas y pwynt arhosol felly mae'r llinell $x = p$ yn **llinell gymesuredd**.

8 Y **fformiwla gwadratig** yw $x = \dfrac{-b \pm \sqrt{b^2 - 4ac}}{2a}$.
Gallwch chi ddefnyddio'r fformiwla gwadratig i ddatrys hafaliadau cwadratig sydd wedi'u hysgrifennu yn y ffurf $ax^2 + bx + c = 0$.

9 Y **gwahanolyn** yw $b^2 - 4ac$.
Mae arwydd y gwahanolyn yn dweud wrthoch chi sawl gwreiddyn real i'w ddisgwyl.

Awgrym: Dylech chi ddefnyddio'r fformiwla gwadratig i ddatrys hafaliadau nad oes modd eu ffactorio.

Gwahanolyn	Positif $b^2 - 4ac > 0$	Sero $b^2 - 4ac = 0$	Negatif $b^2 - 4ac < 0$
Nifer y gwreiddiau real	2	1 (gwreiddiau hafal)	0

Dau wreiddyn real   Un gwreiddyn real   Dim gwreiddiau real

Enghraifft wedi'i hateb

1 Datrys hafaliad cwadratig drwy ffactorio

Datryswch $3x^2 + 10x - 8 = 0$.

Datrysiad

Cam 1: Darganfyddwch luoswm y ddau rif ar y tu allan: −24   ← $3 \times (-8) = -24$

Cam 2: Edrychwch am ddau rif sy'n lluosi i roi −24 ac sy'n adio i roi +10.   ← Y term canol yw $+10x$.
Y rhifau hyn yw +12 a −2.

Cam 3: Holltwch y term canol:
$$3x^2 + 10x - 8 = 3x^2 + 12x - 2x - 8$$

Cam 4: Ffactoriwch mewn parau: $= 3x(x+4) - 2(x+4)$ ← Mae $(x+4)$ bellach yn ffactor cyffredin.
$$= (3x - 2)(x + 4)$$

Cam 5: Nawr datryswch: $(3x - 2)(x + 4) = 0$
$$\Rightarrow x = \tfrac{2}{3} \text{ neu } x = -4$$

Enghraifft wedi'i hateb

2 Braslunio graff cwadratig

Brasluniwch graff

i $\quad y = x^2 - 12x + 36$

ii $\quad y = 81 - 9x^2$

Datrysiad

i Pan fydd $x = 0$, yna $y = 36$

Pan fydd $y = 0$, yna $x^2 - 12x + 36 = 0$ ← Mae hwn yn sgwâr perffaith am ei fod yn y ffurf $x^2 - 2ax + a^2 = (x-a)^2$.

$\Rightarrow (x - 6)^2 = 0$

$\Rightarrow x = 6$ ← Mae gwreiddiau hafal yma, felly mae'r gromlin ond yn cyffwrdd â'r echelin-x.

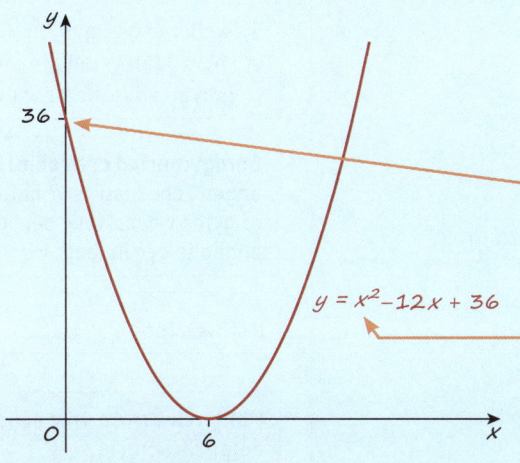

Cofiwch labelu lle mae'r gromlin yn croesi'r echelin-y.

Mae cyfernod x^2 yn bositif felly mae'r gromlin ar ffurf $\cup$.

ii Pan fydd $x = 0$, yna $y = 81$

Pan fydd $y = 0$, yna $81 - 9x^2 = 0$ ← Dyma'r gwahaniaeth rhwng dau sgwâr am fod 81 yn sgwâr ac felly hefyd $9x^2$.

$\Rightarrow (9 + 3x)(9 - 3x) = 0$

$\Rightarrow x = -3 \quad$ neu $\quad x = 3$

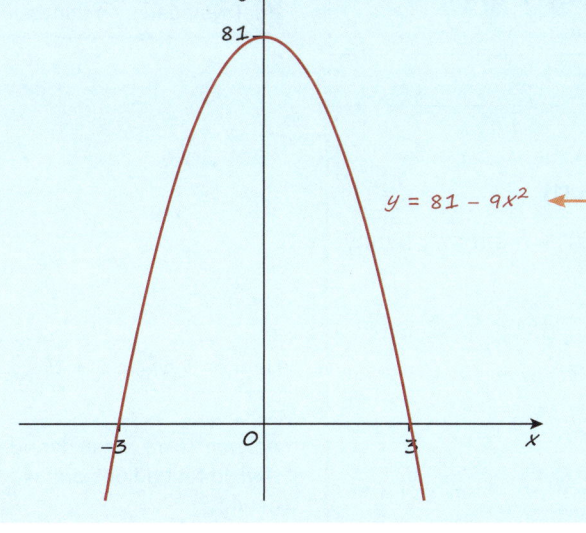

Mae cyfernod x^2 yn negatif felly mae'r gromlin ar ffurf $\cap$.

Enghraifft wedi'i hateb

3 Defnyddio hafaliadau cwadratig

Datryswch:
i $2x + 3\sqrt{x} - 2 = 0$
ii $3 \times 2^{2x} - 10 \times 2^x - 8 = 0$

Awgrym: Mae'n bosibl ailysgrifennu rhai hafaliadau fel hafaliad cwadratig.

Datrysiad

i Mae rhoi z yn lle $\sqrt{x}$ yn rhoi'r hafaliad cwadratig
   $2z^2 + 3z - 2 = 0$

   $\Rightarrow \quad 2z^2 + 4z - z - 2 = 0$
   $\Rightarrow 2z(z + 2) - (z + 2) = 0$
   $\Rightarrow \quad\quad (2z - 1)(z + 2) = 0$
   $\Rightarrow \quad z = \tfrac{1}{2} \quad$ neu $\quad z = -2$
   $\Rightarrow \sqrt{x} = \tfrac{1}{2} \quad$ neu $\quad \sqrt{x} = -2$ (dim datrysiad)

   Mae sgwario yn rhoi $x = \tfrac{1}{4}$

Cofiwch fod $\left(\sqrt{x}\right)^2 = x$.

Holltwch y term yn y canol i'ch helpu i ffactorio.

Sylwch nad oes gan $\sqrt{x} = -2$ unrhyw ddatrysiad am fod $\sqrt{x}$ yn golygu ail isradd positif -2.

Camgymeriad cyffredin: Mae angen i chi ddatrys yr hafaliad ar gyfer x nid z, felly peidiwch ag anghofio cyfrifo beth yw x.

ii Mae rhoi z yn lle 2^x yn rhoi'r hafaliad cwadratig
    $3z^2 - 10z - 8 = 0.$

    $\Rightarrow 3z^2 - 12z + 2z - 8 = 0$
    $\Rightarrow 3z(z - 4) + 2(z - 4) = 0$
    $\Rightarrow \quad\quad (3z + 2)(z - 4) = 0$
    $\Rightarrow \quad z = -\tfrac{2}{3} \quad$ neu $\quad z = 4$
    $\Rightarrow \quad 2^x = -\tfrac{2}{3} \quad$ neu $\quad 2^x = 4$
    Felly $x = 2$ (drwy archwilio $2^2 = 4$).

    Sylwch nad oes gan $2^x = -\tfrac{2}{3}$ unrhyw ddatrysiad am fod 2^x yn bositif ar gyfer pob gwerth real o x. Edrychwch ar Bennod 12 i weld mwy am ddatrys hafaliadau lle x yw'r pŵer.

Cofiwch fod $(2^x)^2 = 2^{2x}$.

Holltwch y term yn y canol i'ch helpu i ffactorio.

Camgymeriad cyffredin: Gwnewch yn siŵr eich bod chi'n meddwl yn ofalus am ba ddatrysiadau sy'n ddilys.

Enghraifft wedi'i hateb

4 Defnyddio cwblhau'r sgwâr i fraslunio cromlin (1)

Mynegwch $f(x) = x^2 + 8x + 10$ yn y ffurf $f(x) = (x + a)^2 + b$ a thrwy hynny brasluniwch y gromlin $y = f(x)$.

Datrysiad

$f(x) = x^2 + 8x + 10$
$\quad\quad = x^2 + 8x + 16 + 10 - 16$
$\quad\quad = (x + 4)^2 + 10 - 16$
$\quad\quad = (x + 4)^2 - 6$

Hanner 8 yw 4 a $4^2 = 16$.

Adiwch 16 ac yna ei dynnu i ffwrdd fel nad oes dim wedi newid.

Mae gan $y = (x + 4)^2 - 6$ y llinell gymesuredd yn $x = -4$ a fertig yn $(-4, -6)$.

Darganfyddwch le mae'r gromlin yn torri'r echelinau.

Pan fydd $x = 0$, $y = (0 + 4)^2 - 6 = 16 - 6 = 10$
Pan fydd $y = 0$, $(x + 4)^2 - 6 = 0$

$\Rightarrow \quad (x+4)^2 = 6$
$\Rightarrow \quad x+4 = \pm\sqrt{6}$
$\Rightarrow \quad x = -4 \pm \sqrt{6}$

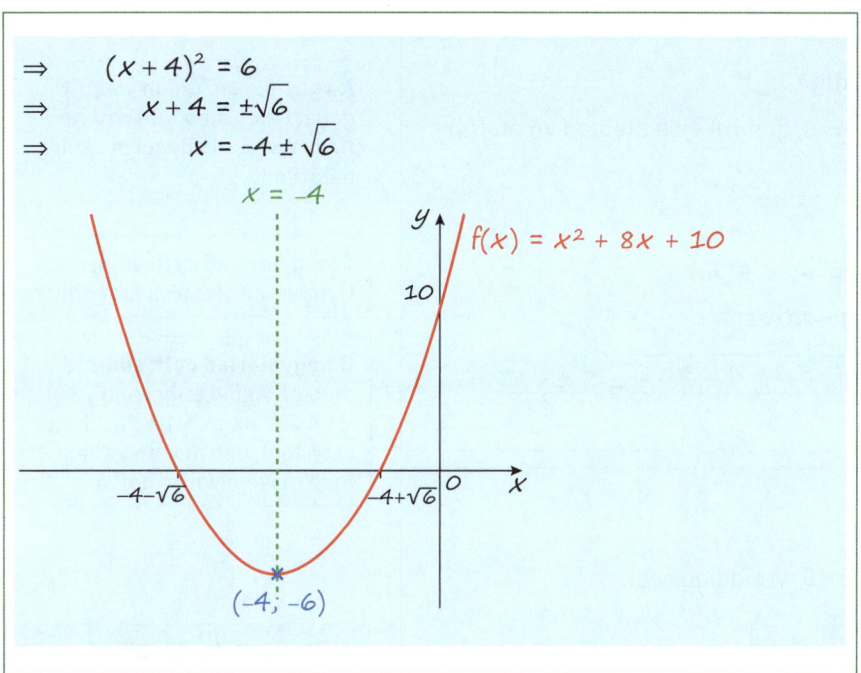

Enghraifft wedi'i hateb

5 Defnyddio cwblhau'r sgwâr i fraslunio cromlin (2)

Defnyddiwch gwblhau'r sgwâr i fraslunio'r gromlin $y = -2x^2 + 4x + 6$.

Datrysiad

$y = -2x^2 + 4x + 6$
$ = -2(x^2 - 2x) + 6$
$ = -2(x^2 - 2x + 1 - 1) + 6$
$ = -2(x^2 - 2x + 1) + 2 + 6$
$ = -2(x - 1)^2 + 8$

Hanner −2 yw −1 a $(-1)^2 = 1$.

Adiwch 1 ac yna ei dynnu i ffwrdd fel nad oes dim wedi newid.

Cymerwch -2×-1 y tu allan i'r cromfachau.

Camgymeriad cyffredin:
Peidiwch â rhannu â −2 oherwydd byddai hyn yn newid yr hafaliad; yn hytrach, dylech chi ffactorio −2 allan o'r ddau derm cyntaf.

Mae gan $y = -2(x-1)^2 + 8$ y llinell gymesuredd yn $x = 1$ a fertig yn $(1, 8)$.

Darganfyddwch lle mae'r gromlin yn torri'r echelinau.

Pan fydd $x = 0$, $y = -2(0 - 1)^2 + 8 = -2 + 8 = 6$

Gallwch chi weld hyn o hafaliad y gromlin $y = -2x^2 + 4x + 6$.

Pan fydd $y = 0$, $-2(x - 1)^2 + 8 = 0$
$\Rightarrow -2(x-1)^2 = -8$
$\Rightarrow x - 1 = \pm\sqrt{4}$
$\Rightarrow x = 1 \pm 2$
$\Rightarrow x = -1 \text{ neu } x = 3$

Rhannwch y ddwy ochr â −2 ac yna cymerwch yr ail isradd.

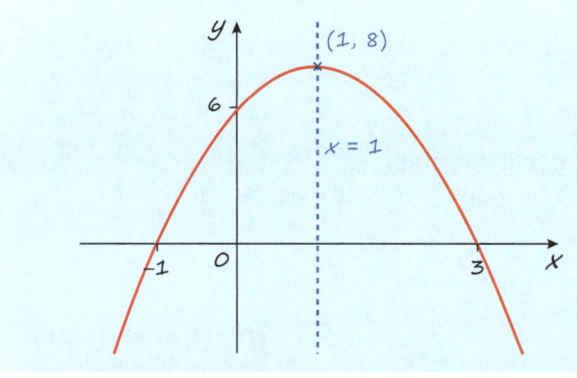

Enghraifft wedi'i hateb

6 Defnyddio'r fformiwla gwadratig

Datryswch yr hafaliad $3x^2 - 5x + 1 = 0$, gan roi eich atebion yn eu ffurf union.

Datrysiad

Yn yr achos hwn, $a = 3$, $b = -5$ ac $c = 1$.

Gan ddefnyddio'r fformiwla gwadratig:

$$x = \frac{-b \pm \sqrt{b^2 - 4ac}}{2a} = \frac{-(-5) \pm \sqrt{(-5)^2 - 4 \times 3 \times 1}}{2 \times 3} = \frac{5 \pm \sqrt{13}}{6}$$

Awgrym: Mae **union** yn golygu gadael eich ateb fel swrd neu ffracsiwn – nid degolyn wedi'i dalgrynnu.

Camgymeriad cyffredin: Cymerwch ofal â'ch arwyddion!

Camgymeriad cyffredin: Yr atebion wedi'i talgrynnu yw $x = 0.232$ neu $x = 1.43$ (i 3 ffigur ystyrlon), ond nid am y rhain mae'r cwestiwn yn gofyn.

Enghraifft wedi'i hateb

7 Defnyddio'r gwahanolyn

Nid oes gan yr hafaliad $2x^2 + kx + 8 = 0$ wreiddiau real.

Darganfyddwch werthoedd posibl k.

Datrysiad

Pan nad oes gwreiddiau real, mae'r gwahanolyn $b^2 - 4ac < 0$.

$a = 2$, $b = k$ ac $c = 8$ $\Rightarrow k^2 - 4 \times 2 \times 8 < 0$
$\Rightarrow k^2 - 64 < 0$
$\Rightarrow k^2 < 64$
$\Rightarrow -8 < k < 8$

Awgrym: Defnyddiwch y gwahanolyn mewn cwestiynau ynglŷn â nifer y gwreiddiau.

Camgymeriad cyffredin: Cymerwch ofal â'r arwyddion anhafaledd. Gwiriwch werthoedd o k os nad ydych chi'n siŵr pa ffordd y dylai'r arwyddion fynd.

Profi eich hun

1. Ffactoriwch $6x^2 + 19x - 20$
2. Datryswch $2x^2 - 9x - 18 = 0$
3. Darganfyddwch yr union ddatrysiadau i'r hafaliad $2x^2 - 3x - 4 = 0$
4. i Brasluniwch graff $y = 4x^2 - 17x + 4$
   ii Datryswch:
     a $\quad 4x^4 - 17x^2 + 4 = 0$ b $\quad 4x - 17\sqrt{x} + 4 = 0$
5. Ysgrifennwch $2x^2 - 12x + 3$ yn y ffurf ar ôl cwblhau'r sgwâr.
6. Mae'r gromlin $y = -2(x - 5)^2 + 3$ yn cwrdd â'r echelin-y yn A ac mae ganddi bwynt macsimwm yn B. Darganfyddwch gyfesurynnau A a B.

Atebion ar dudalennau 206–207

Cwestiwn enghreifftiol

Cewch wybod bod $f(x) = 2x^2 + 12x + 10$.

i Mynegwch $f(x)$ yn y ffurf $a(x + b)^2 + c$ lle mae a, b ac c yn gyfanrifau.

ii Mae'r gromlin C sydd â'r hafaliad $y = f(x)$ yn cwrdd â'r echelin-y yn P ac mae ganddi bwynt minimwm yn Q.
  a Nodwch gyfesurynnau P a Q.
  b Brasluniwch y gromlin.

Atebion ar dudalen 207

Pennod 4 Hafaliadau ac anhafaleddau

Ynglŷn â'r testun hwn

Mae gallu trin a datrys hafaliadau ac anhafaleddau cydamserol yn hyderus yn rhan hanfodol o fathemateg Safon Uwch, ac yn wir, o fathemateg yn gyffredinol. Mae algebra anhafaleddau yn debyg iawn i algebra hafaliadau, ond mae ambell wahaniaeth bach a phwysig.

Cyn dechrau, cofiwch …

- sut i ddatrys hafaliadau llinol a chwadratig
- sut i fraslunio graffiau hafaliadau llinol a chwadratig.

Hafaliadau cydamserol

ADOLYGU

Ffeithiau allweddol

1. Mae **hafaliad llinol** yn hafaliad sydd â'i graff yn llinell syth. Pan fyddwch chi'n lluniadu graffiau dau hafaliad llinol, yna, oni bai bod y graffiau'n baralel, fe fyddan nhw'n croestorri. Mae cyfesurynnau'r pwynt croestoriad yn rhoi'r datrysiad i'r ddau **hafaliad cydamserol llinol**.

Nid yw hafaliadau llinol yn cynnwys termau mewn unrhyw bŵer o x nac y, na thermau fel xy.
Mae $2x - y = 8$ a $4x + 3y = 6$ yn enghreifftiau o hafaliadau llinol.

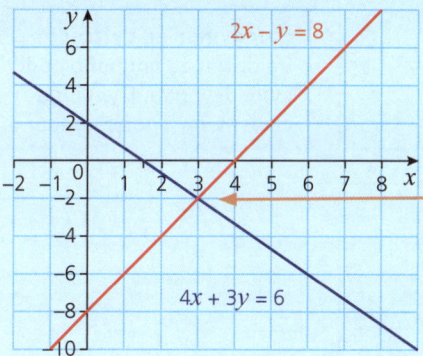

Mae'r graffiau'n croestorri yn y pwynt $(3, -2)$ …

… felly'r datrysiad i'r hafaliadau cydamserol llinol $2x - y = 8$ a $4x + 3y = 6$ yw $x = 3$, $y = -2$.

2. Dylech chi ddatrys hafaliadau cydamserol yn algebraidd.

   Mae dau ddull gwahanol: **dull dileu** a **dull amnewid**.

Lluoswch un hafaliad neu'r ddau drwodd â chysonyn, fel y bydd adio neu dynnu'r hafaliadau a gewch chi wedyn yn dileu un o'r anhysbysion.

Amnewidiwch un hafaliad i mewn i'r llall fel y bydd yr hafaliad a gewch chi wedyn yn nhermau un anhysbysyn yn unig.

3. Mae **hafaliadau cydamserol aflinol** yn cynnwys termau fel x^2, y^2 neu bwerau eraill.
   Pan fyddwch chi'n lluniadu graffiau pâr o hafaliadau lle mae un yn llinol a'r llall yn gwadratig, yna gallai fod datrysiadau gwahanol, fel sydd i'w weld isod.

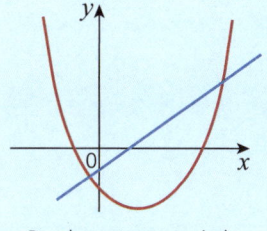
Dau bwynt croestoriad

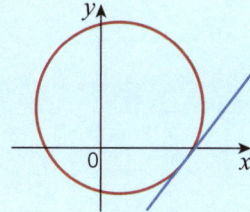
Un pwynt croestoriad (tangiad)

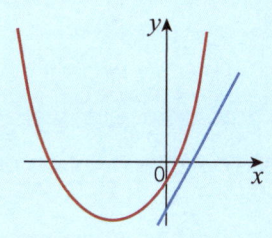
Dim un pwynt croestoriad

CBAC UG Mathemateg 15

4. Defnyddiwch y **dull amnewid** i ddatrys un hafaliad llinol ac un hafaliad cwadratig:
   - Aildrefnwch yr hafaliad llinol os oes angen fel bod yr anhysbysyn yn cael ei roi yn nhermau'r llall.
   - Amnewidiwch yr hafaliad a gewch chi i mewn i'r hafaliad cwadratig.
   - Datryswch i ddarganfod gwerth(oedd) un o'r anhysbysion.
   - Amnewidiwch yn ôl i mewn i'r hafaliad llinol i ddarganfod gwerthoedd yr anhysbysyn arall.

> Gallai fod 2 ddatrysiad, 1 datrysiad sy'n ailadrodd neu 0 datrysiad.

Enghraifft wedi'i hateb

1 Darganfod croestoriad dwy linell

Darganfyddwch gyfesurynnau'r pwynt lle mae'r llinellau $2x + 3y = 2$ a $3x - 5y = 4$ yn croestorri.

Datrysiad

(1): $2x + 3y = 2$ $3 \times (1)$: $6x + 9y = 6$
(2): $3x - 5y = 4$ $2 \times (2)$: $6x - 10y = 8$

Tynnwch: $19y = -2$

$\Rightarrow y = -\frac{2}{19}$

Amnewidiwch $y = -\frac{2}{19}$ (1): $2x + 3 \times \left(-\frac{2}{19}\right) = 2$

$\Rightarrow 2x = \frac{44}{19}$

$\Rightarrow x = \frac{22}{19}$

Cyfesurynnau'r pwynt croestoriad yw $\left(\frac{22}{19}, -\frac{2}{19}\right)$.

> **Awgrym:** Gwiriwch fod gennych chi'r ateb cywir drwy amnewid y gwerthoedd i'r hafaliad arall:
> $3x - 5y = 3 \times \frac{22}{19} - 5 \times \left(-\frac{2}{19}\right)$
> $= \frac{66}{19} + \frac{10}{19}$
> $= 4$ ✓

> **Camgymeriad cyffredin:** Peidiwch ag anghofio nodi'r cyfesurynnau. Dyma mae'r cwestiwn yn gofyn amdano.

Enghraifft wedi'i hateb

2 Darganfod croestoriad llinell a chromlin

Darganfyddwch gyfesurynnau'r ddau bwynt lle mae'r llinell $2x + y = 8$ yn croestorri'r cylch $(x-2)^2 + (y+1)^2 = 10$.

Datrysiad

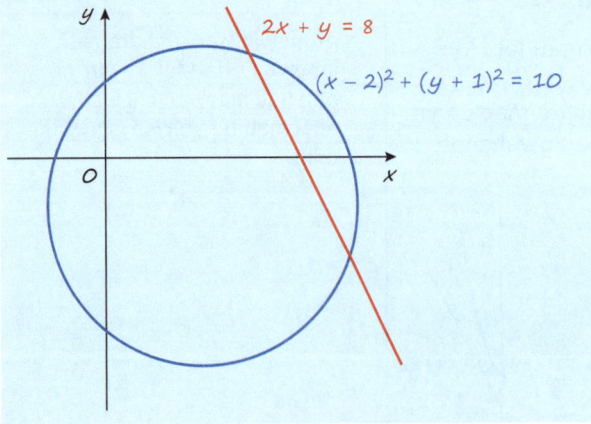

> **Awgrym:** Mae lluniadu diagram yn helpu. Edrychwch ar Bennod 5 i gael eich atgoffa sut mae lluniadu cylchoedd.

$2x + y = 8 \Rightarrow y = 8 - 2x$

Amnewidiwch $y = 8 - 2x$ i $(x - 2)^2 + (y + 1)^2 = 10$:

$$(x - 2)^2 + (8 - 2x + 1)^2 = 10$$
$$\Rightarrow (x - 2)^2 + (9 - 2x)^2 = 10$$
$$\Rightarrow x^2 - 4x + 4 + 81 - 36x + 4x^2 = 10$$
$$\Rightarrow 5x^2 - 40x + 75 = 0$$
$$\Rightarrow x^2 - 8x + 15 = 0$$
$$\Rightarrow (x - 3)(x - 5) = 0$$
$$\Rightarrow x = 3 \text{ neu } x = 5$$

Yna, gall y gwerthoedd hyn gael eu hamnewid i $y = 8 - 2x$:

$y = 8 - 2 \times 3 = 2$ ac $y = 8 - 2 \times 5 = -2$.

Felly'r pwyntiau croestoriad yw $(3, 2)$ a $(5, -2)$.

Awgrym: Dylech chi bob amser amnewid yr hafaliad llinol i'r hafaliad ar gyfer y gromlin.

Awgrym: Dylech chi bob amser ddefnyddio'r hafaliad llinol i ddarganfod y gwerthoedd-y pan fyddwch chi wedi darganfod y gwerthoedd-x.

Camgymeriad cyffredin: Gwnewch yn siŵr bod gennych chi'r gwerth-y cywir yn cyd-fynd â'r gwerth-x cywir.

Enghraifft wedi'i hateb

3 Tangiad cromlin

Mae'r llinell $y = 5x + k$ yn dangiad i'r gromlin $y = x^2 - 3x - 6$.

Darganfyddwch werth k a rhowch gyfesurynnau'r pwynt lle mae'r llinell a'r gromlin yn cwrdd.

Datrysiad

Mae amnewid $y = 5x + k$ i $y = x^2 - 3x - 6$ yn rhoi:

$$5x + k = x^2 - 3x - 6$$
$$\Rightarrow x^2 - 8x - 6 - k = 0$$

Mae'r llinell $y = 5x + k$ yn ffurfio tangiad pan fydd un gwreiddyn yn ailadrodd $\Rightarrow b^2 - 4ac = 0$.

$a = 1, b = -8$ ac $c = -(6 + k)$

$$b^2 - 4ac = 0$$
$$\Rightarrow (-8)^2 + 4 \times 1 \times (6 + k) = 0$$
$$\Rightarrow 64 + 24 + 4k = 0$$
$$\Rightarrow 4k = -88$$
$$\Rightarrow k = -22$$

I ddarganfod cyfesurynnau-x y pwynt cyffwrdd, datryswch $x^2 - 8x - 6 - k = 0$ pan fydd $k = -22$.

$$\Rightarrow x^2 - 8x - 6 + 22 = 0$$
$$\Rightarrow x^2 - 8x + 16 = 0$$
$$\Rightarrow (x - 4)^2 = 0$$
$$\Rightarrow x = 4$$

Mae amnewid $x = 4$ a $k = -22$ i $y = 5x + k$ yn rhoi:

$y = 5 \times 4 - 22 = -2$

Cyfesurynnau'r pwynt croestoriad yw $(4, -2)$.

Mae pwynt croestoriad (unigol) sy'n ailadrodd ac felly mae'r llinell yn dangiad.

Byddwch yn ofalus â'ch arwyddion!

Mae hwn yn sgwâr perffaith am ei fod yn y ffurf $x^2 - 2ax + a^2 = (x - a)^2$.

Profi eich hun

1. Datryswch yr hafaliadau cydamserol $5x - 3y = 1$ a $3x - 4y = 4$.
2. Darganfyddwch gyfesurynnau'r pwynt lle mae'r llinell $5x - 2y = 3$ ac $y = 1 - 2x$ yn croestorri.
3. Datryswch yr hafaliadau cydamserol $2x^2 + y^2 = 4$ a $3x + y = 2$.
4. Mae Simon yn datrys yr hafaliadau cydamserol $y(1 - x) = 1$ a $2x + y = 3$. Dyma waith cyfrifo Simon.

Aildrefnu'r ail hafaliad:	$y = 2x - 3$	Llinell X
Amnewid i'r hafaliad cyntaf:	$(2x - 3)(1 - x) = 1$	Llinell Y
	$-2x^2 + 5x - 3 = 1$	
	$2x^2 - 5x + 4 = 0$	
Gwahanolyn	$= -5^2 - 4 \times 2 \times 4 = -25 - 32 = -57$	Llinell Z
	Nid oes datrysiad real.	

Mae Simon yn gwybod bod yn rhaid ei fod wedi gwneud o leiaf un camgymeriad, gan fod yr athro wedi dweud wrtho fod gan yr hafaliadau ddatrysiadau real. Ym mha linell(au) yn y gwaith cyfrifo mae Simon wedi gwneud camgymeriad?

5. Darganfyddwch gyfesurynnau'r pwynt(iau) lle mae'r llinell $y - 2x = 1$ yn croestorri'r gromlin $3x^2 + 2y^2 = 5$.

Atebion ar dudalen 207

Cwestiwn enghreifftiol

i. Mae'r llinell $y - 3x = 3$ yn croestorri'r cylch $(x + 3)^2 + (y - 2)^2 = 8$ yn y pwyntiau A a B. Darganfyddwch gyfesurynnau'r pwyntiau A a B.

ii. Mae'r llinell $y - 3x = k$ yn ffurfio tangiad i'r gromlin $y = 4x^2 - x + 8$ yn y pwynt C. Darganfyddwch werth k a chyfesurynnau C.

Atebion ar dudalen 207

Anhafaleddau

Ffeithiau allweddol

1. Mae **datrys anhafaleddau llinol** yn debyg iawn i ddatrys hafaliadau llinol. Fodd bynnag, dylech chi gadw'r canlynol mewn cof:
   - Wrth gyfnewid ochrau anhafaledd, dylech chi newid cyfeiriad yr arwydd anhafaledd. — $6 < x$ felly $x > 6$.
   - Wrth luosi neu rannu dwy ochr anhafaledd â rhif negatif, dylech chi newid cyfeiriad yr anhafaledd. Yn aml, mae'n well osgoi lluosi neu rannu â rhif negatif os yw'n bosibl. — $-2x < 6$ felly $x > -3$.

2. I ddatrys **anhafaledd cwadratig**, dylech chi ddatrys yr hafaliad cwadratig cyfatebol ac yna defnyddio graff i ddarganfod datrysiad yr anhafaledd.

Mae gan y graff cwadratig werth-y positif yn yr achos hwn. Felly'r amrediad o werthoedd lle mae'r cwadratig > 0 yw $x < x_1$ neu $x > x_2$.

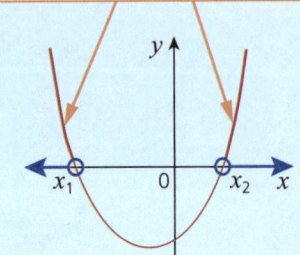

Mae gan y graff cwadratig werth-y negatif yma. Felly, yr amrediad o werthoedd lle mae'r cwadratig < 0 yw $x_1 < x < x_2$.

Defnyddiwch gylch agored, ○, i ddangos **nad** yw gwerth x_2 wedi'i gynnwys.
Defnyddiwch gylch wedi'i lenwi, ●, i ddangos bod gwerth x_2 **wedi'i** gynnwys.

3. Gallwch chi ysgrifennu'r datrysiadau i anhafaleddau gan ddefnyddio **nodiant set**.
   Er enghraifft: gall $x < -2$ neu $x \geq 5$ gael eu hysgrifennu fel $\{x : x < -2\} \cup \{x : x \geq 5\}$.
   Gall $-2 \leq x < 5$ gael ei ysgrifennu fel $\{x : x \geq -2\} \cap \{x : x < 5\}$.

   Mae x yn perthyn i uniad y set o rifau sy'n llai na -2 a'r set o rifau sy'n fwy na neu'n hafal i 5.

4. Gallwch chi gynrychioli anhafaleddau ar ffurf graff drwy fraslunio'r llinell ac yna tywyllu ochr berthnasol y llinell.

   Mae x yn perthyn i groestoriad y set o rifau sy'n fwy na neu'n hafal i -2 a'r set o rifau sy'n llai na 5.

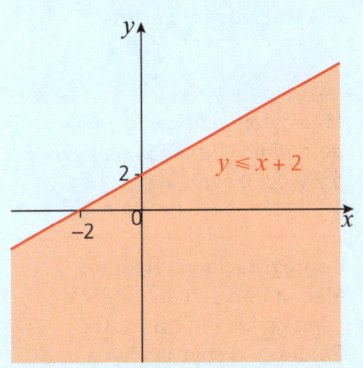
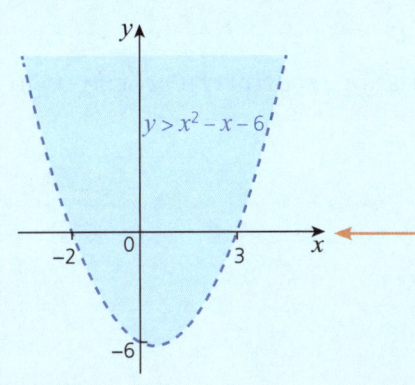

Defnyddiwch linell doredig, -----, i ddangos **nad** yw'r llinell wedi'i chynnwys.

Defnyddiwch linell solid, ——, i ddangos bod y llinell **wedi'i** chynnwys.

Enghraifft wedi'i hateb

1 Datrys anhafaleddau llinol

Datryswch yr anhafaledd $1 - 2x > \dfrac{4-x}{3}$.

Datrysiad

Dull 1 – rhannu â rhif negatif

$$1 - 2x > \frac{4-x}{3}$$

Lluosi'r ddwy ochr â 3: $3 - 6x > 4 - x$

Adio x at y ddwy ochr: $3 - 5x > 4$

Tynnu 3 o'r ddwy ochr: $-5x > 1$

Rhannu'r ddwy ochr â -5: $x < -\dfrac{1}{5}$

Gan ddefnyddio set nodiant: $\left\{x : x < -\dfrac{1}{5}\right\}$

Camgymeriad cyffredin: Mae rhannu â rhif negatif yn newid cyfeiriad yr arwydd anhafaledd.

Dull 2 – dull sy'n osgoi rhannu â rhif negatif

$$1 - 2x > \frac{4-x}{3}$$

Lluosi'r ddwy ochr â 3: $3 - 6x > 4 - x$

Adio $6x$ at y ddwy ochr: $3 > 4 + 5x$

Tynnu 4 o'r ddwy ochr: $-1 > 5x$

Rhannu'r ddwy ochr â 5: $-\dfrac{1}{5} > x$

Ailysgrifennu, lle mae x yn destun: $x < -\dfrac{1}{5}$

Awgrym: Dylai anhafaleddau gael eu hysgrifennu gyda x yn destun. Sylwch fod 'mae $-\dfrac{1}{5}$ yn fwy na neu'n hafal i x' yn golygu'r un peth â 'mae x yn llai na neu'n hafal i $-\dfrac{1}{5}$'.

Enghraifft wedi'i hateb

2 Datrys anhafaleddau cwadratig

Datryswch yr anhafaledd $-x^2 - 2x + 8 < 0$.

Datrysiad

Yr hafaliad cwadratig cyfatebol yw $-x^2 - 2x + 8 = 0$.

Gan ffactorio: $(2 - x)(x + 4) = 0$.

Felly mae graff $y = -x^2 - 2x + 8$ yn croestorri'r echelin-x yn $x = -4$ ac $x = 2$.

> Dylech chi drin yr anhafaledd fel pe bai'n hafaliad cwadratig: ewch ati i'w ddatrys fel arfer ac yna lluniadwch y graff.

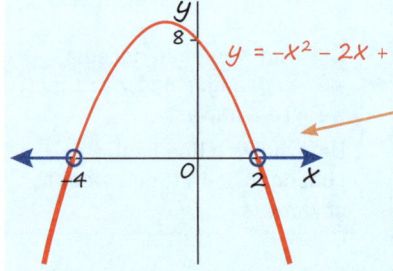

> Mae cylchoedd gwag yn cael eu defnyddio i ddangos nad yw -4 a 2 wedi'u cynnwys.

Mae gan y graff werth-y negatif (h.y. mae o dan yr echelin-x), i'r chwith o $x = -4$ ac i'r dde o $x = 2$.

Ni ddylai $x = -4$ ac $x = 2$ gael eu cynnwys, oherwydd yn y pwyntiau hyn $y = 0$ ac mae'r anhafaledd rydych chi'n ei ddatrys > 0.

Felly'r datrysiad yw $x < -4$ neu $x > 2$.

Gan ddefnyddio nodiant set: $\{x : x < -4\} \cup \{x : x > 2\}$.

> **Camgymeriad cyffredin:**
> Mae angen dau anhafaledd i ddisgrifio dau ranbarth. Peidiwch â chyfuno hyn i un anhafaledd sy'n dweud '$-4 > x > 2$'. Byddai hyn yn golygu bod x yn llai na -4 ac yn fwy na 2 yr un pryd, ac mae hynny'n amhosibl!

> Gwiriwch fod y datrysiad yn edrych yn iawn ar y diagram. Mae dau ranbarth ar y graff lle mae $-x^2 - 2x + 8 < 0$, felly mae angen dau anhafaledd arnoch chi.

Enghraifft wedi'i hateb

3 Cynrychioli anhafaleddau ar ffurf graff

Lluniadwch graff i ddangos yr anhafaledd $2x^2 + 3x - 2 \leq 1 - 2x$.

Trwy hyn, datryswch yr anhafaledd.

Datrysiad

Dechreuwch drwy fraslunio graffiau $y = 2x^2 + 3x - 2$ ac $y = 1 - 2x$.

Mae ffactorio $y = 2x^2 + 3x - 2$ yn rhoi $y = (2x - 1)(x + 2)$.

Felly pan fydd $y = 0$, $x = \frac{1}{2}$ neu $x = -2$,

a phan fydd $x = 0$, $y = -2$.

> Darganfyddwch lle mae'r graff yn torri'r echelin-x a'r echelin-y.

Mae graff $y = 1 - 2x$ yn mynd drwy $(0, 1)$ a $\left(\frac{1}{2}, 0\right)$

Mae'r gromlin a'r llinell yn cwrdd pan fydd
$2x^2 + 3x - 2 = 1 - 2x$

$\Rightarrow 2x^2 + 5x - 3 = 0$

$\Rightarrow (2x - 1)(x + 3) = 0$

$\Rightarrow x = \frac{1}{2}$ neu $x = -3$

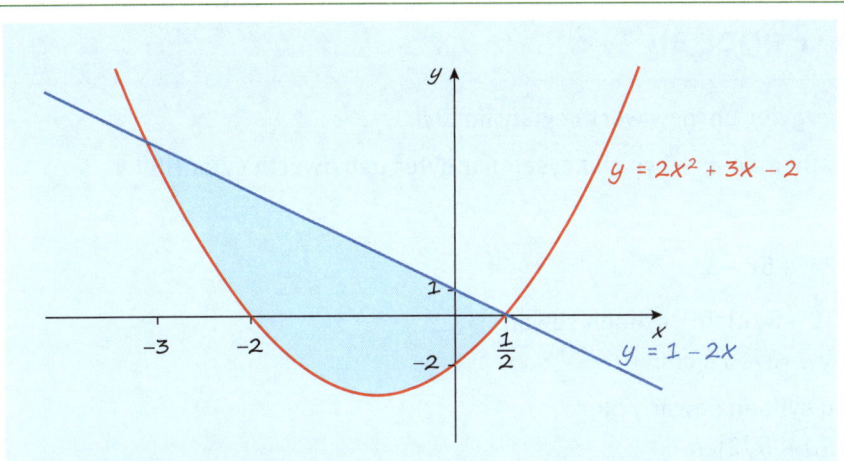

Felly'r datrysiad yw $-3 \leq x \leq \frac{1}{2}$.

Gan ddefnyddio nodiant set: $\{x : -3 \leq x\} \cap \{x : x \leq \frac{1}{2}\}$.

> Un anhafaledd sydd ei angen i ddisgrifio un rhanbarth.

Profi eich hun

1. Datryswch $x + 7 < 3x - 5$.

2. Datryswch $\frac{2(2x+1)}{3} \geq 6$.

3. Mae'r graff yn dangos llinellau $y = 3x - 3$ ac $y = -x + 5$. Ar gyfer pa werthoedd o x mae $y = 3x - 3$ yn uwch nag $y = -x + 5$?

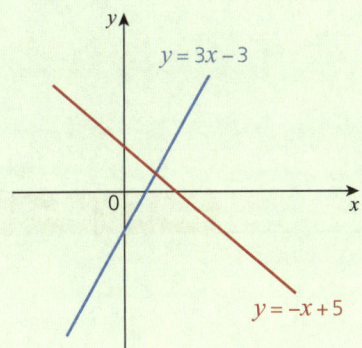

4. Datryswch yr anhafaledd $x^2 + 2x - 15 \leq 0$.

5. i   Lluniadwch graff i ddangos yr anhafaledd $6x - 6 < x^2 - 1$.

   ii   Trwy hyn, datryswch yr anhafaledd $6x - 6 < x^2 - 1$. Rhowch eich ateb mewn nodiant set.

Atebion ar dudalen 207

Cwestiwn enghreifftiol

i   Datryswch $\frac{(3-5x)}{2} \leq x$.

ii   a   Lluniadwch graff i ddangos yr anhafaledd $2x^2 < 7x + 4$.

   b   Trwy hyn, datryswch yr anhafaledd $2x^2 < 7x + 4$. Rhowch eich ateb mewn nodiant set.

Atebion ar dudalen 207

Cwestiynau adolygu (Penodau 1–4)

1. **i** Profwch fod $n^2 - n$ yn eilrif ar gyfer unrhyw werth cyfanrifol o n.

   ii Gwrthbrofwch y ddamcaniaeth: mae $n^2 + 1$ yn rhif cysefin ar gyfer pob gwerth cyfanrifol n.

2. **i** Ffactoriwch $2x^2 + 5x - 3$.

   ii Brasluniwch y gromlin $y = 2x^2 + 5x - 3$.

3. Mae gan floc petryal, cyfaint $7(8 - 5\sqrt{2})$cm^3, sylfaen sgwâr. Hyd pob un o ochrau'r sylfaen yw $(3 - \sqrt{2})$cm.

   i Darganfyddwch arwynebedd sylfaen sgwâr y bloc. Rhowch eich ateb yn y ffurf $(a + b\sqrt{2})$cm^2.

   ii Profwch mai uchder y bloc yw $(c - \sqrt{2})$cm lle mae c yn gysonyn sydd i'w ddarganfod.

4. **i** Cewch wybod bod $2^{x+y} \times 3^y = 2^5 \times 3^{2x-1}$. Darganfyddwch werth x ac y.

   ii Datryswch $x^4 - 5x^2 + 4 = 0$

5. **i** Mynegwch $f(x) = x^2 - 10x + 4$ yn y ffurf $(x + p)^2 + q$ lle mae p a q yn gyfanrifau.

   ii Nid oes gan yr hafaliad $2x^2 + kx + 8 = 0$ unrhyw wreiddiau real. Darganfyddwch holl werthoedd posibl k.

6. O wybod bod $\dfrac{5}{\sqrt{2}-1} - \dfrac{x}{\sqrt{2}+1} = 8 + y\sqrt{2}$, darganfyddwch werthoedd x a y.

7. **i** Mynegwch $f(x) = -2x^2 + 5x + 3$ yn y ffurf $f(x) = a(x+b)^2 + c$. Trwy hyn, brasluniwch graff $y = f(x)$.

   ii Datryswch

      a $-2x^4 + 5x^2 + 3 = 0$

      b $-2x + 5\sqrt{x} + 3 = 0$

      c $-2 \times 3^{2x} + 5 \times 3^x + 3 = 0$

Atebion ar dudalennau 207–208

GWIRIO ATEBION

ADRAN 2
UNED 1 MATHEMATEG BUR

Targedu wrth adolygu (Penodau 5–8)

1. **Defnyddio'r berthynas rhwng graddiannau llinellau paralel a darganfod hafaliad llinell**
   Mae'r llinell l yn pasio drwy'r pwynt $(-2, 1)$ ac mae'n baralel i'r llinell $x - 2y = 5$.
   i   Darganfyddwch hafaliad llinell l, gan roi eich ateb yn y ffurf $y = mx + c$.
   ii Lluniadwch graff y llinell l ar gyfer $-6 \leq x \leq 4$.
   (gweler tudalen 24)

2. **Defnyddio'r berthynas rhwng graddiannau llinellau perpendicwlar**
   Mae gan y pwyntiau A a B y cyfesurynnau $(2, -4)$ a $(3, 6)$.
   Darganfyddwch raddiant llinell sy'n berpendicwlar i AB.
   (gweler tudalen 24)

3. **Darganfod cyfesurynnau'r pwynt lle mae dwy linell yn croestorri**
   Mae'r llinellau $6x - 9y = 7$ ac $y = 4x - 3$ yn croestorri yn y pwynt X. Darganfyddwch gyfesurynnau'r pwynt X.
   (gweler tudalen 26)

4. **Defnyddio hafaliad cylch**
   Darganfyddwch hafaliad y cylchoedd canlynol:
   i   canol $(2, -3)$, radiws 4.
   ii yn mynd drwy'r pwyntiau $A(-1, 0)$ a $B(3, 6)$ gyda diamedr AB.
   (gweler tudalen 29)

5. **Datrys problemau sy'n ymwneud â chylchoedd**
   Darganfyddwch hafaliad y tangiad i'r cylch $(x - 1)^2 + (y + 2)^2 = 25$ yn y pwynt $(5, 1)$.
   (gweler tudalen 29)

6. **Defnyddio union werthoedd $\sin\theta$, $\cos\theta$ a $\tan\theta$**
   Heb ddefnyddio eich cyfrifiannell, darganfyddwch union werthoedd
   i $\sin 300°$ ii $\cos 120°$ iii $\tan 405°$
   (gweler tudalen 34)

7. **Datrys hafaliadau trigonometrig**
   Datryswch yr hafaliadau canlynol ar gyfer $0° \leq x \leq 180°$
   i $\sin x = \frac{\sqrt{3}}{2}$ ii $\sin 3x = \frac{\sqrt{3}}{2}$ iii $\sin(x + 45°) = \frac{\sqrt{3}}{2}$
   (gweler tudalen 34)

8. **Defnyddio unfathiannau trigonometrig**
   Profwch fod $\tan\theta + \frac{1}{\tan\theta} \equiv \frac{1}{\sin\theta\cos\theta}$.
   (gweler tudalen 34)

9. **Datrys problemau sy'n ymwneud â thrionglau heb onglau sgwâr**
   Darganfyddwch
   i   arwynebedd triongl ABC
   ii hyd AC.
   (gweler tudalen 39)

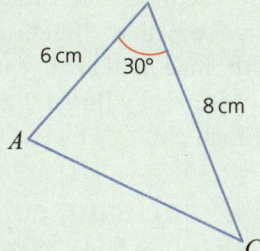

10. **Gweithio â pholynomialau**
    Cewch wybod bod $f(x) = 5x^3 - 2x + 3$, $g(x) = 2x^2 - 3x - 2$ a $h(x) = x + 1$.
    Darganfyddwch:
    i $f(x) + g(x)$ ii $f(x) - g(x)$
    iii $f(x) \times g(x)$ iv $f(x) \div h(x)$.
    (gweler tudalen 42)

11. **Defnyddio'r theorem ffactor a braslunio graff polynomial**
    Cewch wybod bod $f(x) = 2x^3 + x^2 - 5x + 2$.
    i   Dangoswch fod $x = 1$ yn wreiddyn i $f(x) = 0$.
    ii Dangoswch fod $(x + 2)$ yn ffactor $f(x)$.
    iii Ffactoriwch $f(x)$ yn llawn a thrwy hynny datryswch $f(x) = 0$.
    iv Brasluniwch graff $y = f(x)$.
    (gweler tudalen 46)

12. **Defnyddio cyfrannedd uniongyrchol a gwrthdro**
    Mae y mewn cyfrannedd gwrthdro â chiwb x.
    Pan fydd $x = 2$, $y = 2$.
    Darganfyddwch yr hafaliad sy'n cysylltu x ac y.
    (gweler tudalen 53)

13. **Braslunio graff ffwythiannau trigonometrig**
    Ar gyfer $0° \leq x \leq 360°$, brasluniwch graffiau:
    i $y = \tan x$ ii $y = -\tan x$
    iii $y = \cos \frac{1}{2}x$ iv $y = 1 + \sin x$.
    (gweler tudalen 59)

14. **Defnyddio'r ehangiad binomaidd**
    i   Ehangwch $(2 - 3x)^4$.
    ii Darganfyddwch gyfernod x^7 yn ehangiad $(2 - 3x)^{10}$.
    (gweler tudalen 49)

Atebion ar dudalennau 208–209

GWIRIO ATEBION

Pennod 5 Geometreg gyfesurynnol

Ynglŷn â'r testun hwn

Yn y bennod hon, byddwch chi'n datrys problemau sy'n ymwneud â chyfesurynnau, llinellau syth a chylchoedd. I ddarganfod hafaliad llinell syth, mae naill ai angen i chi wybod dau bwynt ar y llinell, neu un pwynt a chyfeiriad y llinell. I ddiffinio cylch, mae angen y canol a'r radiws arnoch chi.

Cyn dechrau, cofiwch …

- Theorem Pythagoras
- sut i ddatrys hafaliadau cwadratig – gweler Pennod 3
- sut i ddatrys hafaliadau cydamserol – gweler Pennod 4.

Llinellau syth

ADOLYGU

Ffeithiau allweddol

1 Mae'r diagram yn dangos y llinell sy'n uno $A(x_1, y_1)$ a $B(x_2, y_2)$.

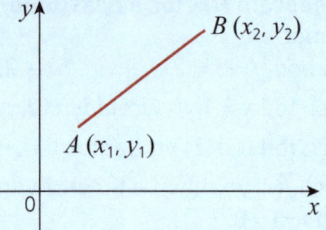

- Graddiant $AB = \dfrac{y_2 - y_1}{x_2 - x_1}$

  Hynny yw $\dfrac{\text{gwahaniaeth yn } y}{\text{gwahaniaeth yn } x}$

- Hyd $AB = \sqrt{(x_2 - x_1)^2 + (y_2 - y_1)^2}$

  Mae hyd y llinell yn defnyddio theorem Pythagoras.

- Canolbwynt $AB = \left(\dfrac{x_1 + x_2}{2}, \dfrac{y_1 + y_2}{2}\right)$

  Mae gan y canolbwynt werth-x hanner ffordd rhwng gwerthoedd-x y ddau bwynt (a'r un peth ar gyfer y). Hynny yw, cymedr y cyfesurynnau-x a chymedr y cyfesurynnau-y.

2 Mae gan **linellau paralel** yr un graddiant, $m_1 = m_2$

   graddiant = m_1
   graddiant = m_2

3 Mae gan **linellau perpendicwlar** raddiannau fel bod $m_1 m_2 = -1$
   Weithiau mae hyn yn cael ei ysgrifennu fel: $m_2 = \dfrac{-1}{m_1}$

   graddiant = m_1
   graddiant = m_2

4 Yn hafaliad y llinell $y = mx + c$:

   m yw'r graddiant

   c yw'r rhyngdoriad â'r echelin-x.

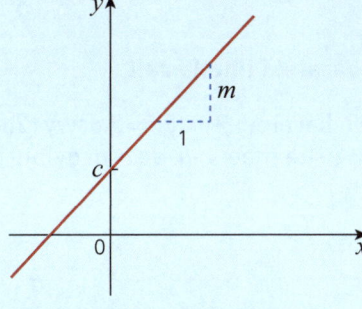

5 Hafaliad y llinell sydd â graddiant m sy'n mynd drwy'r pwynt (x_1, y_1) yw $y - y_1 = m(x - x_1)$.

6 Hafaliad y llinell sy'n mynd drwy'r pwyntiau (x_1, y_1) ac (x_2, y_2) yw

   $$\frac{y - y_1}{y_2 - y_1} = \frac{x - x_1}{x_2 - x_1}$$

7 Gall hafaliad llinell hefyd gael ei ysgrifennu yn y ffurf $ax + by + c = 0$ ◀── Fel arfer mae hyn yn cael ei ysgrifennu fel bod a, b ac c yn gyfanrifau.

8 Mae gan linellau fertigol yr hafaliad $x = a$.

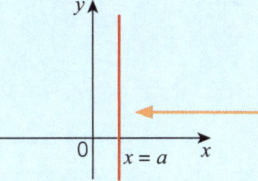

Mae'r llinellau hyn yn baralel i'r echelin-y.

9 Mae gan linellau llorweddol yr hafaliad $y = b$.

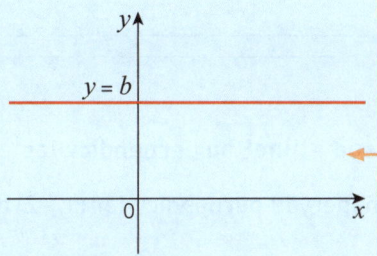

Mae'r llinellau hyn yn baralel i'r echelin-x.

10 Mae sawl ffordd wahanol o ddarganfod hafaliad llinell.
   - Drwy:
     o ddarganfod ei graddiant
     o amnewid y gwerth hwn ar gyfer m i $y = mx + c$
     o ac yna darganfod c drwy amnewid pwynt i'r hafaliad a gewch chi.
   - Os yw graddiant y llinell m a phwynt (x_1, y_1) yn hysbys, yna gall hafaliad y llinell gael ei ddarganfod gydag $y - y_1 = m(x - x_1)$.
   - Os yw dau bwynt ar yr un llinell yn hysbys, gallwch chi ddefnyddio
   $$\frac{y - y_1}{y_2 - y_1} = \frac{x - x_1}{x_2 - x_1}.$$

Enghraifft wedi'i hateb

1 Darganfod hafaliad llinell sy'n baralel i linell arall

Darganfyddwch hafaliad y llinell sy'n baralel i $2y - 3x = 2$ drwy $(2, -3)$. Rhowch eich ateb yn y ffurf $ax + by = c$, lle mae a, b, ac c yn gyfanrifau.

Datrysiad

$2y - 3x = 2 \Rightarrow y = \frac{3}{2}x + 1$ ← Aildrefnwch $2y - 3x = 2$ i'r ffurf $y = mx + c$.

Graddiant y llinell yw $\frac{3}{2}$.

Dull 1:

Yr hafaliad yw: $y = \frac{3}{2}x + c$. ← Mae gan linellau paralel yr un graddiant.

Mae amnewid $(2, -3)$ yn rhoi: $-3 = \frac{3}{2} \times 2 + c$

$\Rightarrow c = -6$.

Hafaliad: $y = \frac{3}{2}x - 6 \Rightarrow 3x - 2y = 12$.

Camgymeriad cyffredin: Gwnewch yn siŵr eich bod chi'n rhoi eich ateb yn y ffurf gywir.

Dull 2:

Hafaliad: $y - (-3) = \frac{3}{2}(x - 2)$ ← Gan ddefnyddio $y - y_1 = m(x - x_1)$, lle mae $m = \frac{3}{2}$, $x_1 = 2$ ac $y_1 = -3$.

$\Rightarrow 2y + 6 = 3x - 6$

$\Rightarrow 3x - 2y = 12$

Enghraifft wedi'i hateb

2 Datrys problemau sy'n ymwneud â llinellau perpendicwlar

Mae'r pwynt $(6, k)$ yn gorwedd ar hanerydd perpendicwlar $(1, -2)$ a $(5, 6)$. Darganfyddwch werth k.

Datrysiad

Graddiant y llinell sy'n uno $(1, -2)$ a $(5, 6)$ yw

$\frac{y_2 - y_1}{x_2 - x_1} = \frac{6 - (-2)}{5 - 1} = \frac{8}{4} = 2$. ← $\frac{\text{gwahaniaeth yn } y}{\text{gwahaniaeth yn } x}$

Felly graddiant y llinell berpendicwlar yw $-\frac{1}{2}$.

Canolbwynt, $M = \left(\frac{x_1 + x_2}{2}, \frac{y_1 + y_2}{2}\right)$

$= \left(\frac{1 + 5}{2}, \frac{(-2) + 6}{2}\right)$

$= (3, 2)$.

Pan fydd dwy linell yn llinellau perpendicwlar, graddiant y naill yw cilydd negatif graddiant y llall.

$m_1 m_2 = -1 \Rightarrow m_2 = -\frac{1}{m_1}$

Y canolbwynt yw cymedr y cyfesurynnau.

Mae gan yr hanerydd perpendicwlar y graddiant $-\frac{1}{2}$ ac mae'n mynd drwy $(3, 2)$.

Mae haneru yn golygu torri'n union yn ei hanner.

Hafaliad: $y - 2 = -\frac{1}{2}(x - 3)$

$\Rightarrow 2y - 4 = 3 - x$

$\Rightarrow 2y = 7 - x$

Gan ddefnyddio $y - y_1 = m(x - x_1)$, lle mae $m = -\frac{1}{2}$, $x_1 = 3$ ac $y_1 = 2$.

Mae'r pwynt $(6, k)$ yn gorwedd ar y llinell $2y = 7 - x$.

$\Rightarrow 2k = 7 - 6$

$\Rightarrow k = \frac{1}{2}$

Enghraifft wedi'i hateb

3 Datrys problemau geometrig

Mae gan bedrochr y fertigau $A(-5, -2)$, $B(3, 2)$, $C(0, 4)$ a $D(-4, 2)$.

i   Darganfyddwch hyd AD a hyd BC.

ii   Dangoswch fod AB a DC yn baralel.
     Pa fath o bedrochr yw $ABCD$?

iii Mae croeslinau $ABCD$ yn cwrdd yn M. Darganfyddwch gyfesurynnau M.

iv   Dangoswch nad yw'r un groeslin yn haneru'r llall.

Datrysiad

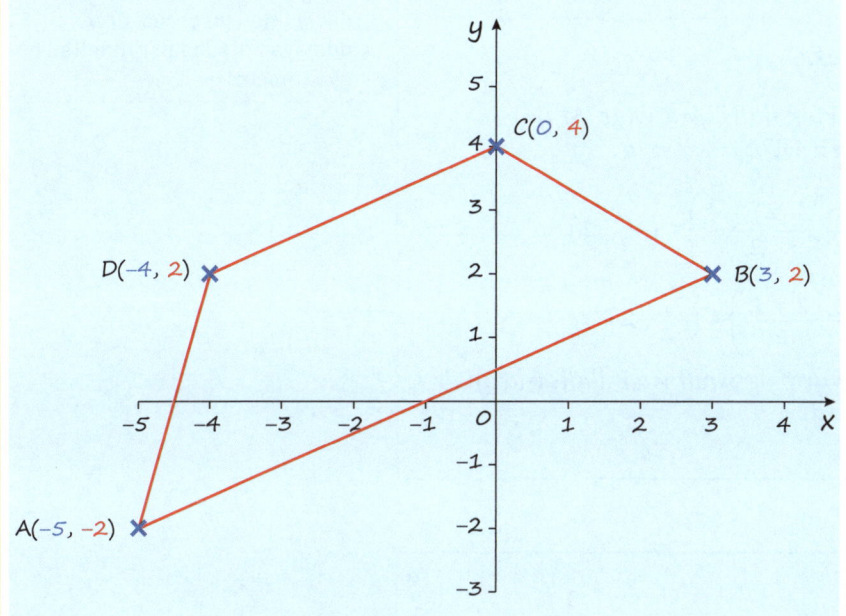

Awgrym: Mae creu diagram yn helpu, hyd yn oed os nad yw'r cwestiwn yn gofyn am hynny.

i   Hyd $AD = \sqrt{(x_2 - x_1)^2 + (y_2 - y_1)^2}$

     $= \sqrt{(-4 - (-5))^2 + (2 - (-2))^2}$

     $= \sqrt{1^2 + 4^2}$

     $= \sqrt{17}$

$A(-5, -2)$ a $D(-4, 2)$.

Camgymeriad cyffredin: Gwnewch yn siŵr eich bod chi'n defnyddio cromfachau.

Hyd $BC = \sqrt{(x_2 - x_1)^2 + (y_2 - y_1)^2}$

     $= \sqrt{(3 - 0)^2 + (2 - 4)^2}$

     $= \sqrt{3^2 + (-2)^2}$

     $= \sqrt{13}$

$B(3, 2)$ a $C(0, 4)$.

ii   Graddiant $AB = \dfrac{2 - (-2)}{3 - (-5)}$ Graddiant $DC = \dfrac{2 - 4}{-4 - 0}$

     $= \dfrac{4}{8}$ $= \dfrac{-2}{-4}$

     $= \dfrac{1}{2}$ $= \dfrac{1}{2}$

Camgymeriad cyffredin: Defnyddiwch: graddiant $= \dfrac{y_2 - y_1}{x_2 - x_1}$.
Does dim gwahaniaeth pa bwynt rydych chi'n ei ddefnyddio ar gyfer (x_1, y_1) neu (x_2, y_2) ond mae'n rhaid i chi fod yn gyson!

Mae'r graddiannau yr un peth, felly mae'r llinellau'n baralel.
Mae gan ABCD un pâr o ochrau paralel ⇒ mae ABCD yn drapesiwm.

iii Y croeslinau yw BD ac AC.

Graddiant BD $= \dfrac{2-2}{-4-2}$

$= 0$

Hafaliad BD: $y = 2$

Graddiant AC $= \dfrac{4-(-2)}{0-(-5)}$

$= \dfrac{6}{5}$

Hafaliad AC: $y - 4 = \dfrac{6}{5}x \Rightarrow 5y - 20 = 6x$.

Mae amnewid $y = 2$ i hafaliad AC yn rhoi:

$5 \times 2 - 20 = 6x \Rightarrow x = -\dfrac{5}{3}$.

Felly cyfesurynnau M yw $\left(-\dfrac{5}{3}, 2\right)$.

> Cymerwch ofal! Mae *BD* yn llorweddol felly ei graddiant yw 0.

> Darganfyddwch lle mae'r ddwy linell yn croesi drwy ddatrys hafaliadau'r llinellau'n gydamserol.

iv Os yw un groeslin yn haneru'r llall, yna mae M yn ganolbwynt i naill ai AC neu BD.

Canolbwynt AC yw $\left(\dfrac{-5+0}{2}, \dfrac{(-2)+4}{2}\right) = \left(-\dfrac{5}{2}, 1\right)$.

Canolbwynt BD yw $\left(\dfrac{-4+3}{2}, \dfrac{2+2}{2}\right) = \left(-\dfrac{1}{2}, 2\right)$.

Gan nad yw M yn ganolbwynt i'r naill na'r llall, nid yw'r croeslinau'n haneru ei gilydd.

Enghraifft wedi'i hateb

4 Defnyddio model llinell syth

Rhewbwynt dŵr yw 0°C neu 32°F.

Pwynt berwi dŵr yw 100°C neu 212°F.

Mae Donna'n lluniadu graff trosi graddau Fahrenheit, F, yn erbyn graddau Celsius, C.

Darganfyddwch hafaliad llinell syth Donna, a rhowch eich ateb yn y ffurf $aF + bC = k$, lle mae a, b a k yn gyfanrifau.

Datrysiad

Mae Donna yn plotio pwyntiau (0, 32) a (100, 212).

Felly graddiant ei llinell yw $\dfrac{212-32}{100-0} = \dfrac{180}{100} = \dfrac{9}{5}$

Mae'r rhyngdoriad ar yr echelin fertigol yn (0, 32), felly yr hafaliad yw $F = \dfrac{9}{5}C + 32$

Lluosi â 5: $5F = 9C + 160$

Felly'r hafaliad yw: $5F - 9C = 160$

> **Camgymeriad cyffredin:** Dylech chi bob amser wirio'r cwestiwn i weld a ddylech chi roi eich ateb mewn ffurf benodol. Gallech chi golli marciau fel arall.

Profi eich hun

1. Canolbwynt y llinell AB yw $(-2, 1)$. Cyfesurynnau pwynt B yw $(1, -1)$. Beth yw cyfesurynnau A?
2. Mae gan y pwyntiau A a B gyfesurynnau $(-3, 1)$ a $(2, 5)$. Darganfyddwch hyd y llinell AB.
3. Darganfyddwch hafaliad y llinell drwy $(-1, 3)$ a $(2, -3)$.
4. Mae gan linell yr hafaliad $5x - 7y + 2 = 0$. Darganfyddwch ei graddiant.
5. Darganfyddwch hafaliad y llinell sy'n berpendicwlar i $y = -4x + 1$ ac yn mynd drwy $(2, 1)$.

Atebion ar dudalen 209

Cwestiwn enghreifftiol

Mae A a B yn bwyntiau sydd â'r cyfesurynnau $(-4, 9)$ a $(6, -3)$ yn ôl eu trefn.

i. Darganfyddwch gyfesurynnau M, canolbwynt AB. Dangoswch hefyd mai hafaliad hanerydd perpendicwlar AB yw $6y - 5x = 13$.

ii. Darganfyddwch arwynebedd y triongl sy'n cael ei amgáu gan yr hanerydd perpendicwlar, yr echelin-x a'r llinell MB.

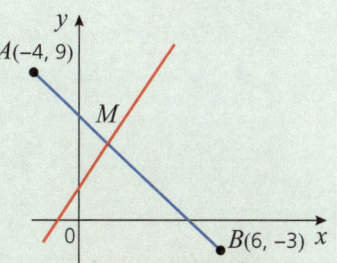

Atebion ar dudalen 209

Cylchoedd

Ffeithiau allweddol

1. Hafaliad cylch sydd â radiws r a chanol yn y tarddbwynt yw:
$$x^2 + y^2 = r^2$$

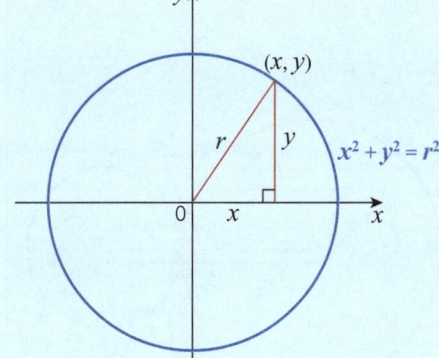

2. Hafaliad cylch sydd â radiws r a chanol yn (a, b) yw:
$$(x - a)^2 + (y - b)^2 = r^2$$

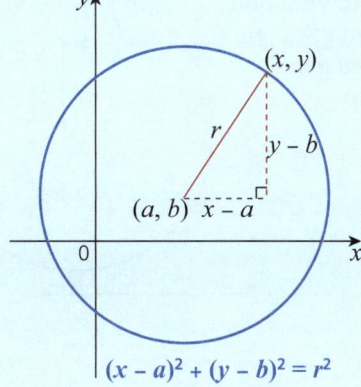

3. Gall hafaliad y cylch gael ei aildrefnu a'i ysgrifennu yn y ffurf:
$$x^2 + y^2 - 2ax - 2by + (a^2 + b^2 - r^2) = 0$$

Sylwch:
- nid oes term xy
- mae cyfernodau x^2 ac y^2 yn hafal.

CBAC UG Mathemateg

4 Mae angen i chi wybod y **theoremau cylch** canlynol i'ch helpu chi i ddatrys problemau'n ymwneud â chylchoedd.

- Mae'r **ongl mewn hanner cylch** yn ongl sgwâr.

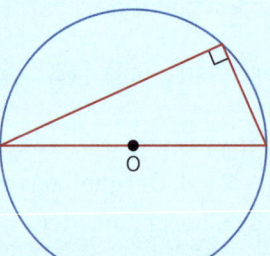

- Mae'r perpendicwlar o ganol cylch at gord yn haneru'r cord.

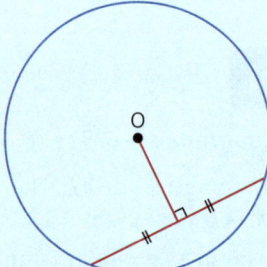

- Mae'r tangiad i gylch ar bwynt yn berpendicwlar i'r radiws drwy'r pwynt hwnnw.

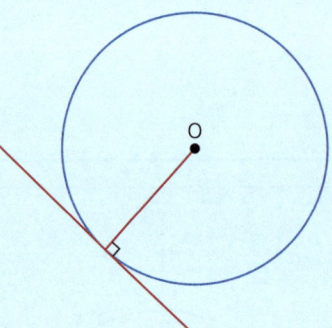

5 Mae dau gylch yn cyffwrdd yn **allanol** pan fydd swm y radiysau yn hafal i'r pellter, D, rhwng y ddau ganol. Felly $R + r = D$.

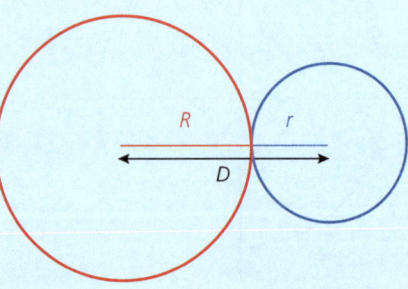

Mae dau gylch yn cyffwrdd yn **fewnol** pan fydd y gwahaniaeth rhwng y radiysau yn hafal i'r pellter, D, rhwng y ddau ganol. Felly $R - r = D$.

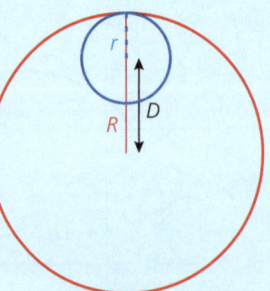

Enghraifft wedi'i hateb

1 Darganfod canol a radiws cylch o wybod ei hafaliad

i Rhowch ganol a radiws y cylch sydd â'r hafaliad $(x-3)^2 + (y+1)^2 = 36$.

ii Mae gan gylch arall yr hafaliad $(x+3)^2 + (y-7)^2 = 16$
Dangoswch fod y ddau gylch yn cyffwrdd yn allanol.

Datrysiad

i Mae'r canol yn $(3, -1)$.
$r^2 = 36 \Rightarrow r = 6$ felly'r radiws yw 6.

> Mae $(y+1)^2$ yr un peth â $(y-(-1))^2$ felly cyfesuryn-y y canol yw -1.

> **Camgymeriad cyffredin:** Peidiwch ag ysgrifennu mai'r radiws yw ±6 am mai hyd yw'r radiws felly mae'n bositif.

ii Mae'r canol yn $(-3, 7)$ a'r radiws yw $\sqrt{16} = 4$

$$\begin{aligned}Y \text{ pellter rhwng y ddau ganol} &= \sqrt{((-3)-3)^2 + (7-(-1))^2} \\ &= \sqrt{(-6)^2 + 8^2} \\ &= \sqrt{36+64} = \sqrt{100} = 10\end{aligned}$$

Swm y radiysau $= 6 + 4 = 10$
Mae swm y radiysau yn hafal i'r pellter rhwng y ddau ganol, felly mae'r cylchoedd yn cyffwrdd yn allanol.

Enghraifft wedi'i hateb

2 Gweithio gyda'r ffurf $x^2 + y^2 - 2ax - 2by + (a^2 + b^2 - r^2) = 0$

Hafaliad cylch yw $x^2 + y^2 - 4x + 6y + 4 = 0$.

Darganfyddwch ganol a radiws y cylch.

Datrysiad

$$x^2 + y^2 - 4x + 6y + 4 = 0$$
$$\Rightarrow x^2 - 4x + y^2 + 6y + 4 = 0$$
$$\Rightarrow (x-2)^2 - 4 + (y+3)^2 - 9 + 4 = 0$$
$$\Rightarrow (x-2)^2 + (y+3)^2 = 9$$

Felly mae gan y cylch ganol $(2, -3)$ a radiws 3.

> Casglwch y termau x ac y terms.

> Cwblhewch y sgwâr ar yr x a'r y.

> Casglwch y cysonion ar yr ochr dde.

Enghraifft wedi'i hateb

3 Darganfod hafaliad cylch o wybod canol a phwynt ar y cylch

Mae gan gylch ganol $(5, 0)$ ac mae'r pwynt $(-1, 6)$ yn gorwedd ar gylchyn y cylch.

Darganfyddwch hafaliad y cylch.

> **Awgrym:** Mae lluniadu diagram yn aml yn ddefnyddiol, hyd yn oed os nad yw'r cwestiwn yn gofyn am hynny'n benodol.

Datrysiad

$$r^2 = (-1-5)^2 + (6-0)^2$$
$$\Rightarrow r^2 = 6^2 + 6^2$$
$$\Rightarrow r^2 = 72$$

Felly mae gan y cylch yr hafaliad:
$(x-5)^2 + y^2 = 72$

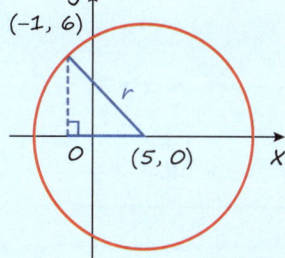

> Y radiws yw'r pellter o'r pwynt ar yr ymyl i'r canol.

> **Camgymeriad cyffredin:** Nid oes angen i chi gymryd ail isradd y 72 am fod gan hafaliad y cylch r^2 ynddo.

> Mae hyn yr un peth â $(y-0)^2$.

Enghraifft wedi'i hateb

4 Darganfod hafaliad y tangiad i'r cylch

Darganfyddwch hafaliad y tangiad i'r cylch $(x-2)^2 + (y+4)^2 = 10$ yn y pwynt $(5, -3)$.

Awgrym: Cofiwch fod y tangiad ar y pwynt cyffwrdd ar ongl sgwâr i'r radiws.

Datrysiad

Graddiant y llinell o'r canol $(2, -4)$ i $(5, -3)$ yw

$$\frac{y_2 - y_1}{x_2 - x_1} = \frac{(-3)-(-4)}{5-2} = \frac{1}{3}.$$

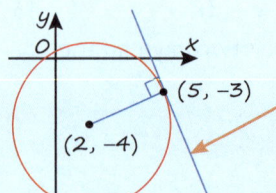

Mae'r tangiad ar ongl sgwâr i'r radiws, felly dechreuwch drwy ddarganfod graddiant y radiws.

Felly graddiant y tangiad yw -3.
Felly hafaliad y tangiad yw
$$y - (-3) = -3(x - 5)$$
$$y + 3 = -3x + 15$$
$$y = -3x + 12.$$

Cofiwch fod $m_1 m_2 = -1$ ar gyfer llinellau sydd ar ongl sgwâr i'w gilydd, felly mae'r naill raddiant yn gilydd negatif i'r graddiant arall.

Defnyddiwch $y - y_1 = m(x - x_1)$ i ddarganfod hafaliad y llinell drwy $(5, -3)$ sydd â graddiant -3.

Enghraifft wedi'i hateb

5 Darganfod hafaliad cylch o wybod tri phwynt ar y cylch

Mae $A(2, 3)$, $B(0, 7)$ ac $C(8, 11)$ yn dri phwynt.
i Dangoswch fod AB a BC yn berpendicwlar.
ii Darganfyddwch hafaliad y cylch sydd ag AC yn ddiamedr a dangoswch fod B yn gorwedd ar y cylch hwn.
iii Darganfyddwch gyfesurynnau D fel bod BD yn ddiamedr.

Datrysiad

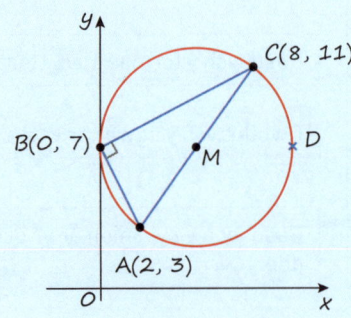

i Graddiant $AB = \frac{7-3}{0-2}$
$$= -2$$

Graddiant $BC = \frac{7-11}{0-8}$
$$= \frac{-4}{-8}$$
$$= \frac{1}{2}$$

$$-2 \times \left(\frac{1}{2}\right) = -1$$

felly mae AB a BC yn berpendicwlar.

Gan ddefnyddio $m_1 m_2 = -1$ ar gyfer llinellau perpendicwlar.

Sylwch fod ongl ABC yn ongl mewn hanner cylch ac felly mae'n $90°$.

ii Mae M, canolbwynt AC, yn

$\left(\dfrac{2+8}{2}, \dfrac{3+11}{2}\right) = (5, 7)$.

> Mae canol y cylch yng nghanolbwynt AC am fod AC yn ddiamedr.

AM yw radiws, r, y cylch.

$r^2 = (5-2)^2 + (7-3)^2$
$= 3^2 + 4^2$
$= 25$

> $r^2 = AM^2 = (x_2 - x_1)^2 + (y_2 - y_1)^2$

Hafaliad y cylch yw $(x-5)^2 + (y-7)^2 = 25$.

> Radiws y cylch yw $\sqrt{25} = 5$

Yn B: $(0-5)^2 + (7-7)^2 = 25$, felly mae B ar y cylch.

iii Mae M(5, 7) hefyd yn ganolbwynt B(0, 7) a D felly cyfesurynnau D yw (10, 7).

Camgymeriad cyffredin: Peidiwch ag anghofio'r rhan hon o'r cwestiwn. Mae'n hawdd ei anghofio.

Profi eich hun

1 Beth yw hafaliad y cylch sydd â chanol (1, −3) a radiws 5?
2 Rhowch ganol a radiws y cylch sydd â'r hafaliad $x^2 + y^2 + 6x - 4y - 36 = 0$.
3 i Darganfyddwch lle mae'r cylch $(x-1)^2 + (y+2)^2 = 16$ yn croesi'r echelin-x bositif.
  ii Dangoswch nad yw'r llinell $y = x + 4$ yn croestorri'r cylch.
4 A yw'r cylchoedd $(x-1)^2 + (y+2)^2 = 5$ a $(x-3)^2 + (y-2)^2 = 45$ yn cyffwrdd?
  Os ydyn nhw'n cyffwrdd, dangoswch a ydyn nhw'n cyffwrdd yn fewnol neu'n allanol.
5 Darganfyddwch hafaliad y tangiad i'r cylch $(x-1)^2 + (y+1)^2 = 34$ yn y pwynt (6, 2).
6 Mae $A(2, -1)$ a $B(4, 3)$ yn ddau bwynt ar gylch sydd â chanol (1, 2).
  Beth yw pellter y cord AB o ganol y cylch?

Atebion ar dudalen 209

Cwestiwn enghreifftiol

Mae'r diagram yn dangos cylch sydd â'r hafaliad $x^2 + y^2 - 8x + 6y = 0$.
i Darganfyddwch ganol, C, a radiws y cylch.
ii Mae'r cylch yn cwrdd â'r llinell $y = -2$ yn y pwyntiau A a B. Darganfyddwch union gyfesurynnau A a B.
iii Gwiriwch fod y pwynt $D(1, -7)$ yn gorwedd ar y cylch. Darganfyddwch hafaliad y tangiad i'r cylch yn D yn y ffurf $ax + by + c = 0$.

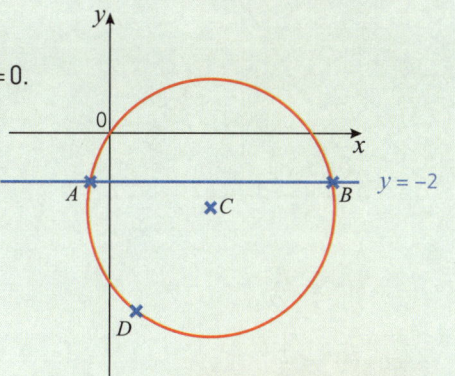

Atebion ar dudalen 209

Pennod 6 Trigonometreg

Ynglŷn â'r testun hwn

Mae'r testun hwn yn ymdrin â holl feysydd trigonometreg, o ddatrys problemau'n ymwneud â thrionglau i ddatrys hafaliadau a phrofi unfathiannau.

Cyn dechrau, cofiwch ...

- y cymarebau trigonometrig: sin, cosin a thangiad
- syrdiau
- datrys hafaliadau cwadratig.

Gweithio â ffwythiannau trigonometrig

ADOLYGU

Ffeithiau allweddol

1 Ffwythiannau trigonometrig ar gyfer gwerthoedd ongl θ rhwng $0°$ a $90°$ yn gynhwysol.

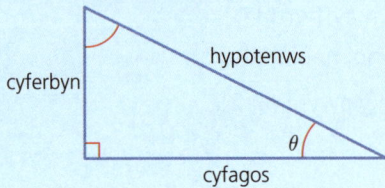

$$\sin\theta = \frac{\text{cyferbyn}}{\text{hypotenws}}$$

$$\cos\theta = \frac{\text{cyfagos}}{\text{hypotenws}}$$

$$\tan\theta = \frac{\text{cyferbyn}}{\text{cyfagos}}$$

2 Weithiau, bydd gofyn i chi roi'r atebion ar ffurf syrdiau. Felly mae angen i chi wybod cymarebau trigonometrig onglau arbennig:

  i triongl hafalochrog   ii triongl hafalochrog

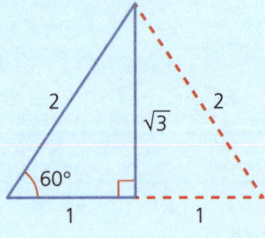   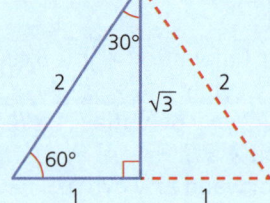

$\sin 60° = \frac{\sqrt{3}}{2}$ $\sin 30° = \frac{1}{2}$

$\cos 60° = \frac{1}{2}$ $\cos 30° = \frac{\sqrt{3}}{2}$

$\tan 60° = \frac{\sqrt{3}}{1} = \sqrt{3}$ $\tan 30° = \frac{1}{\sqrt{3}} = \frac{\sqrt{3}}{3}$

  iii triongl isosgeles

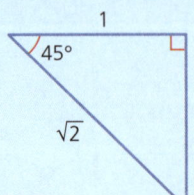

$\sin 45° = \frac{1}{\sqrt{2}} = \frac{\sqrt{2}}{2}$

$\cos 45° = \frac{1}{\sqrt{2}} = \frac{\sqrt{2}}{2}$

$\tan 45° = \frac{1}{1} = 1$

3. Mae'r cylch unedol yn gylch sydd â radiws o 1 uned. Mae'r canlynol yn wir ar gyfer unrhyw bwynt $P(x, y)$ ar y cylch unedol a'r ongl lem θ rhwng OP a'r echelin-x.

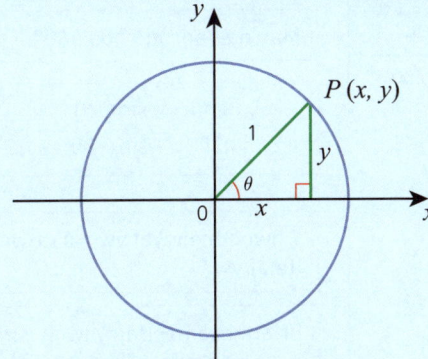

$\sin\theta = \dfrac{y}{1} = y$

$\cos\theta = \dfrac{x}{1} = x \qquad \cos 0° = 1$

$\tan\theta = \dfrac{y}{x} \qquad \sin 0° = 0$

$y^2 + x^2 = 1$ ← Gan ddefnyddio theorem Pythagoras.

Dyma ddau unfathiant pwysig:

$$\sin^2\theta + \cos^2\theta \equiv 1$$

a $\quad \tan\theta \equiv \dfrac{\sin\theta}{\cos\theta}, \quad \cos\theta \neq 0$

4. Mae'r onglau yn y cyfeiriad gwrthglocwedd o'r echelin-x yn bositif ac mae'r onglau yn y cyfeiriad clocwedd yn negatif.

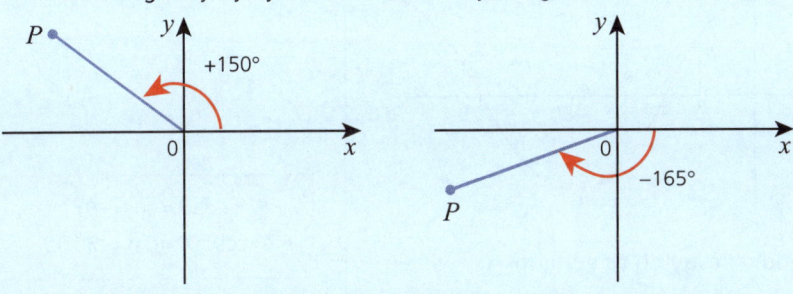

5. Gallwch chi ddefnyddio diagram **CAST** i benderfynu a yw sin, cos neu tan eich ongl yn bositif neu'n negatif.

2il bedrant:
$x < 0$ ac $y > 0$
Dim ond $\sin\theta$ sy'n bositif.

Pedrant 1af: $x > 0$ ac $y > 0$
$\sin\theta$, $\cos\theta$ a $\tan\theta$ i gyd yn bositif.

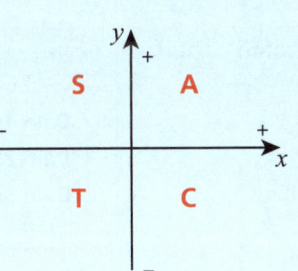

3ydd pedrant:
$x < 0$ ac $y < 0$
Dim ond $\tan\theta$ sy'n bositif.

4ydd pedrant: $x > 0$ ac $y < 0$
Dim ond $\cos\theta$ sy'n bositif.

6. Gallwch chi ddefnyddio nodweddion graffiau $y = \sin\theta$, $y = \cos\theta$ ac $y = \tan\theta$ i'ch helpu i ddatrys hafaliadau.

7 Graff $y = \sin\theta$

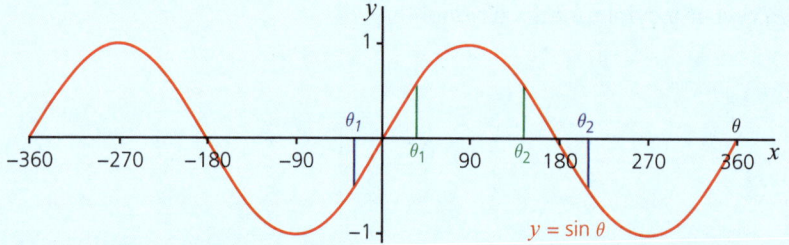

- Cyfnod $y = \sin\theta$ yw $360°$.
- Mae gan $y = \sin\theta$ gymesuredd cylchdro trefn 2 o amgylch y tarddbwynt.
- $-1 \leq \sin\theta \leq 1$
- I ddatrys $\sin\theta = k$:
  Cam 1: Defnyddiwch eich cyfrifiannell i ddarganfod y datrysiad cyntaf: $\theta_1 = \arcsin k$.
  Cam 2: Yr ail ddatrysiad yw $\theta_2 = 180° - \theta_1$.
  Cam 3: Adiwch neu tynnwch $360°$ o θ_1 a θ_2 i ddarganfod yr holl ddatrysiadau.

> Mae'n ailadrodd bob $360°$.

> $\sin\theta = -\sin(-\theta)$
> e.e. $\sin 30° = -\sin(-30°)$.

> Y gwerth mwyaf yw 1 a'r gwerth lleiaf yw -1.

> Er enghraifft: Datryswch $\sin\theta = -0.5$ ar gyfer $0° \leq \theta \leq 360°$.
> **Cam 1:** $\theta_1 = \arcsin(-0.5) = -30°$.
> **Cam 2:** $\theta_2 = 180° - (-30°) = 210°$.
> **Cam 3:** Y datrysiadau yw $210°$, a $-30° + 360° = 330°$.

8 Graff $y = \cos\theta$

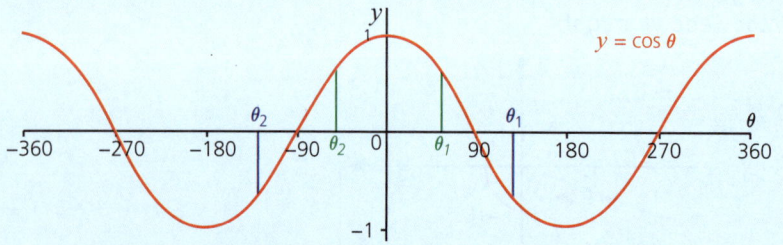

- Cyfnod $y = \cos\theta$ yw $360°$.
- Mae gan $y = \cos\theta$ gymesuredd o amgylch yr echelin-y.
- $-1 \leq \cos\theta \leq 1$
- I ddatrys $\cos\theta = k$:
  Cam 1: Defnyddiwch eich cyfrifiannell i ddarganfod y datrysiad cyntaf: $\theta_1 = \arccos k$.
  Cam 2: Yr ail ddatrysiad yw $\theta_2 = -\theta_1$.
  Cam 3: Adiwch neu tynnwch $360°$ o θ_1 a θ_2 i ddarganfod yr holl ddatrysiadau.

> $\cos\theta = \cos(-\theta)$
> e.e. $\cos 30° = \cos(-30°)$.

> Y gwerth mwyaf yw 1 a'r gwerth lleiaf yw -1.

> Er enghraifft: Datryswch $\cos\theta = -0.5$ ar gyfer $0° \leq \theta \leq 360°$.
> **Cam 1:** $\theta_1 = \arccos(-0.5) = 120°$.
> **Cam 2:** $\theta_2 = -120°$.
> **Cam 3:** Y datrysiadau yw $210°$, a $-120° + 360° = 240°$.

9 Graff $y = \tan\theta$

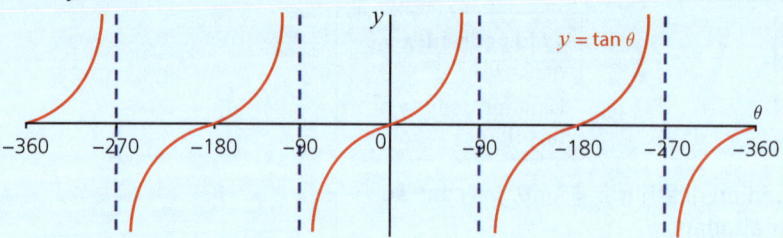

- Cyfnod $y = \tan\theta$ yw $180°$.
- Mae gan $y = \tan\theta$ gymesuredd cylchdro trefn 2 o amgylch y tarddbwynt.
- Gall $\tan\theta$ fod yn unrhyw rif real
  Wrth i $\theta \to 90°$, $\tan\theta \to +\infty$
  Wrth i $\theta \to -90°$, $\tan\theta \to -\infty$
- Mae asymptotau yn $x = \pm 90°$, $x = \pm 270°$...
- I ddatrys $\tan\theta = k$:
  Cam 1: Defnyddiwch eich cyfrifiannell i ddarganfod y datrysiad cyntaf: $\theta_1 = \arctan k$.
  Cam 2: Adiwch neu tynnwch $180°$ o θ_1 i ddarganfod yr holl ddatrysiadau.

> Er enghraifft: Datryswch $\tan\theta = -0.5$ ar gyfer $0° \leq \theta \leq 180°$.
> **Cam 1:** $\theta_1 = \arctan(-0.5) = -26.6°$.
> **Cam 2:** Y datrysiadau yw:
> $-26.6° + 180° = 153.4°$ a
> $153.4° + 180° = 333.4°$.

Enghraifft wedi'i hateb

1 Defnyddio diagram CAST

O wybod bod $\cos\theta = -\frac{5}{13}$ a bod θ yn ongl aflem, darganfyddwch union werth

i $\sin\theta$ ii $\tan\theta$

> Mae ongl aflem yn fwy na 90° ond yn llai na 180°.

Datrysiad

i Gan ddefnyddio'r unfathiant $\sin^2\theta + \cos^2\theta \equiv 1$

$\Rightarrow \sin^2\theta \equiv 1 - \cos^2\theta$

$\Rightarrow \sin^2\theta = 1 - \left(-\frac{5}{13}\right)^2 = 1 - \frac{25}{169} = \frac{144}{169}$

$\Rightarrow \sin\theta = \pm\frac{12}{13}$.

Gan ddefnyddio diagram CAST, pan fydd $\cos\theta$ yn negatif a θ yn ongl aflem, yna mae θ yn yr ail bedrant lle $\sin\theta$ yn unig sy'n bositif.
Felly $\sin\theta = \frac{12}{13}$.

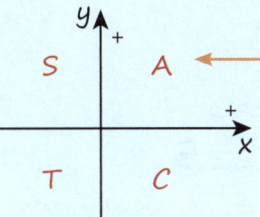

> Mae angen i chi benderfynu a yw $\sin\theta$ yn bositif neu'n negatif.

ii Gan ddefnyddio'r unfathiant

$\tan\theta \equiv \frac{\sin\theta}{\cos\theta}$

$\Rightarrow \tan\theta = \frac{\frac{12}{13}}{-\frac{5}{13}} = -\frac{12}{5}$.

> I rannu â ffracsiwn, rydych chi'n lluosi cilydd y ffracsiwn.
> $\frac{12}{13} \times \left(-\frac{13}{5}\right) = -\frac{12}{5}$.

Enghraifft wedi'i hateb

2 Profi unfathiannau

Profwch fod $\frac{\sin^2\theta - \cos^2\theta}{1 - \sin^2\theta} \equiv \tan^2\theta - 1$.

Datrysiad

Gan ddefnyddio'r unfathiant $\sin^2\theta + \cos^2\theta \equiv 1 \Rightarrow 1 - \sin^2\theta \equiv \cos^2\theta$

$\frac{\sin^2\theta - \cos^2\theta}{1 - \sin^2\theta} \equiv \frac{\sin^2\theta - \cos^2\theta}{\cos^2\theta} \equiv \frac{\sin^2\theta}{\cos^2\theta} - \frac{\cos^2\theta}{\cos^2\theta}$

$\equiv \tan^2\theta - 1$ fel sy'n ofynnol.

> $\frac{\sin\theta}{\cos\theta} \equiv \tan\theta \Rightarrow \frac{\sin^2\theta}{\cos^2\theta} \equiv \tan^2\theta$

Enghraifft wedi'i hateb

3 Datrys hafaliadau trigonometrig (1)

Datryswch yr hafaliad $2\sin\theta\cos\theta - \sin\theta = 0$, ar gyfer $0° \leq \theta \leq 360°$.

Datrysiad

$2\sin\theta\cos\theta - \sin\theta = 0 \Rightarrow \sin\theta(2\cos\theta - 1) = 0$

Naill ai $\sin\theta = 0$ neu $2\cos\theta - 1 = 0$

$\Rightarrow \theta = 0°$ neu $180°$ $\Rightarrow \cos\theta = \frac{1}{2}$

$\Rightarrow \theta = 60°$ neu $300°$

Felly $\theta = 0°, 60°, 180°$ neu $300°$.

> **Camgymeriad cyffredin:**
> Peidiwch â rhannu â $\sin\theta$, neu byddwch chi'n colli gwreiddiau $\sin\theta = 0$.

> $-60° + 360° = 300°$

Enghraifft wedi'i hateb

4 Datrys hafaliadau trigonometrig (2)

Datryswch
i $\cos(x + 45°) = \frac{\sqrt{3}}{2}$, ar gyfer $0° \leq x \leq 360°$.

ii $\tan^2 2x = 3$, ar gyfer $0° \leq x \leq 180°$.

Datrysiad

i Gadewch i $\theta = x + 45° \Rightarrow \cos\theta = \frac{\sqrt{3}}{2}$.

$\theta = \arccos\left(\frac{\sqrt{3}}{2}\right) = 30°$ neu $330°$ neu $390°$

Felly $x + 45° = 330°$ neu $x + 45° = 390°$.
$x = 285°$ $x = 345°$

Felly $x = 285°$ neu $345°$

ii Gadewch i $\theta = 2x \Rightarrow \tan^2\theta = 3$

$\Rightarrow \tan\theta = \pm\sqrt{3}$

$\tan\theta = \sqrt{3} \Rightarrow \theta = 60°, 240°$

$\tan\theta = -\sqrt{3} \Rightarrow \theta = -60°, 120°, 300°$

$2x = 60°, 120°, 240°, 300°$

$\Rightarrow x = 30°, 60°, 120°, 150°$

$-30° + 360° = 330°$

Edrychwch am bob datrysiad ar gyfer θ yn yr amrediad $45° \leq \theta \leq 405°$ fel eich bod, wrth dynnu $45°$, yn cael gwerthoedd x yn yr amrediad $0° \leq x \leq 360°$.

Camgymeriad cyffredin: Peidiwch ag anghofio'r ail isradd negatif!

Edrychwch am bob datrysiad ar gyfer θ yn yr amrediad $0° \leq \theta \leq 360°$ fel eich bod, wrth rannu â 2, yn cael gwerthoedd x yn yr amrediad $0° \leq x \leq 180°$.

Unwaith y bydd gennych chi'r gwerth cyntaf, daliwch ati i adio $180°$ i ddarganfod pob gwerth arall.

Profi eich hun

1 Mae pedwar o'r diagramau isod yn gywir. Pa un o'r diagramau sy'n anghywir? Rhowch reswm am eich ateb.

A 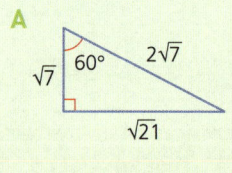   B 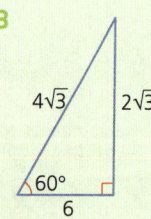   C 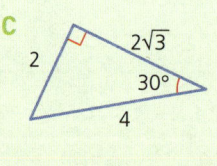   Ch 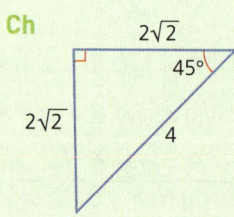   D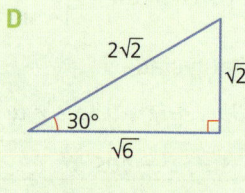

2 Ysgrifennwch werthoedd
    i $\tan 315°$ ii $\tan(-315°)$ iii $-\tan 45°$ iv $\tan 225°$.

3 Datryswch yr hafaliad $\cos 2x = -0.5$ i'r radd agosaf ar gyfer $0° \leq x \leq 360°$.

4 Datryswch yr hafaliad $\cos^2\theta = \sin\theta$ i'r radd agosaf ar gyfer $0° \leq \theta \leq 360°$.

5 Cyfrifwch union werth $\frac{1 - \sin 240°}{1 + \sin 240°}$. Rhaid i chi ddangos eich holl waith cyfrifo.

Atebion ar dudalen 209

Cwestiwn enghreifftiol

i Mynegwch $2\sin^2 x - \cos x$ fel ffwythiant cwadratig $\cos x$.
ii Trwy hyn, datryswch yr hafaliad $2\sin^2 2x - \cos 2x = 1$ ar gyfer $0° \leq x \leq 180°$.

Atebion ar dudalen 209

Trionglau heb onglau sgwâr

ADOLYGU

Ffeithiau allweddol

1. Fel arfer, mae fertigau unrhyw driongl yn cael eu labelu â phriflythrennau, ac mae'r ochrau gyferbyn yn cael eu labelu â'r llythrennau bach cyfatebol.

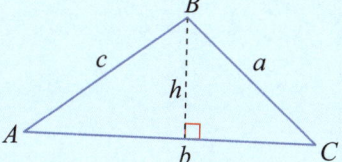

2. **Arwynebedd triongl** ABC yw $\frac{1}{2}ab\sin C$

   > Gallwch chi ddarganfod arwynebedd unrhyw driongl os ydych chi'n gwybod dwy ochr a'r ongl rhyngddyn nhw.

3. Y **rheol sin** ar gyfer triongl ABC yw
   $$\frac{\sin A}{a} = \frac{\sin B}{b} = \frac{\sin C}{c}$$

   > Defnyddiwch y ffurf hon i ddarganfod ongl goll...

   neu $\quad \dfrac{a}{\sin A} = \dfrac{b}{\sin B} = \dfrac{c}{\sin C}$

   > ... a'r ffurf hon i ddarganfod ochr goll.

   Pan fyddwch chi'n defnyddio'r rheol sin i ddarganfod ongl goll, θ, gwiriwch bob amser a yw $180° - \theta$ hefyd yn ddatrysiad.

   > Yr **achos amwys** yw'r enw ar hyn.

4. Y **rheol cosin** ar gyfer triongl ABC yw
   $$a^2 = b^2 + c^2 - 2bc\cos A$$

   neu $\quad \cos A = \dfrac{b^2 + c^2 - a^2}{2bc}$

   Defnyddiwch y rheol cosin pan fyddwch chi'n gwybod:
   - dwy ochr a'r ongl rhyngddyn nhw ac mae angen y drydedd ochr arnoch chi
   - y tair ochr ac mae angen i chi ddarganfod unrhyw ongl.

Enghraifft wedi'i hateb

1 Darganfod arwynebedd triongl

Darganfyddwch arwynebedd y triongl ABC sy'n cael ei ddangos.

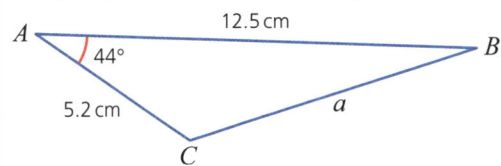

Datrysiad

Arwynebedd = $\frac{1}{2}ab\sin C$ neu $\frac{1}{2}bc\sin A$

> Rydych chi'n gwybod dwy ochr a'r ongl rhyngddyn nhw.

Arwynebedd = $\frac{1}{2} \times 5.2 \times 12.5 \times \sin 44°$
$= 22.57...$

Arwynebedd = $22.6\,\text{cm}^2$ (i 3 ffigur ystyrlon)

> Byddwch yn ofalus â'r unedau.

Enghraifft wedi'i hateb

2 Defnyddio'r rheol sin i ddarganfod ochr goll

Darganfyddwch yr ochr x yn y triongl hwn.

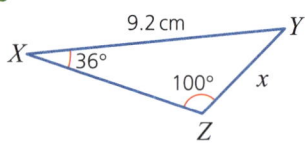

> Dim ond pan fyddwch chi'n gwybod un ongl a'r ochr gyferbyn iddi y gallwch chi ddefnyddio'r rheol sin. Yn yr achos hwn, rydych chi'n gwybod ongl Z ac ochr XY.

Datrysiad

$\angle X = 36°$ ac $\angle Z = 100°$.

$XY = z = 9.2\,\text{cm}$.

Gan ddefnyddio'r rheol sin yn y ffurf: $\dfrac{x}{\sin X} = \dfrac{z}{\sin Z}$

$$\frac{x}{\sin 36°} = \frac{9.2}{\sin 100°}$$

$$x = \sin 36° \times \frac{9.2}{\sin 100°}$$

$$= 5.491...$$

$$x = 5.49\,\text{cm}$$
(i 3 ffigur ystyrlon)

> **Awgrym:** Gwnewch yn siŵr bod eich cyfrifiannell wedi'i gosod ym modd graddau.

> Talgrynnwch yn yr ateb terfynol yn unig.

Enghraifft wedi'i hateb

3 Defnyddio'r rheol sin i ddarganfod ongl goll.

Yn y triongl PQR, $PR = 3.8\,\text{cm}$, $QR = 5.1\,\text{cm}$ ac $\angle Q = 42°$.

i Lluniadwch y triongl.
ii Darganfyddwch faint posibl ongl P.

Datrysiad

i O'r diagram, mae dwy ongl bosibl a dau safle posibl ar gyfer pwynt P. Mae'r rhain wedi'u nodi â P_1 a P_2.

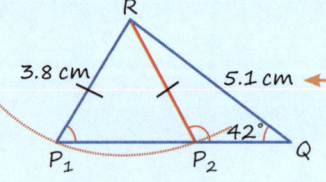

> Gallwch chi weld o'r diagram bod P yn gorwedd ar y cylch sydd â chanol R a radiws $3.8\,\text{cm}$.

ii $\dfrac{\sin P}{5.1} = \dfrac{\sin 42°}{3.8}$

$\sin P = 5.1 \times \dfrac{\sin 42°}{3.8}$

$\sin P = 0.8980...$

$P = 63.90...°$ neu $180° - 63.90...° = 116.09°$

Felly $\angle P_1 = 63.9°$ neu $\angle P_2 = 116.1°$ (y ddau i 1 ffigur ystyrlon)

> **Awgrym:** Dylech chi bob amser wirio'r achos amwys. Mae dau werth posibl ar gyfer P rhwng $0°$ a $180°$.

Enghraifft wedi'i hateb

4 Defnyddio'r rheol cosin i ddarganfod ongl goll

Darganfyddwch ongl ABC yn y triongl sy'n cael ei ddangos.

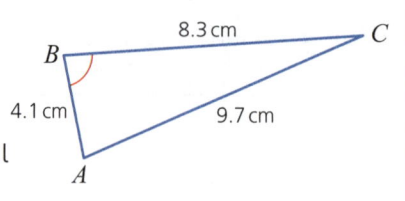

Datrysiad

Gan ddefnyddio'r rheol cosin:

$$\cos B = \frac{c^2 + a^2 - b^2}{2ca}$$

$$= \frac{4.1^2 + 8.3^2 - 9.7^2}{2 \times 4.1 \times 8.3} = -0.1232...$$

$B = 97.1°$ (i 1 lle degol)

Awgrym: Rydych chi'n gwybod tair ochr ac mae angen i chi ddarganfod ongl goll, felly dylech chi ddefnyddio'r rheol cosin.

Mae'n arferol rhoi onglau yn gywir i 1 lle degol.

Enghraifft wedi'i hateb

5 Defnyddio'r rheol cosin i ddarganfod ochr goll

Darganfyddwch hyd yr ochr p yn y triongl sydd wedi'i ddangos.

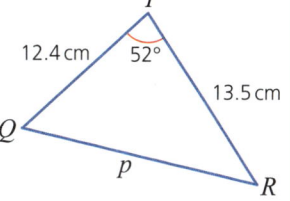

Datrysiad

Gan ddefnyddio'r rheol cosin yn y ffurf

$$p^2 = q^2 + r^2 - 2qr \cos P$$

$$p^2 = 13.5^2 + 12.4^2 - 2 \times 13.5 \times 12.4 \times \cos 52°$$

$\Rightarrow p^2 = 129.88...$

$\Rightarrow p = 11.39...$

$= 11.4\,\text{cm}$ (i 3 ffigur ystyrlon).

Awgrym: Rydych chi'n gwybod dwy ochr a'r ongl rhyngddyn nhw, felly defnyddiwch y rheol cosin i ddarganfod y drydedd ochr.

Camgymeriad cyffredin: Peidiwch â thalgrynnu nes i chi gyrraedd eich ateb terfynol. Cadwch bob gwerth arall wedi'i storio yn eich cyfrifiannell.

Profi eich hun

1 Darganfyddwch arwynebedd y triongl ABC sydd i'w weld ar y dde.
2 Yn y triongl PQR, $\angle RPQ = 37°$, $\angle PQR = 56°$ ac $RQ = 4$ cm. Darganfyddwch hyd PR.
3 Mae llong A 3 km o oleudy L ar gyfeiriant o 137°. Mae llong B 6.5 km o'r goleudy ar gyfeiriant o 067°. Darganfyddwch bellter a chyfeiriant llong A o long B.
4 Yn nhriongl XYZ, $XZ = 3.6$ cm, $YZ = 4.5$ cm ac $\angle Y = 47°$. Darganfyddwch feintiau posibl ongl X.
5 Mae'r diagram ar y dde yn dangos y triongl DEF. $DE = 5$ cm ac $EF = 11$ cm. Ongl $DFE = 20°$. O wybod bod ongl DEF yn ongl aflem, cyfrifwch arwynebedd y triongl DEF.

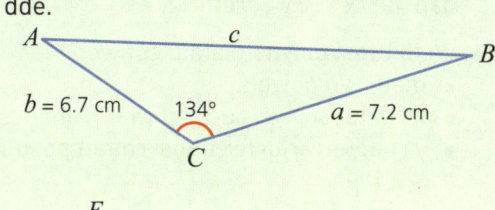

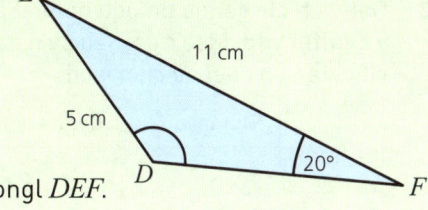

Atebion ar dudalen 209

Cwestiwn enghreifftiol

Mewn pedrochr $ABCD$, $AD = 14.7$ cm, $DC = 12.2$ cm, $\angle ADC = 45°$. $\angle ABC = 125°$ ac $\angle BAC = 27°$.
i Darganfyddwch hyd AC.
ii Darganfyddwch ongl CAD.
iii Darganfyddwch hyd AB.
iv Darganfyddwch arwynebedd y pedrochr.

Atebion ar dudalen 209

Pennod 7 Polynomialau

Ynglŷn â'r testun hwn

Gair Groeg yw 'poly' a'i ystyr yw llawer. Mae polynomialau yn fynegiadau sy'n cynnwys llawer o dermau â phwerau sy'n gyfanrifau positif; mae angen i chi allu adio, tynnu, lluosi a rhannu polynomialau.

Mae hefyd angen i chi ddefnyddio'r theorem ffactor i ffactorio polynomial a braslunio cromliniau polynomialau.

Mae mynegiad binomaidd yn fynegiad sydd â dwy ran, er enghraifft $(1 + x)$. Pan fydd mynegiad binomaidd yn cael ei godi i bŵer, mae'r polynomial a gewch chi yn cael ei alw'n ehangiad binomaidd.

Cyn dechrau, cofiwch ...
- sut i symleiddio mynegiadau ac ehangu cromfachau
- sut i ffactorio mynegiadau
- ffwythiannau cwadratig a'u graffiau.

Gweithio â pholynomialau

ADOLYGU

Ffeithiau allweddol

1. Mae **polynomial** yn cynnwys un neu ragor o dermau lle mae gan bob term newidyn sydd wedi'i godi i bŵer sy'n gyfanrif positif (neu sero). **Trefn** polynomial yw pŵer uchaf y newidyn sydd ynddo. Felly mae gan $4 - 7x^5 + 3x^{12}$ drefn 12.

   Er enghraifft: $3 + x^2 + 3x^9$ neu $2 - x^3$.

2. Wrth **luosi** polynomialau, cofiwch:
   - mae x yn golygu x^1
   - wrth luosi pwerau x, adiwch yr indecsau: $x^3 \times x^5 = x^{3+5} = x^8$
   - y rheolau ar gyfer lluosi rhifau positif a negatif yw:

   $+ \times + = +$ $- \times - = +$ $+ \times - = -$ $- \times + = -$

3. Gallwch chi rannu un polynomial â pholynomial arall i ddarganfod y **cyniferydd**. Mae'r geiriau sy'n cael eu defnyddio wrth rannu dau rif cyfan yn cael eu rhoi isod.

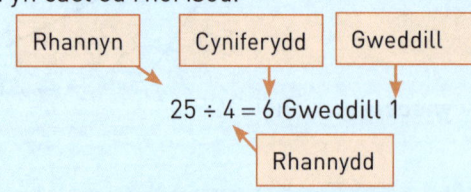

Rhannyn   Cyniferydd   Gweddill

$25 \div 4 = 6$ Gweddill 1

Rhannydd

4. Un ffordd o **rannu polynomialau** yw eu gosod allan mewn colofnau, ychydig fel rhannu hir gan ddefnyddio rhifau. I'ch atgoffa: rhannu hir, gan ddefnyddio rhifau:

   $325 \div 25$

   ```
        1 3
   25) 3 2 5
      -2 5 ↓     ← 1 × 25
        7 5
      - 7 5      ← 3 × 25
          0      ← Dim gweddill.
   ```

42 Pennod 7 Polynomialau

5 Ffordd arall (pan nad oes gweddill) yw gosod y cwestiwn fel achos o luosi ac yna cymharu'r cyfernodau i ddarganfod y cyniferydd. Gweler Enghraifft wedi'i hateb 3.

6 Mae **mynegiad cymarebol** yn ffracsiwn lle mae'r rhifiadur a/neu'r enwadur yn bolynomial. Enw arall ar hyn yw **ffracsiwn algebraidd**.

> Mewn ffracsiwn algebraidd, rhaid i'r enwadur gynnwys newidyn. Felly nid yw $\frac{x}{3}$ yn ffracsiwn algebraidd, ond mae $\frac{3}{x}$ yn ffracsiwn algebraidd.

Enghraifft wedi'i hateb

1 Adio a thynnu polynomialau

Cewch wybod bod $f(x) = 4x^3 - 3x^2 - 2x + 1$ a bod $g(x) = x^3 - x + 3$.

Darganfyddwch
i $f(x) + g(x)$

ii $f(x) - g(x)$.

Datrysiad

i **Casglu termau tebyg**

$(4x^3 - 3x^2 - 2x + 1) + (x^3 - x + 3)$
$= 4x^3 + x^3 - 3x^2 - 2x - x + 1 + 3$
$= 5x^3 - 3x^2 - 3x + 4$

Felly $f(x) + g(x) = 5x^3 - 3x^2 - 3x + 4$

Defnyddio colofnau

$$\begin{array}{r} 4x^3 - 3x^2 - 2x + 1 \\ +\ x^3 \qquad\quad - x + 3 \\ \hline 5x^3 - 3x^2 - 3x + 4 \end{array}$$

> Cofiwch fod x^3 yn golygu $1x^3$ felly cyfernod x^3 yw 1.

> Cymerwch ofal: nid oes term x^2 yn yr ail bolynomial, felly gwnewch yn siŵr eich bod chi'n gadael gofod.

ii **Casglu termau tebyg**

$(4x^3 - 3x^2 - 2x + 1) - (x^3 - x + 3)$
$= 4x^3 - 3x^2 - 2x + 1 - x^3 + x - 3$
$= 4x^3 - x^3 - 3x^2 - 2x + x + 1 - 3$
$= 3x^3 - 3x^2 - x - 2$

Felly $f(x) - g(x) = 3x^3 - 3x^2 - x - 2$.

Defnyddio colofnau

$$\begin{array}{r} 4x^3 - 3x^2 - 2x + 1 \\ -\ x^3 \qquad\quad - x + 3 \\ \hline 3x^3 - 3x^2 \quad - x - 2 \end{array}$$

> Newidiwch yr arwyddion yn gyntaf.

> **Camgymeriad cyffredin:** Mae arwydd '−' o flaen cromfachau yn golygu bod yn rhaid i chi luosi pob term yn y cromfachau â −1 neu newid yr arwydd o flaen pob term yn y cromfachau. Cofiwch fod $-2x - (-x) = -2x + x = -x$.

Enghraifft wedi'i hateb

2 Lluosi polynomialau

Cewch wybod bod $f(x) = x^2 - 5x + 1$ a bod $g(x) = 2x - 3$.

Darganfyddwch $f(x) \times g(x)$.

Datrysiad

$(2x - 3)(x^2 - 5x + 1) = 2x(x^2 - 5x + 1) - 3(x^2 - 5x + 1)$
$= 2x^3 - 10x^2 + 2x - 3x^2 + 15x - 3$
$= 2x^3 - 13x^2 + 17x - 3$

> **Camgymeriad cyffredin:** Gwiriwch yr arwyddion yn y llinell hon yn ofalus.

Enghraifft wedi'i hateb

3 Rhannu polynomialau

Symleiddiwch $\dfrac{(6x^3 - 11x^2 + 10x - 3)}{(2x - 1)}$.

Datrysiad

Dull 1: Defnyddio rhannu hir i ddarganfod cyniferydd

$$\begin{array}{r} 3x^2 \\ 2x-1 \overline{\smash{\big)}\, 6x^3 - 11x^2 + 10x - 3} \\ -\underline{6x^3 - 3x^2 } \\ -8x^2 + 10x \end{array}$$

- **Awgrym:** Gosodwch ef allan mewn colofnau.
- Rhannwch $6x^3$ â $2x$ i gael $3x^2$.
- Lluoswch $(2x - 1)$ â $3x^2$.
- Tynnwch $(6x^3 - 3x^2)$ o $6x^3 - 11x^2$ sy'n rhoi $-8x^2$.
- Dewch â $10x$ i lawr.

$$\begin{array}{r} 3x^2 - 4x \\ 2x-1 \overline{\smash{\big)}\, 6x^3 - 11x^2 + 10x - 3} \\ -\underline{6x^3 - 3x^2 } \\ -8x^2 + 10x \\ -\underline{-8x^2 + 4x } \\ 6x - 3 \end{array}$$

- Rhannwch $-8x^2$ â $2x$ i gael $-4x$ ac ysgrifennwch yr ateb yma.
- Lluoswch $(2x - 1)$ â $4x$ ac ysgrifennwch y canlyniad.
- Tynnwch i roi $6x$.
- Dewch â -3 i lawr.

$$\begin{array}{r} 3x^2 - 4x + 3 \\ 2x-1 \overline{\smash{\big)}\, 6x^3 - 11x^2 + 10x - 3} \\ -\underline{6x^3 - 3x^2 } \\ -8x^2 + 10x \\ -\underline{-8x^2 + 4x } \\ 6x - 3 \\ -\underline{6x - 3} \\ 0 \end{array}$$

- Rhannwch $6x$ â $2x$ ac ysgrifennwch yr ateb yma.
- Lluoswch $(2x - 1)$ â $+3$.
- Tynnwch. Yr ateb yw sero, sy'n dangos nad oes gweddill.

Felly $(6x^3 - 11x^2 + 10x - 3) \div (2x - 1) = 3x^2 - 4x + 3$.

Awgrym: Dim ond pan fydd y gweddill yn 0 y bydd y dull hwn yn addas.

Dull 2: Cymharu cyfernodau i ddarganfod cyniferydd

$\dfrac{(6x^3 - 11x^2 + 10x - 3)}{(2x - 1)} = ax^2 + bx + c$

$\Rightarrow 6x^3 - 11x^2 + 10x - 3 = (2x - 1)(ax^2 + bx + c)$

Cam 1: Edrychwch ar y term yn x^3: $6x^3 = 2x \times ax^2 \Rightarrow a = 3$.

Felly $6x^3 - 11x^2 + 10x - 3 = (2x - 1)(3x^2 + bx + c)$

- Am fod $6x^3 \div 2x = 3x^2$, dylai'r term cyntaf yn y cromfachau ar y dde fod yn $3x^2$.

Cam 2: Edrychwch ar y cysonyn: $-3 = -1 \times c \Rightarrow c = 3$.

Felly $6x^3 - 11x^2 + 10x - 3 = (2x - 1)(3x^2 + bx + 3)$

- Y cysonyn ar y chwith yw -3. I gael -3 wrth luosi'r cromfachau, mae angen '+3' yn y cromfachau olaf arnoch chi.

Cam 3: Edrychwch ar y term yn x: $+10x = 2x \times 3 + (-1) \times bx$

$\Rightarrow 10x = 6x - bx$.

Mae cymharu cyfernodau x yn rhoi: $10 = 6 - b \Rightarrow b = -4$

Felly $6x^3 - 11x^2 + 10x - 3 = (2x - 1)(3x^2 - 4x + 3)$.

- Edrychwch am y parau o dermau sy'n lluosi â'i gilydd i roi term yn x.
- Ar y chwith, mae gennych chi $10x$ ac ar y dde mae gennych chi $(6 - b)x$.

Dull 3 gwahanol:

Edrychwch ar gyfernodau x^2 i ddarganfod:
$$-11x^2 = 2x \times bx + (-1) \times 3x^2$$
$$\Rightarrow -11x^2 = 2bx^2 - 3x^2$$

Mae cymharu cyfernodau x^2 yn rhoi: $-11 = 2b - 3$
$$\Rightarrow b = -4$$

Felly $6x^3 - 11x^2 + 10x - 3 = (2x - 1)(3x^2 - 4x + 3)$, fel cynt.

> Edrychwch am y parau o dermau sy'n lluosi â'i gilydd i roi term yn x^2.

Awgrym: Gwiriwch eich ateb drwy luosi'r cromfachau ar y dde.
$(2x - 1)(3x^2 - 4x + 3)$
$= 2x(3x^2 - 4x + 3) - 1 \times (3x^2 - 4x + 3)$
$= 6x^3 - 8x^2 + 6x - 3x^2 + 4x - 3$
$= 6x^3 - 11x^2 + 10x - 3$ ✓

Profi eich hun

1. Cewch wybod bod $f(x) = 5x^3 - 2x + 3$, $g(x) = 2x^2 - 3x - 2$ a $h(x) = x + 1$.
   Darganfyddwch:

   i $f(x) + g(x)$ iii $f(x) \times g(x)$

   ii $f(x) - g(x)$ iv $f(x) \div h(x)$.

2. Symleiddiwch $\dfrac{3x^3 - 5x^2 + 6x - 4}{x - 1}$.

3. Cewch wybod bod $6x^3 + 13x^2 - 2x - 12 = (2x + 3)(ax^2 + bx + c)$.

   Darganfyddwch y ffactor cwadratig $ax^2 + bx + c$.

4. Gall y polynomial $x^4 - 3x^2 + 3x + d$ gael ei rannu ag $(x + 1)$.

   Rhannwch $x^4 - 3x^2 + 3x + d$ ag $(x + 1)$ a thrwy hyn darganfyddwch werth d.

Atebion ar dudalen 209

Cwestiwn enghreifftiol

O wybod bod $\dfrac{6x^3 - 7x^2 + 14x - 8}{3x - 2} = ax^2 + bx + c$, darganfyddwch werthoedd a, b ac c.

Atebion ar dudalen 209

Y theorem ffactor a braslunio cromliniau

ADOLYGU

Ffeithiau allweddol

1. Mae'r **theorem ffactor** yn dweud:
   - Os yw $(x - a)$ yn ffactor o $f(x)$ yna $f(a) = 0$ ac $x = a$ yn wreiddyn i'r hafaliad $f(x) = 0$.
   - I'r gwrthwyneb, os yw $f(a) = 0$ yna mae $(x - a)$ yn ffactor o $f(x)$.
   - Pan fydd $(ax + b)$ yn ffactor o bolynomial $f(x)$ yna mae $f\left(-\dfrac{b}{a}\right) = 0$ ac mae $x = -\dfrac{b}{a}$ yn wreiddyn i $f(x) = 0$.

   > I ddarganfod $f(a)$, amnewidiwch $x = a$ i'r polynomial. Er enghraifft, o wybod bod $f(x) = 3x - 1$ yna $f(2) = 3 \times 2 - 1 = 5$.

2. Gallwch chi ddefnyddio'r theorem ffactor i brofi ar gyfer ffactorau neu wreiddiau polynomial.
   Dechreuwch drwy edrych ar y cysonyn.
   Er enghraifft, i ddarganfod ffactorau $f(x) = 2x^3 + x^2 - 13x + 6$, edrychwch ar y cysonyn '+6'. Gall 6 gael ei rannu â ±1, ±2 ±3, ±6.
   $f(1) = 2 \times 1^3 + 1^2 - 13 \times 1 + 6 = 2 + 1 - 13 + 6 = -4$ ✗
   $f(2) = 2 \times 2^3 + 2^2 - 13 \times 2 + 6 = 16 + 4 - 26 + 6 = 0$ ✓
   $\Rightarrow$ Mae $x = 2$ yn wreiddyn ac mae $(x - 2)$ yn ffactor o $f(x) = 2x^3 + x^2 - 13x + 6$.
   Pan fyddwch chi wedi dod o hyd i un ffactor, gallwch chi ddefnyddio rhannu hir neu ddull cymharu cyfernodau (gweler tudalen 44) i ddarganfod unrhyw ffactorau eraill.

   > Bydd unrhyw wreiddyn sy'n gyfanrif yn ffactor o'r cysonyn.

3. Mae gan gromliniau polynomialau **drobwyntiau**.

   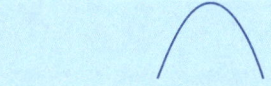

   Pwynt minimwm   **Pwynt macsimwm**

4. Mae nifer y trobwyntiau yn dibynnu ar **drefn** y polynomial. Mae gan bolynomial gradd n $(n - 1)$ trobwynt ar y mwyaf.

   > Er enghraifft, bydd gan hafaliad ciwbig (trefn 3) 2 drobwynt ar y mwyaf.

5. I **fraslunio** cromlin polynomial:
   Cam 1: Penderfynwch pa siâp sydd i'r gromlin drwy edrych ar bŵer uchaf x, ax^n.

   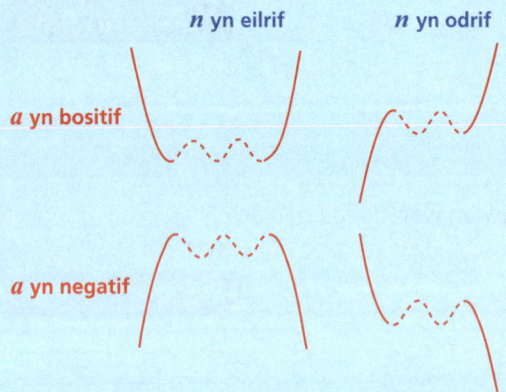

   n yn eilrif n yn odrif

   a yn bositif

   a yn negatif

   Cam 2: Dangoswch y trobwyntiau. Weithiau bydd cwestiwn yn gofyn i chi ysgrifennu cyfesurynnau'r trobwyntiau.
   Cam 3: Rhowch gyfesurynnau'r pwyntiau lle mae'r gromlin yn croesi (yn croestorri) yr echelin-x a'r echelin-y.

   > Ar gyfer polynomial gradd n, cofiwch fod $(n - 1)$ trobwynt ar y mwyaf.

6. I **blotio** cromlin polynomial, mae angen i chi fod yn fwy manwl gywir. Cyfrifwch werthoedd y ar gyfer gwerthoedd addas x. Plotiwch y pwyntiau hyn ac unwch nhw â chromlin lefn.

Enghraifft wedi'i hateb

1 Defnyddio'r theorem ffactor i fraslunio cromliniau

Cewch wybod bod $f(x) = x^4 - x^3 - 11x^2 + 9x + 18$.

i Darganfyddwch werthoedd $f(1), f(-1), f(2), f(-2), f(3)$ ac $f(-3)$. Trwy hynny, ffactoriwch y polynomial.

ii Brasluniwch graff $y = f(x)$.

Datrysiad

i $f(x) = x^4 - x^3 - 11x^2 + 9x + 18$ ← Pŵer uchaf x yw 4, felly byddwch chi'n disgwyl 4 ffactor llinol ar y mwyaf.

$f(1) = 1^4 - 1^3 - 11 \times 1^2 + 9 \times 1 + 18 = 16$
$\Rightarrow$ Nid yw $(x - 1)$ yn ffactor.

$f(-1) = (-1)^4 - (-1)^3 - 11 \times (-1)^2 + 9 \times (-1) + 18 = 0$
$\Rightarrow$ Mae $(x + 1)$ yn ffactor. ✓

$f(2) = 2^4 - 2^3 - 11 \times 2^2 + 9 \times 2 + 18 = 0$
$\Rightarrow$ Mae $(x - 2)$ yn ffactor. ✓

$f(-2) = (-2)^4 - (-2)^3 - 11 \times (-2)^2 + 9 \times (-2) + 18 = -20$
$\Rightarrow$ Nid yw $(x + 2)$ yn ffactor.

$f(3) = 3^4 - 3^3 - 11 \times 3^2 + 9 \times 3 + 18 = 0$
$\Rightarrow$ Mae $(x - 3)$ yn ffactor. ✓

$f(-3) = (-3)^4 - (-3)^3 - 11 \times (-3)^2 + 9 \times (-3) + 18 = 0$
$\Rightarrow$ Mae $(x + 3)$ yn ffactor. ✓

Felly $f(x) = (x + 1)(x - 2)(x + 3)(x - 3)$.

ii Mae'r gromlin yn torri'r echelin-x pan fydd $f(x) = 0$. ← $f(a) = 0 \Rightarrow$ Mae $x = a$ yn wreiddyn i $f(x) = 0$.

Felly mae $x = -1, x = -3, x = 2$ ac $x = 3$ yn wreiddiau i $f(x) = 0$.

Pan fydd $x = 0, f(x) = 18$. ← Amnewidiwch $x = 0$ $f(x) = x^4 - x^3 - 11x^2 + 9x + 18$.

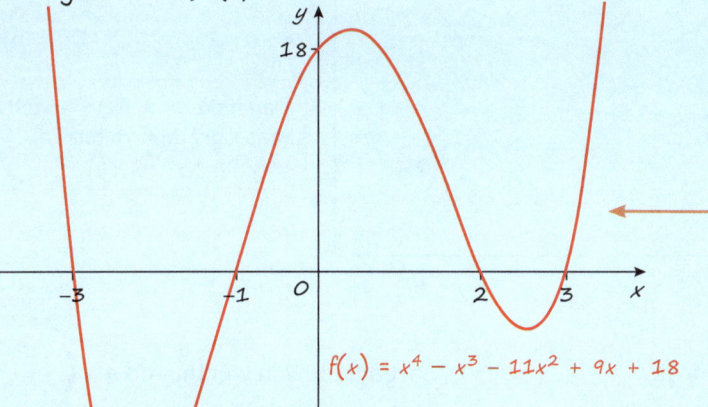

$f(x) = x^4 - x^3 - 11x^2 + 9x + 18$

Mae cyfernod x^4 yn bositif felly mae'r gromlin y ffordd hon i fyny.

Enghraifft wedi'i hateb

2 **Defnyddio'r theorem ffactor i ddatrys hafaliadau**

   i Dangoswch fod $(2x + 1)$ yn ffactor o $f(x) = 2x^3 + 3x^2 - 11x - 6$ a thrwy hyn ffactoriwch $f(x)$ yn llawn.

   ii Datryswch yr hafaliad $f(x) = 0$.

   iii Brasluniwch graff $y = f(x)$.

> **Awgrym:** Mae ffactorio yn llwyr neu ffactorio yn llawn yn golygu dal ati nes bod pob ffactor wedi'i ddarganfod.

Datrysiad

i Gan ddefnyddio'r theorem ffactor:

os yw $(2x + 1)$ yn ffactor o $f(x)$ yna $f\left(-\frac{1}{2}\right) = 0$

$f\left(-\frac{1}{2}\right) = 2 \times \left(-\frac{1}{2}\right)^3 + 3 \times \left(-\frac{1}{2}\right)^2 - 11 \times \left(-\frac{1}{2}\right) - 6$

$\qquad = -\frac{2}{8} + \frac{3}{4} + \frac{11}{2} - 6$

$\qquad = 0$

> **Awgrym:** Pan fydd y cwestiwn yn dweud 'dangoswch', mae'n rhaid i chi ddangos eich **holl** waith cyfrifo.

Felly, mae $(2x + 1)$ yn ffactor o $2x^3 + 3x^2 - 11x - 6$.

$2x^3 + 3x^2 - 11x - 6 = (2x + 1)(ax^2 + bx + c)$

> Gallwch chi hefyd ddefnyddio rhannu hir i ddarganfod y ffactor cwadratig.

Cam 1: Edrychwch ar y term yn x^3: $2x^3 = 2x \times ax^2 \Rightarrow a = 1$.

Cam 2: Edrychwch ar y cysonyn: $-6 = 1 \times c \Rightarrow c = -6$.

Felly, $2x^3 + 3x^2 - 11x - 6 = (2x + 1)(x^2 + bx - 6)$.

Cam 3: Edrychwch ar y term yn x: $-11x = -12x + bx \Rightarrow b = 1$.

> $2x \times (-6) + 1 \times bx$

Felly, $2x^3 + 3x - 11x - 6 = (2x + 1)(x^2 + x - 6)$
$\qquad\qquad\qquad\qquad\qquad = (2x + 1)(x + 3)(x - 2)$

> Ffactoriwch y cwadratig.

ii $f(x) = 0 \Rightarrow x = -\frac{1}{2}, x = -3$ neu $x = 2$.

> Pan fydd $(ax - b)$ yn ffactor polynomial $f(x)$, yna mae $x = -\frac{b}{a}$ yn wreiddyn i $f(x) = 0$.

iii Mae'r gromlin $y = 2x^3 + 3x^2 - 11x - 6$ yn croesi'r echelin-x yn $(-3, 0)$, $\left(-\frac{1}{2}, 0\right)$ a $(2, 0)$.

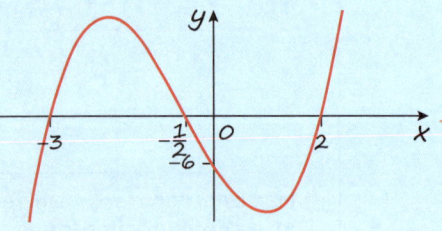

> Pan fydd $x = 0$, $f(x) = -6$ felly mae'r gromlin yn torri'r echelin-y yn $(0, -6)$.

Profi eich hun

1 O wybod bod $(x - 1)$ ac $(x + 3)$ yn ffactorau $x^3 - x^2 + ax + b$, darganfyddwch werthoedd a a b.

2 O wybod bod $(2x - 1)$ ac $(x + 4)$ yn ffactorau $2x^3 - x^2 + ax + b$, darganfyddwch werthoedd a a b.

3 Cewch wybod bod $f(x) = 2x^3 - x^2 - 25x - 12$.
   Dangoswch fod $f(4) = 0$.
   Trwy hyn, ffactoriwch $f(x)$ yn llawn a brasluniwch graff $y = f(x)$.

4 Brasluniwch graff $y = (2 - x)(x + 3)(x - 5)$.

5 Mae gan $f(x) = x^3 + ax^2 + bx - 36$ dri gwreiddyn sy'n gyfanrifau.
   O wybod bod $x = 3$ ac $x = -2$ yn wreiddiau i $f(x)$, darganfyddwch y trydydd gwreiddyn a gwerth a a b.

Atebion ar dudalen 210

Cwestiwn enghreifftiol

Cewch wybod bod $f(x) = -3x^3 + 4x^2 + 5x - 2$.
i   Dangoswch fod $x = -1$ yn wreiddyn i $f(x) = 0$.
ii Dangoswch fod $(3x - 1)$ yn ffactor o $f(x)$.
iii Ffactoriwch $f(x)$ yn llawn a thrwy hynny datryswch $f(x) = 0$.
iv Brasluniwch graff $y = f(x)$.

Atebion ar dudalen 210

GWIRIO ATEBION

Ehangiadau binomaidd

ADOLYGU

Ffeithiau allweddol

1. $n! = n(n-1)(n-2)\ldots\ldots \times 3 \times 2 \times 1$.
   $0! = 1$ ac $1! = 1$

   $3! = 3 \times 2 \times 1 = 6$

2. Nifer y ffyrdd o drefnu n gwrthrych annhebyg mewn llinell yw $n!$

3. Nifer y detholiadau posibl (cyfuniadau) o r gwrthrych o n gwrthrych annhebyg yw

   $$^nC_r = \binom{n}{r} = \frac{n!}{r!(n-r)!}$$

   $\binom{10}{3} = \frac{10!}{3! \times (10-3)!} = \frac{10!}{3! \times 7!} = 120$

   Dylech chi ddefnyddio ^nC_r neu $\binom{n}{r}$ pan nad oes ots ym mha drefn y bydd y gwrthrychau'n cael eu dethol.

   Nifer y ffyrdd o ddewis 3 myfyriwr o grŵp o 10 i fynd ar drip ysgol yw $\binom{10}{3} = 120$.
   1 ffordd sydd o ddewis dim un o'r myfyrwyr felly $\binom{10}{0} = 1$, ac 1 ffordd sydd o ddewis pob un ohonyn nhw, felly $\binom{10}{10} = 1$.

   - Gallech chi weld $\binom{n}{r}$ wedi'i ysgrifennu fel ^nC_r neu $_nC_r$.
   - $\binom{n}{0} = \binom{n}{n} = 1$

4. Mae **mynegiad binomaidd** yn fynegiad sydd â dau derm, er enghraifft $(x + 2)$ neu $(3x - y)$.
   Dyma rai mynegiadau binomaidd wedi'u codi i bŵer a'u hehangiadau:

   $$(x + a)^2 = 1x^2 + 2ax + 1a^2$$
   $$(x + a)^3 = 1x^3 + 3ax^2 + 3a^2x + 1a^3$$
   $$(x + a)^4 = 1x^4 + 4ax^3 + 6a^2x^2 + 4a^3x + 1a^4$$

   Mae'r cyfernodau yn yr ehangiadau uchod yn cael eu galw'n **gyfernodau binomaidd**.
   Mae polynomialau sy'n cael cynhyrchu wrth ehangu binomialau fel hyn yn cael eu galw'n **ehangiadau binomaidd**.

   Awgrym: Mae pwerau'r termau yn x yn lleihau un fesul term ac mae pwerau a yn cynyddu un fesul term.
   Mae swm y ddau bŵer bob amser yr un peth â phŵer y gromfach.

   Awgrym: Sylwch fod y rhifau ym mhob rhes yn gymesur o amgylch y rhif canol.

5. Gallwch chi ddefnyddio **triongl Pascal** i ddod o hyd i **gyfernodau binomaidd**.
   Mae pob rhif yn nhriongl Pascal yn cael ei ganfod drwy adio'r ddau rif uwch ei ben.

6. Gallwch chi hefyd ddefnyddio'r fformiwla
   $$\binom{n}{r} = \frac{n!}{r!(n-r)!}$$ i gyfrifo cyfernodau binomaidd.

   ```
   1   1
   1  2  1      2 + 1 = 3
   1  3  3  1
   ```

   Awgrym: Cofiwch fod y cyfernodau binomaidd yn gymesur ac felly $\binom{n}{r} = \binom{n}{n-r}$. Er enghraifft,
   $\binom{10}{3} = \frac{10!}{3! \times 7!}$ ac mae
   $\binom{10}{7} = \frac{10!}{7! \times 3!}$ felly mae'r ddau yn hafal i 120.

7. Mae'r **theorem binomaidd** yn dweud:

$$(ax + by)^n = \binom{n}{0}(ax)^n + \binom{n}{1}(ax)^{n-1}(by)^1 + \binom{n}{2}(ax)^{n-2}(by)^2$$
$$+ \binom{n}{3}(ax)^{n-3}(by)^3 + \cdots + \binom{n}{n}(by)^n$$

Mae dewis 3 myfyriwr o 10 i fynd ar drip yr un peth â dewis pa saith o'r 10 a fydd yn aros yn yr ysgol.

CBAC UG Mathemateg

Enghraifft wedi'i hateb

1 Defnyddio ffactorialau

Mae tri cheffyl yn cymryd rhan mewn ras. Eu henwau yw Arthur's Seat, Blessed Dawn a Cinderella.

Sawl ffordd wahanol y gallan nhw orffen?

Datrysiad

Mae tri phosibilrwydd ar gyfer y safle cyntaf; ar gyfer pob un o'r rhain, mae dau bosibilrwydd ar gyfer yr ail safle ac yna dim ond un ar gyfer y trydydd safle.

Felly cyfanswm nifer y ffyrdd yw $3! = 3 \times 2 \times 1 = 6$

> Gwnewch yn siŵr eich bod chi'n gallu defnyddio'r botwm ffactorial ar eich cyfrifiannell.

Enghraifft wedi'i hateb

2 Defnyddio ^nC_r ar gyfer detholiadau

Mae gan Jason 8 llyfr gwahanol ar ei e-ddarllenydd.

Mae'n darllen 3 ar hap ar wyliau. Sawl detholiad posibl sydd?

Datrysiad

Mae nifer y detholiadau yn cael ei ganfod drwy ddefnyddio

$$\binom{n}{r} = \frac{n!}{r!(n-r)!}$$

$$\binom{8}{3} = \frac{8!}{3! \times (8-3)!} = \frac{8!}{3! \times 5!} = 56$$

> Gallwch chi ddefnyddio'r botwm $\binom{n}{r}$ ar eich cyfrifiannell i gyfrifo hyn yn uniongyrchol.

Enghraifft wedi'i hateb

3 Defnyddio triongl Pascal ar gyfer ehangiadau binomaidd (1)

Ysgrifennwch yr ehangiad binomaidd ar gyfer $(3a+2b)^4$.

Datrysiad

Y cyfernodau binomaidd ar gyfer pedwaredd res triongl Pascal yw 1, 4, 6, 4, 1

$(3a + 2b)^4$
$= 1(3a)^4 + 4(3a)^3(2b)^1 + 6(3a)^2(2b)^2 + 4(3a)^1(2b)^3 + 1(2b)^4$
$= 81a^4 + 4 \times 27a^3 \times 2b + 6 \times 9a^2 \times 4b^2 + 4 \times 3a \times 8b^3 + 16b^4$
$= 81a^4 + 216a^3b + 216a^2b^2 + 96ab^3 + 16b^4$

> **Camgymeriad cyffredin:**
> Cofiwch fod $n + 1$ o dermau yn ehangiad $(a+bx)^n$.

Enghraifft wedi'i hateb

4 Defnyddio triongl Pascal ar gyfer ehangiadau binomaidd (2)

Ysgrifennwch ehangiad $(x-2)^3$.

Datrysiad

Y cyfernodau binomaidd ar gyfer trydedd res triongl Pascal yw **1, 3, 3, 1**

Felly $(x-2)^3 =$ **1**$x^3 +$ **3**$x^2(-2)^1 +$ **3**$x^1(-2)^2 +$ **1**$(-2)^3$

$= x^3 - 6x^2 + 12x - 8$

> **Camgymeriad cyffredin:** Sylwch fod yr arwydd negatif o flaen y 2 yn cael ei drin fel rhan o'r rhif: $x - 2 = x + (-2)$. Mae'r canlyniad yn rhoi arwyddion plws a minws am yn ail i chi yn yr ehangiad.

> Sylwch fod pwerau x yn mynd i lawr – mae hyn mewn **pwerau lleihaol o** x.

Enghraifft wedi'i hateb

5 Defnyddio nodiant ^nC_r ar gyfer ehangiadau binomaidd

Ysgrifennwch ehangiad $(1+x)^4$ yn llawn.

Datrysiad

$(1+x)^4$

$= \binom{4}{0}1^4 x^0 + \binom{4}{1}1^3 x^1 + \binom{4}{2}1^2 x^2 + \binom{4}{3}1^1 x^3 + \binom{4}{4}1^0 x^4$

$= \dfrac{4!}{4!0!}1^4 x^0 + \dfrac{4!}{3!1!}1^3 x^1 + \dfrac{4!}{2!2!}1^2 x^2 + \dfrac{4!}{1!3!}1^1 x^3 + \dfrac{4!}{0!4!}1^0 x^4$

$= 1 + 4x + 6x^2 + 4x^3 + x^4$

> **Awgrym:** Cofiwch $\binom{n}{0} = \binom{n}{n} = 1$

> Sylwch fod pwerau x yn mynd i fyny – mae hyn mewn **pwerau cynyddol o** x.

Enghraifft wedi'i hateb

6 Cyfrifo termau unigol mewn ehangiad binomaidd

Beth yw'r term yn x^4 yn ehangiad $(2+3x)^6$?

Datrysiad

Y term fydd

$\binom{6}{4}(2)^2(3x)^4 = 15 \times (2)^2 \times (3x)^4$

$= 15 \times 4 \times 81x^4$

$= 4860x^4$

> Defnyddiwch eich cyfrifiannell i ddarganfod $\binom{6}{4}$.

> Gwnewch yn siŵr eich bod chi'n defnyddio cromfachau.

Enghraifft wedi'i hateb

7 Defnyddio'r ehangiad binomaidd i gael brasamcan

  i Ysgrifennwch ehangiad binomaidd $(1-2x)^4$.

  ii Defnyddiwch y tri therm cyntaf yn yr ehangiad i gyfrifo bras werth 0.98^4. Rhowch eich ateb i 3 ffigur ystyrlon.

Datrysiad

i $(1-2x)^4$

$= \binom{4}{0}1^4 x^0 + \binom{4}{1}1^3 x^1 + \binom{4}{2}1^2 x^2 + \binom{4}{3}1^1 x^3 + \binom{4}{4}1^0 x^4$

$= 1 + 4 \times (-2x) + 6 \times 4x^2 + 4 \times (-8x)^3 + 1 \times 16^4$

$= 1 - 8x + 24x^2 - 32x^3 + 16x^4$

ii $0.98^4 = (1 - 0.02)^4 = (1 - 2 \times 0.01)^4$

Mae amnewid $x = 0.01$ i dri therm cyntaf yr ehangiad yn rhoi

$0.98^4 = (1 - 0.02)^4 \approx 1 - 8(0.01) + 24(0.01)^2$

$\approx 1 - 0.08 + 0.0024$

≈ 0.9224

≈ 0.922 (i 3 ffigur ystyrlon)

> **Camgymeriad cyffredin:** Byddwch yn ofalus â'ch arwyddion!

> Felly pan fydd $x = 0.01$, $(1 - 2x) = 0.98$.

> **Camgymeriad cyffredin:** Mae'r cwestiwn yn dweud am ddefnyddio'r tri therm cyntaf yn unig, sef $1 - 8x + 24x^2$.

Profi eich hun

1. Mae Eloise yn gwneud rhestr o'r anrhegion Nadolig yr hoffai eu cael. Mae 9 eitem ar ei rhestr. Mae ei mam yn dweud wrthi mai am 3 yn unig mae'n cael gofyn.
Sawl ffordd wahanol y gall hi ddewis y 3 terfynol?
2. Symleiddiwch $(x-1)^3 + (x+1)^3$.
3. Darganfyddwch gyfernod x^5 yn ehangiad $(2-x)^8$.
4. Ysgrifennwch ehangiad binomaidd $(1-3x)^4$.
5. Mae Jo yn gwybod beth yw ehangiad binomaidd $(1+6x)^{10}$.
Mae hi eisiau ei ddefnyddio i gael brasamcan ar gyfer 0.97^{10}.
Beth dylai hi ei gymryd fel gwerth ar gyfer x?

Atebion ar dudalen 210

Cwestiwn enghreifftiol

  i a Ehangwch $(1-2x)^{10}$ hyd at y term yn x^4.

  b Defnyddiwch eich ehangiad i ddarganfod 0.98^{10} yn gywir i dri lle degol.

  ii Darganfyddwch gyfernod x^4 yn ehangiad $(1+5x)(1-2x)^{10}$.

Atebion ar dudalen 210

Pennod 8 Graffiau a thrawsffurfiadau

Ynglŷn â'r testun hwn

Mae'r testun hwn yn rhoi technegau pellach sy'n helpu wrth baratoi hafaliadau, braslunio graffiau a datrys problemau.

Mae gallu dechrau â chromlin syml a'i thrawsffurfio i ddeillio siâp cromlin sydd â hafaliad mwy cymhleth yn sgìl mathemategol pwysig iawn. Mae hyn yn aml yn cael ei ddefnyddio pan fydd ffurf y gromlin yn drigonometrig, yn arbennig ton sin.

Cyn dechrau, cofiwch ...

- sut i gwblhau'r sgwâr ar gyfer ffwythiant cwadratig
- ffwythiannau polynomial a'u graffiau
- sut i fraslunio $y = \sin x$, $y = \cos x$ ac $y = \tan x$.

Braslunio cromliniau a thrawsffurfiadau

ADOLYGU

Ffeithiau allweddol

1. Gwnewch yn siŵr eich bod chi'n gwybod siapiau'r cromliniau cyffredin hyn:

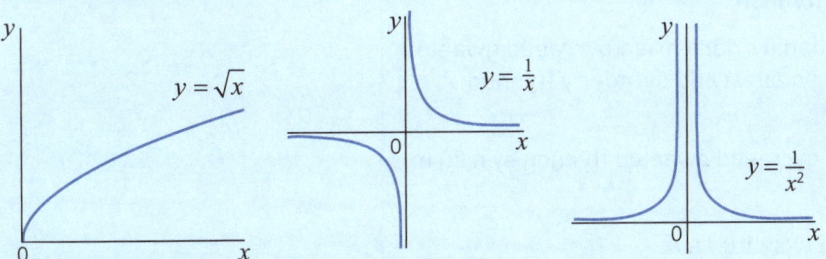

Mae **asymptot** yn llinell mae cromlin yn mynd yn agosach ac yn agosach ati ond nad yw byth yn ei chyrraedd.

Mae gan y cromliniau $y = \frac{1}{x}$ ac $y = \frac{1}{x^2}$ yr echelin-y yn asymptot fertigol am fod y heb ei ddiffinio pan fydd $x = 0$ (ac felly mae'r llinell $x = 0$ yn asymptot).

Mae'r echelin-x (h.y. y llinell $y = 0$) hefyd yn ffurfio asymptot i'r cromliniau hyn am na all y byth fod yn hafal i 0.

2. Mae'r symbol $\propto$ yn golygu 'mewn cyfrannedd â'.
   - Pan fydd y **mewn cyfrannedd union** ag x, rydych chi'n ysgrifennu $y \propto x$.
     Gallwch chi ysgrifennu hyn fel hafaliad: $y = kx$ lle mae k yn gysonyn.
     Mae graff $y = kx$ yn llinell syth drwy'r tarddbwynt.
   - Pan fydd y **mewn cyfrannedd gwrthdro** ag x, rydych chi'n ysgrifennu $y \propto \frac{1}{x}$.
     Gallwch chi ysgrifennu hyn fel hafaliad: $y = \frac{k}{x}$ lle mae k yn gysonyn.
     Gallwch chi ddefnyddio gwerthoedd y ac x i ddarganfod gwerth k.

> Er enghraifft, pan fydd y mewn cyfrannedd **union** â sgwâr x, yna $y \propto x^2 \Rightarrow y = kx^2$.

> Er enghraifft, pan fydd y mewn cyfrannedd gwrthdro â thrydydd isradd x, yna $y \propto \frac{1}{\sqrt[3]{x}} \Rightarrow y = \frac{k}{\sqrt[3]{x}}$

CBAC UG Mathemateg

3 Dyma drawsffurfiadau $y = f(x)$:

Trawsfudiadau:

- yn baralel i'r echelin-x gan $\begin{pmatrix} a \\ 0 \end{pmatrix}$

  $y = f(x - a)$

- yn baralel i'r echelin-x gan $\begin{pmatrix} -a \\ 0 \end{pmatrix}$

  $y = f(x + a)$

- yn baralel i'r echelin-y gan $\begin{pmatrix} 0 \\ b \end{pmatrix}$

  $y = f(x) + b$

- yn baralel i'r echelin-y gan $\begin{pmatrix} 0 \\ -b \end{pmatrix}$

  $y = f(x) - b$

Estyniadau:

- yn baralel i'r echelin-x ffactor graddfa $\frac{1}{a}$

  $y = f(ax)$

- yn baralel i'r echelin-y ffactor graddfa a

  $y = af(x)$

Adlewyrchiadau:

- yn echelin-x

  $y = -f(x)$

- yn echelin-y

  $y = f(-x)$

> **Awgrym:** Pan fydd a yn negatif, y trawsfudiad yw a uned i'r chwith, e.e. mae $f(x + 3)$ yn trawsfudo $f(x)$ dair uned i'r chwith.

> a uned i'r dde.

> **Awgrym:** Pan fydd b yn negatif, y trawsfudiad yw b uned i lawr, e.e. mae $f(x) - 3$ yn trawsfudo $f(x)$ dair uned i lawr.

> b uned i fyny.

> Mae adlewyrchiad yn achos arbennig o estyniad gyda ffactor graddfa o –1.

Enghraifft wedi'i hateb

1 Defnyddio cyfrannedd

Mae darn arian yn cael ei ollwng i ffynnon.

Mae'r amser mae'n ei gymryd, t eiliad, i'r darn arian gyrraedd gwaelod y ffynnon mewn cyfrannedd union ag ail isradd dyfnder y ffynnon, d metr.

Mae darn arian yn cymryd 2 eiliad i gyrraedd gwaelod ffynnon sy'n 20 m o ddyfnder.

i Darganfyddwch yr hafaliad sy'n cysylltu t a d

ii Lluniadwch graff

  a t yn erbyn d b t yn erbyn $\sqrt{d}$

Datrysiad

i $t \propto \sqrt{d} \Rightarrow t = k\sqrt{d}$

  Pan fydd $d = 20$, $t = 2 \Rightarrow 2 = k\sqrt{20} \Rightarrow k = \dfrac{2}{\sqrt{20}}$

  $= \dfrac{2}{\sqrt{4 \times 5}}$

  $= \dfrac{1}{\sqrt{5}}$

  $= \dfrac{\sqrt{5}}{5}$

  Felly $t = \dfrac{\sqrt{5}\sqrt{d}}{5} = \dfrac{\sqrt{5d}}{5}$

> Amnewidiwch werthoedd t a d i mewn a datryswch i ddarganfod k.

ii a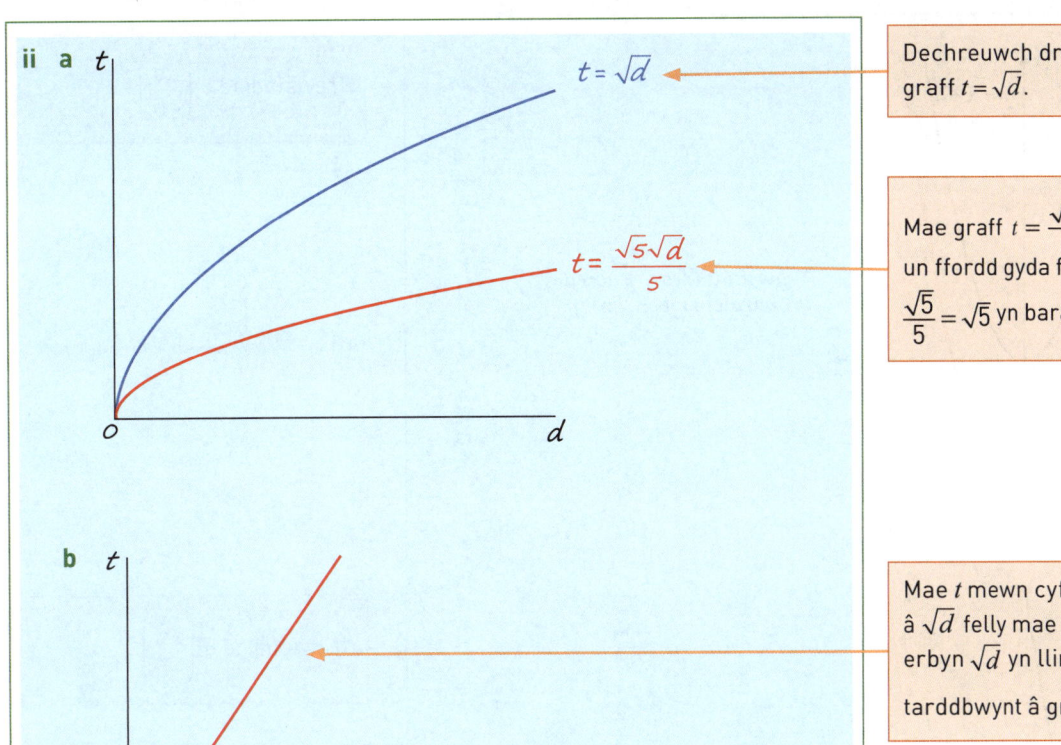

Dechreuwch drwy fraslunio graff $t = \sqrt{d}$.

Mae graff $t = \frac{\sqrt{5}\sqrt{d}}{5}$ yn estyniad un ffordd gyda ffactor graddfa $\frac{\sqrt{5}}{5} = \sqrt{5}$ yn baralel i'r echelin-y.

b

Mae t mewn cyfrannedd union â $\sqrt{d}$ felly mae graff t yn erbyn $\sqrt{d}$ yn llinell syth drwy'r tarddbwynt â graddiant $k = \frac{\sqrt{5}}{5}$.

Enghraifft wedi'i hateb

2 Defnyddio trawsffurfiadau i fraslunio cromliniau

Gan ddechrau â graff $y = x^2$, brasluniwch graffiau

i $\quad y = (x-4)^2 \quad$ ii $\quad y = x^2 - 5 \quad$ iii $\quad y = (x-4)^2 - 5$.

Sylwch fod hwn yn gwadratig yn ffurf 'sgwâr wedi'i gwblhau'.

Ym mhob achos, disgrifiwch y trawsffurfiad.

Datrysiad

i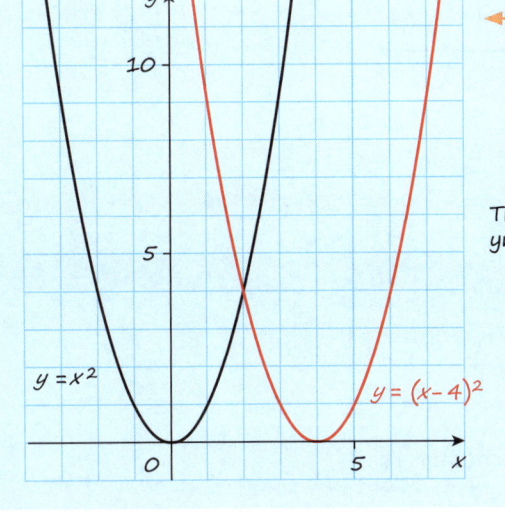

Trawsfudiad o $\begin{pmatrix} 4 \\ 0 \end{pmatrix}$

Trawsfudiad o +4 uned yn baralel i'r echelin-x.

CBAC UG Mathemateg

ii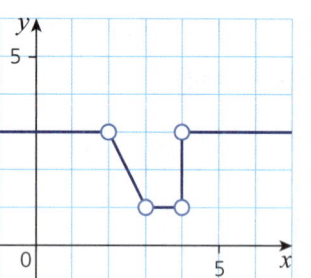

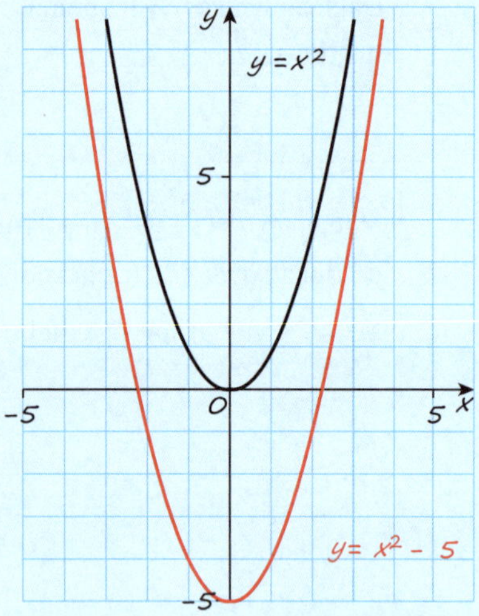

Trawsfudiad o $\begin{pmatrix} 0 \\ -5 \end{pmatrix}$

Trawsfudiad o −5 uned yn baralel i'r echelin-y

$y = x^2$
$y = x^2 - 5$

iii

Trawsfudiad o $\begin{pmatrix} 4 \\ -5 \end{pmatrix}$

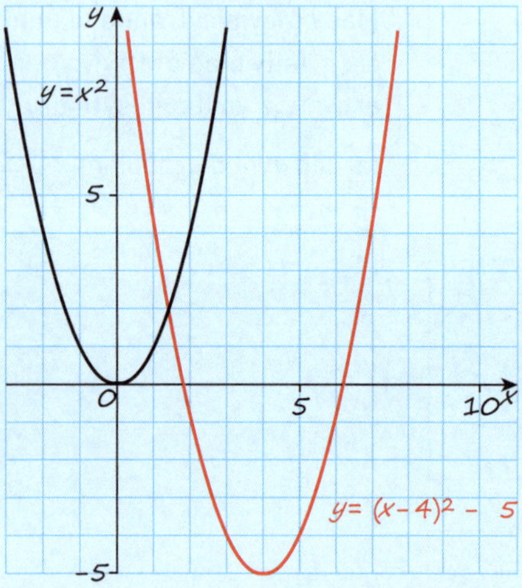

Trawsfudiad o 4 uned i'r dde yn baralel i'r echelin-x a 5 uned i lawr yn baralel i'r echelin-y

$y = x^2$
$y = (x-4)^2 - 5$

Enghraifft wedi'i hateb

3 Cymhwyso trawsffurfiadau at unrhyw ffwythiant

Mae'r diagram ar y dde yn dangos graff $y = f(x)$.

i Ysgrifennwch hafaliad y graff sy'n cael ei roi yn y diagram isod.

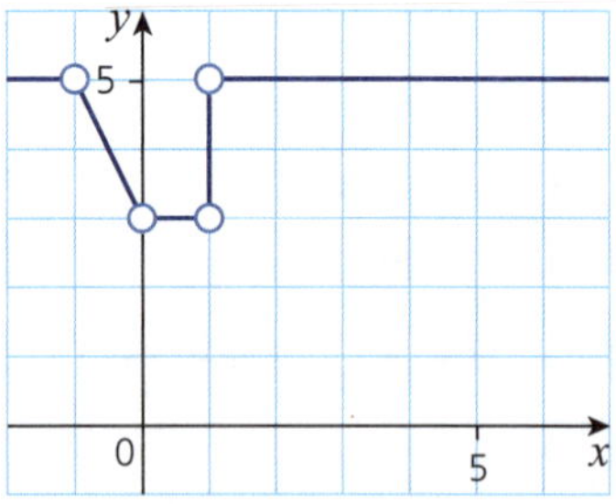

ii Brasluniwch graff $y = f(-x)$.
iii Ysgrifennwch gyfesurynnau'r pwynt lle mae $y = 2f(x)$ yn croestorri'r echelin-y.

Datrysiad

i Mae'r graff wedi'i drawsfudo drwy $\begin{pmatrix} -3 \\ 2 \end{pmatrix}$ felly'r hafaliad newydd yw $y = f(x + 3) + 2$.

ii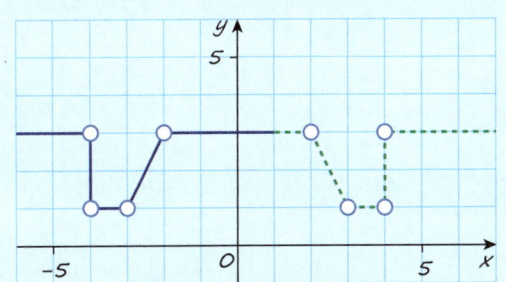

iii Mae $y = f(x)$ yn croestorri'r echelin-y yn $(0, 3)$.

Felly mae $y = 2f(x)$ yn croestorri'r echelin-y yn $(0, 6)$.

> **Camgymeriadau cyffredin:**
> Cymerwch ofal wrth ddefnyddio arwyddion:
> Mae $f(x + 3)$ yn cynrychioli trawsfudiad o **3 uned i'r chwith**.
> Mae $f(x - 3)$ yn cynrychioli trawsfudiad o **3 uned i'r dde**.

Adlewyrchwch $y = f(x)$ yn yr echelin-y i gael $y = f(-x)$.

Lluoswch y cyfesuryn y â 2.

Enghraifft wedi'i hateb

4 Darganfod hafaliad cromlin wedi'i thrawsffurfio

Mae ffwythiant ciwbig $f(x)$ yn cael ei roi gan $f(x) = (x + 2)(2x + 1)(x - 3)$.

Mae'r gromlin $y = f(x)$ yn cael ei hestyn gan ffactor graddfa $\frac{1}{2}$ yn baralel i'r echelin-x.

Hafaliad y gromlin wedi'i hestyn yw $y = g(x)$.

   i Darganfyddwch hafaliad $g(x)$ yn nhermau x.

Mae'r gromlin $y = f(x)$ yn cael ei thrawsfudo drwy $\begin{pmatrix} 3 \\ 0 \end{pmatrix}$.

Hafaliad y gromlin wedi'i thrawsfudo yw $y = h(x)$.

   ii Darganfyddwch hafaliad $h(x)$ yn nhermau x.

Datrysiad

i $g(x) = f(2x)$
     $= (2x + 2)(2(2x) + 1)(2x - 3)$
     $= (2x + 2)(4x + 1)(2x - 3)$

ii $h(x) = f(x - 3)$
     $= ((x - 3) + 2)(2(x - 3) + 1)((x - 3) - 3)$
     $= (x - 1)(2x - 5)(x - 6)$

Estyniad ffactor graddfa $\frac{1}{2}$ yn baralel i'r echelin-x.

Rhowch '$2x$' yn lle 'x'.

Trawsfudiad o 3 uned i'r dde.

Rhowch '$x - 3$' yn lle 'x'.

Profi eich hun

1. Brasluniwch graff sy'n dangos
   i. bod y mewn cyfrannedd union ag x.
   ii. bod y mewn cyfrannedd gwrthdro ag x.

2. Mae'r diagram yn dangos graffiau $y = f(x)$, $y = g(x)$ ac $y = h(x)$.

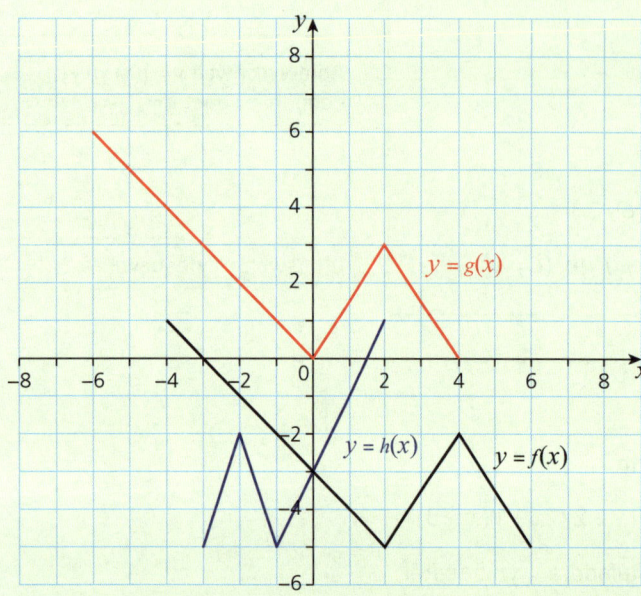

Mae graff $y = f(x)$ yn cael ei drawsffurfio ar graff
   i. $y = g(x)$
   ii. $y = h(x)$

Darganfyddwch hafaliad y ddelwedd yn y ddau achos.

3. Mae gan y gromlin $y = x^2 - 4x$ fertig yn $(2, -4)$. Mae'r gromlin yn cael ei thrawsfudo a hafaliad y gromlin newydd yw $y = (x - 1)^2 - 4(x - 1) + 2$.
Darganfyddwch gyfesurynnau fertig y gromlin newydd.

4. Mae'r gromlin $y = x^2 - 2x + 3$ yn cael ei thrawsfudo drwy $\begin{pmatrix} 2 \\ -4 \end{pmatrix}$. Darganfyddwch hafaliad y gromlin newydd.

Atebion ar dudalen 210

Cwestiwn enghreifftiol

Mae'r diagram yn dangos graff $y = f(x)$ sydd â phwynt macsimwm yn $(-3, 3)$, pwynt minimwm yn $(3, -3)$, ac yn mynd drwy'r tarddbwynt.
Brasluniwch y graffiau canlynol gan ddefnyddio set wahanol o echelinau i bob graff, a dangoswch gyfesurynnau'r trobwyntiau.

i. $y = 2f(x)$

ii. $y = f(2x)$

iii. $y = f(x) + 2$

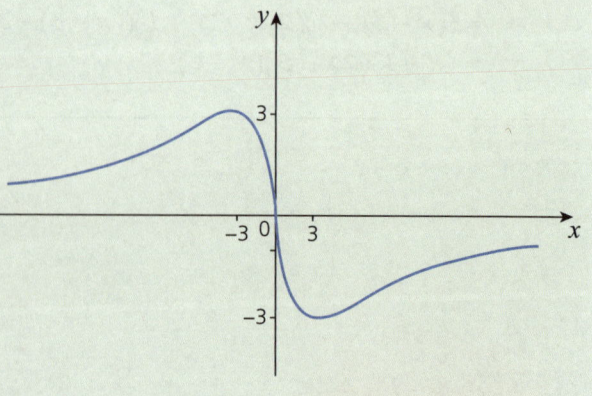

Atebion ar dudalen 210–211

Graffiau ffwythiannau trigonometrig

ADOLYGU

Ffeithiau allweddol

Gallwch chi gymhwyso'r trawsffurfiadau sy'n cael eu rhoi ar dudalen 54 at ffwythiannau trigonometrig.

Enghraifft wedi'i hateb

1 Defnyddio trawsffurfiadau

Gan ddechrau â'r gromlin $y = \sin\theta$, disgrifiwch a dangoswch sut gall trawsffurfiadau gael eu defnyddio i fraslunio'r cromliniau hyn:

i $\quad y = \sin\theta + 2$
ii $\quad y = 3\sin\theta$
iii $\quad y = -\sin\theta$
iv $\quad y = \sin\left(\dfrac{\theta}{2}\right)$.

Datrysiad

i Mae modd cael y gromlin $y = \sin\theta + 2$ o'r gromlin $y = \sin\theta$ drwy drawsfudiad o $\begin{pmatrix} 0 \\ 2 \end{pmatrix}$.

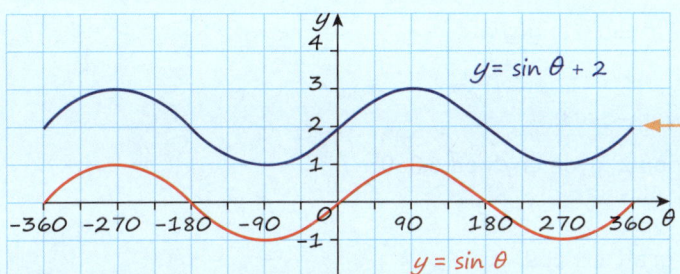

Awgrym: Cofiwch, i gael $y = f(\theta) + a$ o $y = f(\theta)$ rydych chi'n trawsfudo $y = f(\theta)$ gan a uned yn fertigol.

Mae'r gromlin $y = \sin\theta + 2$ yn osgiladu rhwng minimwm o $y = 1$ a macsimwm o $y = 3$.

ii Mae modd cael y gromlin $y = 3\sin\theta$ o'r gromlin $y = \sin\theta$ drwy estyniad gyda ffactor graddfa 3, yn baralel i'r echelin-y.

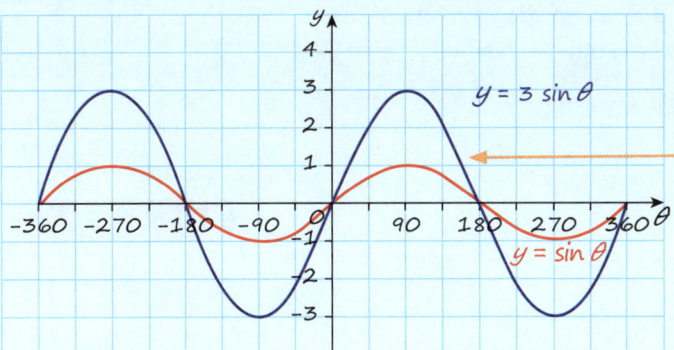

Awgrym: Cofiwch, i gael $y = af(\theta)$ o $y = f(\theta)$ rydych chi'n estyn $y = f(\theta)$ gan ffactor graddfa a yn baralel i'r echelin-y.

Mae'r gromlin $y = 3\sin\theta$ yn osgiladu rhwng minimwm o $y = -3$ a macsimwm o $y = 3$.

iii Mae modd cael y gromlin $y = -\sin\theta$ o'r gromlin $y = -\sin\theta$ drwy adlewyrchiad yn yr echelin-x.

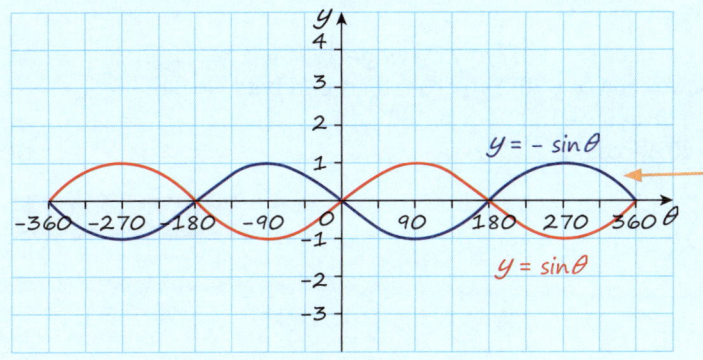

Awgrym: Cofiwch, i gael $y = -f(\theta)$ o $y = f(\theta)$ rydych chi'n adlewyrchu $y = f(\theta)$ yn yr echelin-x.

Mae'r gromlin $y = -\sin\theta$ yn osgiladu rhwng minimwm o $y = -1$ a macsimwm o $y = 1$.

CBAC UG Mathemateg

iv Mae modd cael y gromlin $y = \sin\left(\frac{\theta}{2}\right)$ o'r gromlin $y = \sin\theta$ drwy estyniad gyda ffactor graddfa 2, yn baralel i'r echelin-x.

Awgrym: Cofiwch, i gael $y = f(a\theta)$ o $y = f(\theta)$ rydych chi'n estyn $y = f(\theta)$ gan ffactor graddfa $\frac{1}{a}$ yn baralel i'r echelin-x.

Mae'r gromlin $y = \sin\left(\frac{\theta}{2}\right)$ yn osgiladu rhwng minimwm o $y = -1$ a macsimwm o $y = 1$.

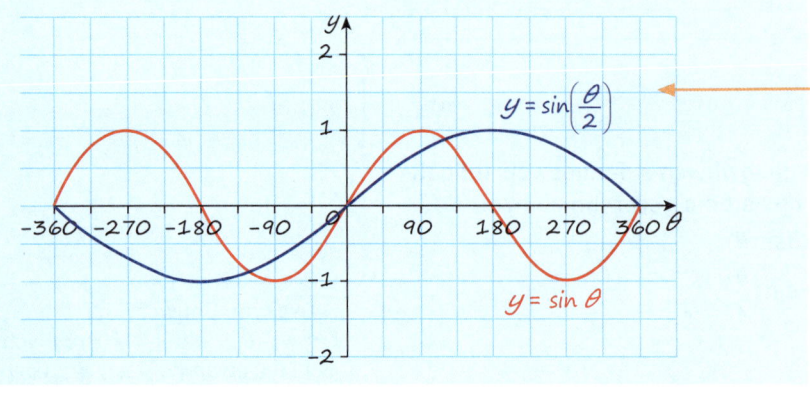

Profi eich hun

1 Nodwch a yw'r gosodiadau canlynol yn gywir neu'n anghywir.
   i   Gwerth minimwm $y = \frac{1}{3}\sin\theta$ yw $-\frac{1}{3}$.
   ii Mae cromlin $y = \sin 3\theta$ yn osgiladu rhwng -3 a 3.
   iii Mae $y = \tan(\theta - 60°)$ yn ffwythiant cyfnodol, gyda chyfnod o $360°$.
   iv Gwerth minimwm $y = \cos 2\theta$ yw -1.
   v   Mae graff $y = \sin(x - 90°)$ yr un peth â graff $y = \cos x$.
   vi Mae graff $y = -\cos x$ yr un peth â graff $y = \cos x$.
   vii Mae graff $y = \cos(-x)$ yr un peth â graff $y = \cos x$.
   viii Mae graff $y = \sin(x - 45°)$ yr un peth â graff $y = \cos(x + 45°)$.
2 Brasluniwch graff $y = \tan x + 2$ ar gyfer $0° \leq x \leq 180°$.
3 Brasluniwch graff $y = \frac{1}{3}\cos x$ ar gyfer $-180° \leq x \leq 180°$.
4 Brasluniwch graff $y = \sin(x + 60°)$ ar gyfer $-60° \leq x \leq 300°$.

Atebion ar dudalen 211

Cwestiwn enghreifftiol

i   Brasluniwch y cromliniau
    a $y = \cos 2x$ b $y = \cos(x + 90°)$
    ar yr un echelinau ar gyfer $-180° \leq x \leq 180°$.
ii Sawl gwreiddyn sydd gan yr hafaliad $\cos 2x = \cos(x + 90°)$ yn y cyfwng $-180° \leq x \leq 180°$?
iii Dangoswch fod y cromliniau $y = \cos 2x$ ac $y = \cos(x + 90°)$ yn croestorri pan fydd $y = 0.5$.
    Trwy hyn, datryswch $\cos 2x = \cos(x + 90°)$ ar gyfer $-180° \leq x \leq 180°$.
iv Ysgrifennwch werth macsimwm $\cos(x + 90°) - \cos 2x$.

Atebion ar dudalen 211

Cwestiynau adolygu (Penodau 5–8)

1. Mae gan dri phwynt A, B ac C gyfesurynnau $(-1, 1)$, $(3, 3)$ a $(2, -5)$ yn ôl eu trefn.
   - i Darganfyddwch y pellter AB a BC.
   - ii Trwy hyn, dangoswch fod triongl ABC yn driongl ongl sgwâr a darganfyddwch arwynebedd triongl ABC.

2. Mae gan y pwyntiau A a B gyfesurynnau $(-3, 5)$ a $(7, 9)$.
   - i Darganfyddwch hafaliad hanerydd perpendicwlar y segment llinell AB.
   - ii Darganfyddwch hafaliad y cylch sydd â radiws AB, a chanol A.

3.
   - i Profwch fod $\dfrac{\cos\theta}{1+\sin\theta} + \dfrac{\cos\theta}{1-\sin\theta} \equiv \dfrac{2}{\cos\theta}$
   - ii Trwy hyn, datryswch $\dfrac{\cos\theta}{1+\sin\theta} + \dfrac{\cos\theta}{1-\sin\theta} = 4$ ar gyfer $0° \leq \theta \leq 360°$.

4. Brasluniwch graff:
   - i $y = \dfrac{1}{x}$
   - ii $y = \dfrac{1}{x} + 2$
   - iii $y = \dfrac{1}{x+2}$

   Nodwch yn glir gyfesurynnau unrhyw groestoriadau â'r echelinau a hafaliadau unrhyw asymptotau.

5. Y tri therm cyntaf yn ehangiad $\left(3 - \dfrac{x}{2}\right)^n$ yw $81 + bx + cx^2$.

   Darganfyddwch werth pob un o'r cysonion n, b ac c.

6. Cewch wybod bod $f(x) = 2x^3 - x^2 - 25x - 12$.
   - i Dangoswch fod $(x - 4)$ yn ffactor o $f(x)$.

     Trwy hyn, ffactoriwch $f(x)$ yn llawn.

     Mae'r gromlin $y = f(x)$ yn cael ei thrawsfudo gan y fector $\begin{pmatrix} 2 \\ 0 \end{pmatrix}$ i roi'r gromlin $y = g(x)$.
   - ii Datryswch $g(x) = 0$.

Atebion ar dudalen 211

GWIRIO ATEBION

ADRAN 3
UNED 1 MATHEMATEG BUR

Targedu wrth adolygu (Penodau 9–12)

1 Differu ffwythiannau sy'n cynnwys pwerau o x
Differwch:
i $y = 3x^2 - 2x + 4$
ii $y = \dfrac{2}{x^2} + \sqrt{x}$
(gweler tudalen 64)

2 Darganfod graddiant cromlin ar bwynt
i Darganfyddwch raddiant y gromlin $y = 5x - \dfrac{8}{\sqrt{x}}$ yn y pwynt lle mae $x = 4$.
ii O wybod bod $f(x) = \dfrac{x^2}{\sqrt{x}}$, darganfyddwch $f'(9)$.
(gweler tudalen 64)

3 Darganfod hafaliad tangiad a normal i gromlin
i Darganfyddwch hafaliad y tangiad i'r gromlin $y = 3x^2 - 6x$ yn y pwynt $(3, 9)$.
ii Darganfyddwch hafaliad y normal i'r gromlin $y = 2\sqrt{x}$ yn y pwynt lle mae $x = 4$.
(gweler tudalen 64)

4 Nodi pwyntiau arhosol
Darganfyddwch gyfesurynnau pwyntiau arhosol y gromlin $y = -x^3 + 4x^2 - 4x$ a nodwch eu natur.
(gweler tudalen 68)

5 Nodi lle mae ffwythiant yn cynyddu neu'n lleihau
Darganfyddwch werthoedd x lle mae $f(x) = 2x^3 + 3x^2 - 36x$ yn ffwythiant cynyddol.
(gweler tudalen 68)

6 Brasluniwch graff graddiant ffwythiant
Mae'r diagram yn dangos graff $y = f(x)$.
Brasluniwch y ffwythiant graddiant, $y = f'(x)$.

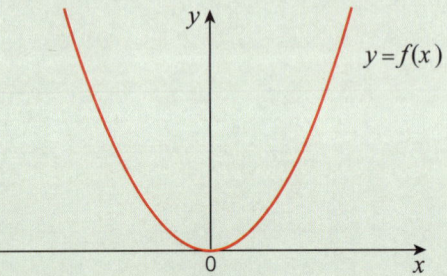

(gweler tudalen 72)

7 Darganfod yr ail ddeilliad
O wybod bod $f(x) = \dfrac{x^2 + 2\sqrt{x}}{x}$, darganfyddwch $f''(4)$.
(gweler tudalen 72)

8 Differu o egwyddorion sylfaenol:
i Ehangwch $(x + h)^2$.
ii O wybod bod $f(x) = 5x^2$, darganfyddwch fynegiad ar gyfer $f(x + h) - f(x)$.
iii Differwch $y = 5x^2$ o egwyddorion sylfaenol. Rhaid i chi ddangos eich holl waith cyfrifo.
(gweler tudalen 76)

9 Darganfod integrynnau amhendant
Darganfyddwch:
i $\displaystyle\int (4x^3 - 2x + 3)\,dx$
ii $\displaystyle\int \left(\sqrt{x} - \dfrac{3}{x^2}\right) dx$
(gweler tudalen 80)

10 Enrhifo integrynnau amhendant
Darganfyddwch:
i $\displaystyle\int_{-2}^{3} (x^2 + 2x - 1)\,dx$
ii $\displaystyle\int_{1}^{4} \left(\dfrac{12}{x^2} + 6\sqrt{x}\right) dx$
(gweler tudalen 80)

11 Darganfod yr arwynebedd o dan gromlin
Mae'r diagram yn dangos graff $y = x^3 - 2x^2 - 5x + 6$.

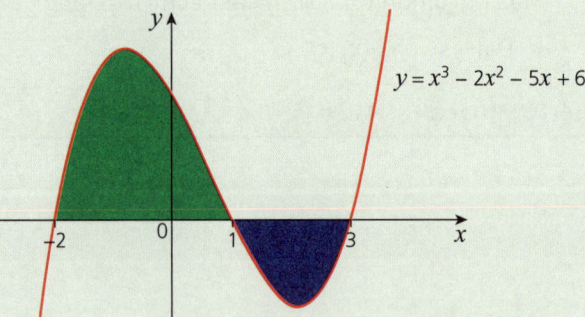

i Darganfyddwch arwynebedd y rhanbarth sydd wedi'i liwio'n wyrdd.
ii Darganfyddwch arwynebedd y rhanbarth sydd wedi'i liwio'n las.
iii Darganfyddwch gyfanswm arwynebedd y rhanbarthau sydd wedi'u lliwio.
iv Enrhifwch $\displaystyle\int_{-2}^{3} (x^3 - 2x^2 - 5x + 6)\,dx$.
(gweler tudalen 83)

12 Darganfod yr arwynebedd sydd wedi'i amgáu gan gromlin a llinell
Darganfyddwch yr arwynebedd sydd wedi'i amgáu gan y gromlin $y = x^2$ a'r llinell $y = 2x + 3$.
(gweler tudalen 83)

13 **Darganfod maint fector**

Cewch wybod bod $\mathbf{q} = \begin{pmatrix} -2 \\ 3 \end{pmatrix}$

Mae gan y fector **p** faint o $2\sqrt{13}$ yn yr un cyfeiriad â **q**. Darganfyddwch **p**.
(gweler tudalen 89)

14 **Datrys problemau'n ymwneud â fectorau**

Mae gan y tri phwynt A, B ac C y fectorau safle $\begin{pmatrix} 2 \\ 2 \end{pmatrix}$, $\begin{pmatrix} 6 \\ 4 \end{pmatrix}$ ac $\begin{pmatrix} 8 \\ 0 \end{pmatrix}$ yn ôl eu trefn.

- i Darganfyddwch $\overrightarrow{AB}$
- ii Darganfyddwch $|\overrightarrow{AB}|$
- iii Trwy hyn, dangoswch fod y triongl ABC yn driongl ongl sgwâr a darganfyddwch arwynebedd triongl ABC.

(gweler tudalen 89)

15 **Braslunio graffiau logarithmau a ffwythiannau esbonyddol**

Brasluniwch graff:
- i $y = 1 + \ln x$
- ii $y = 2 + e^{-x}$

Labelwch yn glir unrhyw asymptotau a chyfesurynnau unrhyw groestoriadau â'r echelinau.

(gweler tudalen 93)

16 **Symleiddio mynegiadau sy'n cynnwys logiau**

Mynegwch $\log x + \log 2 - \log \sqrt{x}$ fel logarithm sengl.
(gweler tudalen 93)

17 **Datrys hafaliadau sy'n cynnwys logiau a ffwythiannau esbonyddol**

Datryswch:
- i $2.4^x = 2000$
- ii $3\log_{10} x - \log_{10} 20 = \log_{10} 400$

(gweler tudalen 93)

18 **Defnyddio logiau wrth fodelu**

Mae'r berthynas rhwng A a t yn cael ei modelu gan $y = A \times 10^{kt}$, lle mae A a k yn gysonion.
- i Dangoswch fod graff $\log y$ yn erbyn t yn llinell syth.

Mae'r graff llinell syth a geir pan fydd $\log y$ yn cael ei blotio yn erbyn t yn mynd drwy'r pwyntiau (1, 5) a (3, 11). Ceisiwch ddarganfod:
- ii gwerth A a k
- iii gwerth y pan fydd $t = 2.3$
- iv gwerth t pan fydd $y = 50$.

(gweler tudalen 99)

Atebion ar dudalen 212

GWIRIO ATEBION

Pennod 9 Differu

Ynglŷn â'r testun hwn

Rydych chi'n gwybod yn barod sut i ddarganfod graddiant llinell syth. Mae graddiant cromlin yn newid yn gyson, ond mae modd i chi ddarganfod graddiant cromlin ar unrhyw bwynt gan ddefnyddio differu.

Gallwch chi ddefnyddio differu i ddarganfod hafaliad tangiad neu normal i bwynt ar gromlin. Gallwch chi hefyd ei ddefnyddio i ddarganfod cyfesurynnau trobwyntiau cromlin a datrys problemau bywyd go iawn.

Cyn dechrau, cofiwch ...

- sut i ddarganfod hafaliad llinell syth
- deddfau indecsau
- sut i fraslunio graffiau ffwythiannau ciwbig a chwadratig.

Tangiadau a normalau

ADOLYGU

Ffeithiau allweddol

1. Mae'r **ffwythiant graddiant**, $\frac{dy}{dx}$ neu $f'(x)$, yn rhoi graddiant y gromlin $y = f(x)$, ac yn mesur cyfradd newid y mewn perthynas ag x.

    Enw arall ar y ffwythiant graddiant yw'r **deilliad**.
    Yn ogystal â dweud wrthoch chi beth yw graddiant cromlin, mae'r deilliad $\frac{dy}{dx}$ yn dweud wrthoch chi beth yw cyfradd newid y mewn perthynas ag x.
    Differu yw'r enw ar y broses o ddarganfod deilliad.

2. Mae ffwythiant graddiant $y = kx^n$ yn cael ei roi gan $\frac{dy}{dx} = knx^{n-1}$

    Mae hyn yn wir ar gyfer pob gwerth n, gan gynnwys gwerthoedd negatif a ffracsiynol.

3. Pan fyddwch chi'n differu **cysonyn**, k, y canlyniad yw 0.
    $$y = k \Rightarrow \frac{dy}{dx} = 0$$

4. Gallwch chi ddarganfod graddiant m_1 tangiad i gromlin ar bwynt penodol drwy ddifferu ac yna amnewid y cyfesuryn-x i'r deilliad.
    Mae **hafaliad y tangiad** i gromlin yn y pwynt (x_1, y_1) yn cael ei roi gan $y - y_1 = m_1(x - x_1)$.

5. Y **normal** i gromlin ar bwynt penodol yw'r llinell syth sy'n berpendicwlar i'r tangiad yn y pwynt hwnnw.
    - Gallwn ni ddarganfod graddiant, m_2, normal i gromlin mewn pwynt penodol drwy ddarganfod graddiant m_1 y tangiad yn gyntaf ac yna defnyddio'r berthynas $m_2 = -\frac{1}{m_1}$.
    - Mae hafaliad y normal i gromlin yn y pwynt (x_1, y_1) yn cael ei roi gan $y - y_1 = m_2(x - x_1)$.

Awgrym: Er enghraifft, ar gyfer y gromlin $y = x^2$, mae'r ffwythiant graddiant yn cael ei roi gan $\frac{dy}{dx} = 2x$.

Mae hyn yn golygu, yn y pwynt lle mae $x = 1$, fod graddiant y gromlin yn 2; yn y pwynt lle mae $x = 2$, fod graddiant y gromlin yn 4, ac yn y blaen.

Cysonyn yw unrhyw rif fel 2, -0.2, $\frac{1}{2}$ neu π.

Felly pan fydd $y = \pi$, $\frac{dy}{dx} = 0$.

Mae'r diagram yn dangos y gromlin $y = 4x - x^2$ a'r tangiad a'r normal yn y pwynt $(1, 3)$.
$\frac{dy}{dx} = 4 - 2x$ a phan fydd $x = 1$, graddiant m_1 y tangiad yw 2.
Felly hafaliad y tangiad yw
$$y - y_1 = m_1(x - x_1)$$
$$y - 3 = 2(x - 1)$$
$$y = 2x + 1$$

Enghraifft wedi'i hateb

1 Darganfod y deilliad

Differwch y ffwythiant $y = 2x^3 + \sqrt[3]{x} - \dfrac{3}{x^4} - 5$.

Datrysiad

$$y = 2x^3 + \sqrt[3]{x} - \dfrac{3}{x^4} - 5$$

$$= 2x^3 + x^{\frac{1}{3}} - 3x^{-4} - 5$$

$$\dfrac{dy}{dx} = 6x^2 + \dfrac{1}{3}x^{-\frac{2}{3}} - 3 \times (-4)x^{-5}$$

$$= 6x^2 + \dfrac{1}{3}x^{-\frac{2}{3}} + 12x^{-5}$$

$$= 6x^2 + \dfrac{1}{3x^{\frac{2}{3}}} + \dfrac{12}{x^5}$$

Awgrym: Wrth ddifferu pŵer ffracsiynol neu negatif o x, rydych chi'n defnyddio'r canlyniad safonol yn yr un ffordd ag ar gyfer pwerau o x sy'n gyfanrifau:

$$y = kx^n \Rightarrow \dfrac{dy}{dx} = knx^{n-1}$$

Gallwch chi feddwl am hyn fel 'lluosi â'r pŵer a lleihau'r pŵer o 1'.

Ailysgrifennwch y mynegiad gan ddefnyddio indecsau ffracsiynol a negatif.

Differwch bob term. Byddwch yn ofalus ag arwyddion. Cofiwch mai deilliad cysonyn yw 0.

Gallech chi ysgrifennu'r mynegiad hwn gan ddefnyddio israddau, ond mae'n iawn ei adael fel y mae.

Enghraifft wedi'i hateb

2 Differu gyda newidynnau eraill

i Differwch $V = \dfrac{4}{3}\pi r^3$.

ii O wybod bod $f(t) = \dfrac{2t^4 - 3t^2}{t^3}$, darganfyddwch $f'(-2)$.

Datrysiad

i $V = \dfrac{4}{3}\pi r^3 \Rightarrow \dfrac{dV}{dr} = \dfrac{4}{3}\pi \times 3r^2$

$$= 4\pi r^2$$

ii $f(t) = \dfrac{2t^4 - 3t^2}{t^3} = 2t - 3t^{-1}$

$$\Rightarrow f'(t) = 2 - 3 \times (-1)t^{-2}$$

$$= 2 + \dfrac{3}{t^2}$$

$$f'(-2) = 2 + \dfrac{3}{(-2)^2} = 2.75$$

Awgrym: Pan fydd $y = f(x)$, gallwch chi ddefnyddio'r nodiant $f'(x)$ yn lle $\dfrac{dy}{dx}$. Yn yr achos hwn, mae gennych chi $f(t)$, felly fe ddylech chi ysgrifennu $f'(t)$.

Mae angen cyfradd newid V mewn perthynas ag r arnoch.

Camgymeriad cyffredin: Mae angen i chi symleiddio cyn i chi allu differu: $\dfrac{2t^4 - 3t^2}{t^3} = \dfrac{2t^4}{t^3} - \dfrac{3t^2}{t^3}$.

Amnewidiwch $t = -2$ i'r mynegiad ar gyfer $f'(t)$.

Enghraifft wedi'i hateb

3 Darganfod y graddiant ar bwynt

Darganfyddwch raddiant $y = 3x^2 - \dfrac{16}{x^3} - 7\sqrt{x} - 3x + \dfrac{1}{4}$ yn y pwynt (4, 22).

Datrysiad

$$y = 3x^2 - \dfrac{16}{x^3} - 7\sqrt{x} - 3x + \dfrac{1}{4}$$

$$= 3x^2 - 16x^{-3} - 7x^{\frac{1}{2}} - 3x + \dfrac{1}{4}$$

$$\dfrac{dy}{dx} = 6x + 48x^{-4} - \dfrac{7}{2}x^{-\frac{1}{2}} - 3$$

$$= 6x + \dfrac{48}{x^4} - \dfrac{7}{2\sqrt{x}} - 3$$

Ailysgrifennwch y mynegiad gan ddefnyddio indecsau ffracsiynol.

Mae'n haws amnewid gwerthoedd x i'r ffurf hon.

Pan fydd $x = 4$, $\dfrac{dy}{dx} = 6 \times 4 + \dfrac{48}{4^4} - \dfrac{7}{2\sqrt{4}} - 3$

$\qquad\qquad\qquad = 24 + \dfrac{48}{256} - \dfrac{7}{4} - 3$

$\qquad\qquad\qquad = \dfrac{311}{16}$

Enghraifft wedi'i hateb

4 Darganfod cyfesurynnau pwynt â graddiant penodol

Darganfyddwch gyfesurynnau'r pwynt(iau) ar y gromlin $y = 2x^3 + 5x^2 - 3$ lle mae graddiant y gromlin yn 4.

Datrysiad

$y = 2x^3 + 5x^2 - 3 \Rightarrow \dfrac{dy}{dx} = 6x^2 + 10x$

Yn y pwynt lle mae'r graddiant yn 4:

$\quad 6x^2 + 10x = 4$
$6x^2 + 10x - 4 = 0$
$\quad 3x^2 + 5x - 2 = 0$
$\quad (3x - 1)(x + 2) = 0$
$\qquad\qquad x = \dfrac{1}{3}$ neu $x = -2$

Pan fydd $x = \dfrac{1}{3}$, $y = 2 \times \left(\dfrac{1}{3}\right)^3 + 5 \times \left(\dfrac{1}{3}\right)^2 - 3 = -\dfrac{64}{27}$.

Pan fydd $x = -2$, $y = 2 \times (-2)^3 + 5 \times (-2)^2 - 3 = 1$.

Y pwyntiau lle mae graddiant y gromlin yn 4 yw $\left(\dfrac{1}{3}, -\dfrac{64}{27}\right)$ a $(-2, 1)$.

> Amnewidiwch y cyfesurynnau-x i hafaliad y gromlin i ddarganfod y cyfesurynnau-y.

> **Camgymeriadau cyffredin:** Peidiwch â chymysgu rhwng hafaliad y gromlin a'r ffwythiant graddiant. Os ydych chi eisiau darganfod cyfesuryn-y y pwynt ar y gromlin, gwnewch yn siŵr eich bod chi'n defnyddio hafaliad y gromlin ac nid y ffwythiant graddiant!

Enghraifft wedi'i hateb

5 Darganfod hafaliad tangiad a normal i gromlin

Darganfyddwch hafaliadau'r tangiad a'r normal i'r gromlin $y = \dfrac{16}{x^2} + 3\sqrt{x}$ yn y pwynt lle mae $x = 4$.

Datrysiad

Pan fydd $x = 4$, $y = \dfrac{16}{4^2} + 3\sqrt{4} = \dfrac{16}{16} + 3 \times 2 = 7$.

Felly, y pwynt yw $(4, 7)$.

$y = \dfrac{16}{x^2} + 3\sqrt{x} \Rightarrow y = 16x^{-2} + 3x^{\frac{1}{2}}$

$\qquad\qquad\qquad \Rightarrow \dfrac{dy}{dx} = -32x^{-3} + \dfrac{3}{2}x^{-\frac{1}{2}}$

$\qquad\qquad\qquad\qquad\quad = -\dfrac{32}{x^3} + \dfrac{3}{2\sqrt{x}}$

> **Cam 1:** Darganfyddwch gyfesuryn-y y pwynt lle mae $x = 4$.

> **Cam 2:** Differwch i ddarganfod graddiant y ffwythiant. Gwnewch yn siŵr eich bod chi'n ailysgrifennu'r ffwythiant gan ddefnyddio pwerau ffracsiynol a negatif yn gyntaf.

> **Awgrym:** Mae'n haws amnewid i mewn ar gyfer x pan fyddwch chi'n ysgrifennu'r ateb yn y ffurf hon.

Pan fydd $x = 4$, graddiant m_1 y tangiad yw

$$m_1 = -\frac{32}{4^3} + \frac{3}{2\sqrt{4}} = -\frac{1}{2} + \frac{3}{4} = \frac{1}{4}$$

Cam 3: Amnewidiwch $x = 4$ i ddarganfod graddiant y tangiad

Felly mae gan y tangiad raddiant o $\frac{1}{4}$ ac mae'n mynd drwy'r pwynt $(4, 7)$.

Hafaliad y tangiad yw
$$y - y_1 = m_1(x - x_1)$$
$$y - 7 = \frac{1}{4}(x - 4)$$
$$4y - 28 = x - 4$$
$$4y - x = 24$$

Cam 4: Darganfyddwch hafaliad y tangiad.

Awgrym: Mae'n haws ymdrin â'r ffracsiwn drwy luosi drwyddo â 4.

Graddiant m_2 y normal yw $m_2 = -\frac{1}{m_1} = -4$

Cam 5: Darganfyddwch raddiant y normal.

Mae gan y normal raddiant o -4 ac mae'n mynd drwy'r pwynt $(4, 7)$.

Felly hafaliad y normal yw
$$y - y_1 = m_2(x - x_1)$$
$$y - 7 = -4(x - 4)$$
$$y - 7 = -4x + 16$$
$$y = 23 - 4x$$

Cam 6: Darganfyddwch hafaliad y normal.

Profi eich hun

1. Darganfyddwch gyfesurynnau'r pwynt ar y gromlin $y = 4 - 3x + x^2$ lle mae gan y tangiad i'r gromlin raddiant o -1.
2. Darganfyddwch raddiant y gromlin $y = x^5(2x + 1)$ yn y pwynt lle mae $x = -1$.
3. Darganfyddwch raddiant y ffwythiant $y = 5\sqrt{x} - \frac{4}{\sqrt{x}}$ yn y pwynt lle mae $x = 4$.
4. Darganfyddwch gyfesurynnau'r pwynt(iau) lle mae gan y graff $y = x - \frac{1}{x}$ raddiant o 5.
5. Darganfyddwch hafaliad y tangiad i'r gromlin $y = x^3 - 3x^2 + x + 4$ yn y pwynt lle mae $x = 1$.
6. Darganfyddwch hafaliad y normal i'r gromlin $y = x^2 + 7x + 6$ yn y pwynt lle mae $x = -2$.
7. Darganfyddwch hafaliad y tangiad i'r gromlin $y = \sqrt{x}$ yn y pwynt lle mae $x = 4$.
8. Darganfyddwch hafaliad y normal i'r gromlin $y = \frac{1}{x}$ yn y pwynt lle mae $x = 2$.

Atebion ar dudalen 212

Cwestiwn enghreifftiol

Mae'r diagram yn dangos y gromlin giwbig sydd â'r hafaliad $y = 2x^3 + 3x^2 - 3$.

i Dangoswch fod gan y tangiad i'r gromlin yn y pwynt $P(1, 2)$ raddiant o 12.
ii Darganfyddwch gyfesurynnau'r pwynt arall, Q, ar y gromlin lle mae gan y tangiad raddiant o 12.
iii Darganfyddwch hafaliad y normal i'r gromlin yn Q.

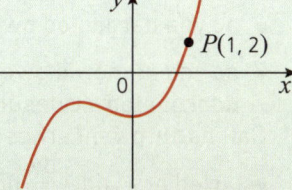

Atebion ar dudalen 212

Ffwythiannau cynyddol a lleihaol, a throbwyntiau

ADOLYGU

Ffeithiau allweddol

1. Mae ffwythiant yn gynyddol os yw ffwythiant ei raddiant yn bositif. Os yw'r ffwythiant graddiant yn bositif ym mhob man, mae'r ffwythiant yn cael ei alw'n **ffwythiant cynyddol**.

   > Felly mae y yn cynyddu wrth i x gynyddu.

2. Mae ffwythiant yn lleihaol os yw ffwythiant ei raddiant yn negatif. Os yw'r ffwythiant graddiant yn negatif ym mhob man, mae'r ffwythiant yn cael ei alw'n **ffwythiant lleihaol**.

   > Felly mae y yn gostwng wrth i x gynyddu.

3. Mae llawer o ffwythiannau yn ffwythiannau cynyddol ar gyfer rhai gwerthoedd o x, ac yn ffwythiannau lleihaol ar gyfer gwerthoedd eraill o x.

   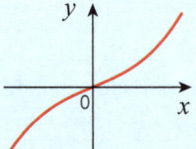 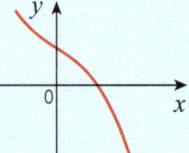 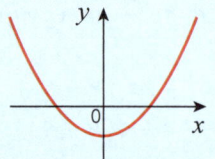

   Mae hwn yn ffwythiant cynyddol

   Mae hwn yn ffwythiant lleihaol

   Mae'r ffwythiant hwn yn lleihaol ar gyfer gwerthoedd negatif o x, ac yn gynyddol ar gyfer gwerthoedd positif o x

4. **Pwyntiau arhosol** ar gromlin yw'r pwyntiau hynny lle mae graddiant y gromlin yn sero.
   Mae hyn yn golygu bod y tangiad i'r gromlin yn llorweddol a bydd $\frac{dy}{dx}=0$ yn y pwynt hwnnw.

   Gall pwynt arhosol fod yn:

   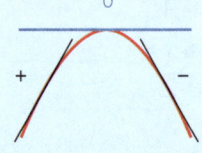 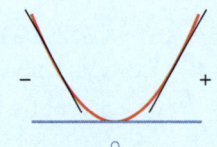

   macsimwm lleol, lle mae'r graddiant yn newid o bositif i negatif

   minimwm lleol, lle mae'r graddiant yn newid o negatif i bositif

   > Ar bwynt macsimwm neu bwynt minimwm, mae'r gromlin yn troi, felly enw arall ar y rhain yw **trobwyntiau**.

5. Gallwch chi ddarganfod cyfesurynnau pwynt arhosol (neu drobwynt) drwy wneud y canlynol:
   - darganfod $\frac{dy}{dx}$
   - ac yna darganfod gwerth(oedd) x lle mae $\frac{dy}{dx}=0$
   - ac yna amnewid gwerth(oedd) x i hafaliad y gromlin i ddarganfod y cyfesurynnau-y.

   > $y = ...$

6. Gall natur pwynt arhosol (neu drobwynt) gael ei darganfod drwy ystyried arwydd y $\frac{dy}{dx}$ bob ochr i'r pwynt.

   > Ffwythiant y graddiant.

Ar **bwynt minimwm** ⋃ lleol, mae $\frac{dy}{dx}$ yn **negatif** i'r chwith o'r pwynt ac yn **bositif** i'r dde o'r pwynt

Ar **bwynt macsimwm** ⋂ lleol, mae $\frac{dy}{dx}$ yn **bositif** i'r chwith o'r pwynt ac yn **negatif** i'r dde o'r pwynt

Enghraifft wedi'i hateb

1 Darganfod lle mae ffwythiant yn cynyddu

Darganfyddwch yr amrediad o werthoedd x lle mae'r ffwythiant $y = x^3 - 3x + 1$ yn ffwythiant cynyddol o x.

Datrysiad

$y = x^3 - 3x + 1 \Rightarrow \dfrac{dy}{dx} = 3x^2 - 3$

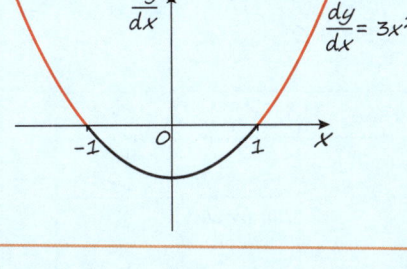

Mae'r ffwythiant yn gynyddol os yw

$\dfrac{dy}{dx} > 0$

$3x^2 - 3 > 0$

$x^2 - 1 > 0$

$(x - 1)(x + 1) > 0$

> Gwahaniaeth rhwng dau sgwâr yw hwn: $x^2 - a^2 = (x - a)(x + a)$.

Mae braslun o'r graff $\dfrac{dy}{dx} = 3x^2 - 3$ yn dangos mai datrysiad yr anhafaledd hwn yw $x < -1$ neu $x > 1$.

Felly mae'r ffwythiant yn gynyddol pan fydd $x < -1$ neu $x > 1$.

Enghraifft wedi'i hateb

2 Darganfod pwyntiau arhosol (1)

i Darganfyddwch gyfesurynnau'r pwyntiau arhosol ar y gromlin $y = x^3 - 3x^2 - 9x + 10$.

ii Darganfyddwch natur y pwyntiau arhosol.

iii Brasluniwch y gromlin.

> **Awgrym:** Byddai'n syniad da gosod eich gwaith mewn tabl, fel sydd i'w weld yn y datrysiad i ran ii ar y dudalen nesaf.

Datrysiad

i $y = x^3 - 3x^2 - 9x + 10 \Rightarrow \dfrac{dy}{dx} = 3x^2 - 6x - 9$

> **Cam 1:** Differwch.

Ar bwyntiau arhosol, $\dfrac{dy}{dx} = 0$, felly $3x^2 - 6x - 9 = 0$

$x^2 - 2x - 3 = 0$

$(x - 3)(x + 1) = 0$

$x = 3$ neu $x = -1$

> **Cam 2:** Gosodwch $\dfrac{dy}{dx} = 0$ a datryswch.

Pan fydd $x = 3$, $y = 3^3 - 3 \times 3^2 - 9 \times 3 + 10 = -17$

Pan fydd $x = -1$, $y = (-1)^3 - 3(-1)^2 - 9(-1) + 10 = 15$

Y pwyntiau arhosol yw $(3, -17)$ a $(-1, 15)$.

> **Cam 3:** Amnewidiwch y gwerthoedd-x i hafaliad y gromlin i ddarganfod y cyfesurynnau-y.

ii Yn y pwynt lle mae $x = -2$:

$$\frac{dy}{dx} = 3(-2)^2 - 6(-2) - 9 = 15 > 0$$

Yn y pwynt lle mae $x = 0$:

$$\frac{dy}{dx} = 3 \times 0 - 6 \times 0 - 9 = -9 < 0$$

Yn y pwynt lle mae $x = 4$:

$$\frac{dy}{dx} = 3 \times 4^2 - 6 \times 4 - 9 = 15 > 0$$

Awgrym: Archwiliwch arwydd $\frac{dy}{dx}$ bob ochr i'r trobwynt. Sylwch: dyna i gyd mae angen i chi ei wneud yw darganfod a yw $\frac{dy}{dx}$ yn bositif neu'n negatif, nid oes gwahaniaeth beth yw union werth $\frac{dy}{dx}$.

	$x < -1$	$x = -1$	$-1 < x < 3$	$x = 3$	$x > 3$
Arwydd $\frac{dy}{dx}$	+if	0	−if	0	+if
Pwynt arhosol		Macsimwm lleol		Minimwm lleol	

Felly mae $(-1, 15)$ yn bwynt macsimwm lleol, ac mae $(3, -17)$ yn bwynt minimwm lleol.

iii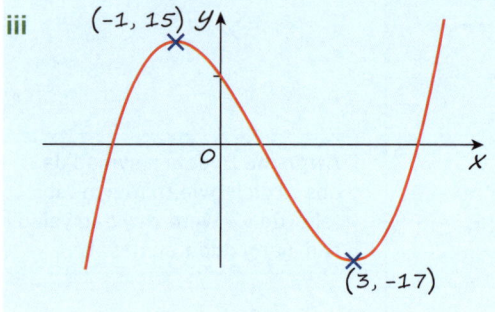

Camgymeriad cyffredin: Byddwch yn ofalus os yw'r pwyntiau arhosol yn agos at ei gilydd. Er enghraifft, os oes pwyntiau arhosol yn $x = \frac{1}{2}$ ac $x = 1$, ni allwch chi ddefnyddio $x = 0$ i edrych ar y graddiant ar ochr chwith y pwynt $x = 1$. Bydd angen i chi ddefnyddio pwynt rhwng $x = \frac{1}{2}$ ac $x = 1$, e.e. $x = \frac{3}{4}$.

Gallwch chi ddarganfod lle mae'r gromlin yn croestorri'r echelin-y drwy amnewid $x = 0$ i hafaliad y gromlin. Yn yr achos hwn, pan fydd $x = 0$, $y = 10$.

Yn yr enghraifft hon, nid oedd gofyn i chi ddarganfod cyfesurynnau'r pwyntiau lle mae'r gromlin yn croestorri'r echelin-x. Ond yn yr arholiad, efallai y bydd gofyn i chi labelu pob pwynt lle mae'r gromlin yn croestorri'r echelinau.

Enghraifft wedi'i hateb

3 Darganfod pwyntiau arhosol (2)

Darganfyddwch gyfesurynnau'r trobwyntiau ar y gromlin $y = 2x - \frac{1}{x^2}$, $x \neq 0$ a darganfyddwch eu natur.

Datrysiad

$$y = 2x - \frac{1}{x^2} \Rightarrow y = 2x - x^{-2}$$

$$\Rightarrow \frac{dy}{dx} = 2 - (-2)x^{-3}$$

$$= 2 + \frac{2}{x^3}$$

Ar drobwynt, $\frac{dy}{dx} = 0$, felly

$$2 + \frac{2}{x^3} = 0$$

$$\Rightarrow \frac{2}{x^3} = -2$$

$$\Rightarrow x^3 = -1$$

$$\Rightarrow x = -1$$

Dydych chi ddim yn gallu rhannu â 0, felly nid yw'r ffwythiant wedi'i ddiffinio yn y pwynt hwn.

Camgymeriad cyffredin: Cymerwch ofal â'ch arwyddion!

Cam 1: Differwch.

Cam 2: Gosodwch $\frac{dy}{dx} = 0$ a datryswch.

Pan fydd $x = -1$, $y = 2 \times (-1) - \dfrac{1}{(-1)^2} = -2 - 1 = -3$

Cam 3: Amnewidiwch $x = -1$ i hafaliad y gromlin i ddarganfod y cyfesuryn-y.

Mae'r trobwynt yn $(-1, -3)$.

Yn y pwynt lle mae $x = -2$:

$\dfrac{dy}{dx} = 2 + \dfrac{2}{(-2)^3} = 2 - \dfrac{1}{4} = 1.75 > 0$

Yn y pwynt lle mae $x = -\dfrac{1}{2}$:

$\dfrac{dy}{dx} = 2 + \dfrac{2}{(\frac{1}{-2})^3} = 2 - 16 = -14 < 0$

Cam 4: Archwiliwch arwydd $\dfrac{dy}{dx}$ bob ochr i'r trobwynt.

	$x < -1$	$x = -1$	$x > -1$
Arwydd $\dfrac{dy}{dx}$	+if /	0 —	−if \
Pwynt arhosol		Macsimwm lleol	

Felly mae $(-1, -3)$ yn bwynt macsimwm lleol.

Profi eich hun

1. Edrychwch ar y tri ffwythiant isod.

    $f(x) = x^3$

    $g(x) = x^3 + x$

    $h(x) = x^2 + x$

    Pa rai o'r ffwythiannau hyn sy'n ffwythiannau cynyddol o x ar gyfer holl werthoedd x?

2. Darganfyddwch yr amrediad o werthoedd x lle mae $y = x^3 + 2x^2 + x + 2$ yn ffwythiant lleihaol o x.

3. Darganfyddwch gyfesurynnau'r pwynt(iau) arhosol ar y gromlin $y = x^3 - 3x^2 - 9x + 11$.

4. Darganfyddwch gyfesurynnau'r pwynt(iau) arhosol ar y gromlin $y = 3x^4 + 2x^3 + 1$.

5. Darganfyddwch gyfesurynnau-x y trobwynt(iau) ar y gromlin $y = x + \dfrac{1}{x^3}, x \neq 0$ a nodwch natur pob trobwynt.

Atebion ar dudalen 213

Cwestiwn enghreifftiol

Mae gan gromlin yr hafaliad $y = x^3 - 3x^2 - 9x + 2$.

  i Darganfyddwch $\dfrac{dy}{dx}$.

  ii Darganfyddwch amrediad gwerthoedd x lle mae y yn ffwythiant cynyddol o x.

  iii Darganfyddwch gyfesurynnau'r pwyntiau arhosol ar y gromlin $y = x^3 - 3x^2 - 9x + 2$ a darganfyddwch eu natur.

Atebion ar dudalen 213

Deilliadau uwch a graff $\frac{dy}{dx}$

ADOLYGU

Ffeithiau allweddol

1. Gallwch chi ddefnyddio graff $y = f(x)$ i fraslunio graff y ffwythiant graddiant.
   - Edrychwch am unrhyw **bwyntiau arhosol**, lle mae $\frac{dy}{dx} = 0$
   - Edrychwch am ranbarthau lle mae'r ffwythiant yn un **cynyddol**, lle mae $\frac{dy}{dx} > 0$
   - Edrychwch am ranbarthau lle mae'r ffwythiant yn un **lleihaol**, lle mae $\frac{dy}{dx} < 0$

2. Mae'r ail ddeilliad yn cael ei ganfod drwy ddifferu'r ffwythiant graddiant $\frac{dy}{dx}$ neu $f'(x)$.

   Mae'n cael ei ysgrifennu fel $\frac{d^2y}{dx^2}$ neu $f''(x)$.

   Mae'r ail ddeilliad yn dweud wrthoch chi beth yw cyfradd newid y ffwythiant graddiant.

3. Gallwch chi ddefnyddio arwydd $\frac{d^2y}{dx^2}$ ar bwynt arhosol i ddarganfod natur y pwynt arhosol hwnnw.
   - Os yw $\frac{d^2y}{dx^2} > 0$, mae'n finimwm lleol.
   - Os yw $\frac{d^2y}{dx^2} < 0$, mae'n facsimwm lleol.
   - Os yw $\frac{d^2y}{dx^2} = 0$, bydd angen i chi edrych ar y graddiant y naill ochr a'r llall i ddarganfod natur y pwynt arhosol.

> Bydd graff $\frac{dy}{dx}$ yn **croesi'r** echelin-x yn y pwyntiau lle mae gan $y = f(x)$ **bwynt arhosol**.

> Bydd graff $\frac{dy}{dx}$ yn **gorwedd uwchben** yr echelin-x yn y pwyntiau lle mae $y = f(x)$ yn **gynyddol**.

> Bydd graff $\frac{dy}{dx}$ yn **gorwedd o dan** yr echelin-x yn y pwyntiau lle mae $y = f(x)$ yn **lleihaol**.

> Byddwch chi'n dysgu mwy am yr achos arbennig hwn yn Uned 3.

Enghraifft wedi'i hateb

1 Braslunio graff y ffwythiant graddiant

Mae'r diagram yn dangos graff $y = f(x)$.

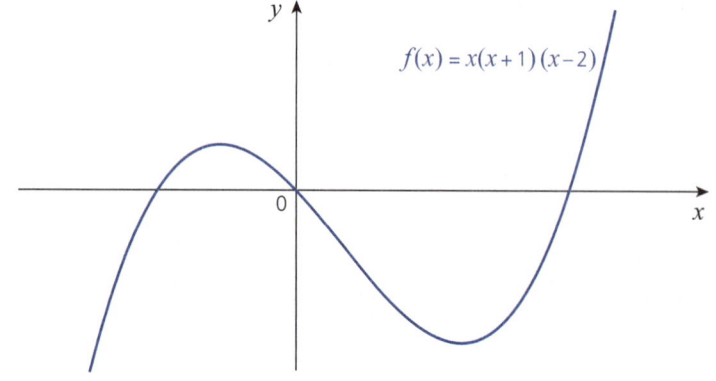

$f(x) = x(x+1)(x-2)$

Brasluniwch graff $y = f'(x)$.

Datrysiad

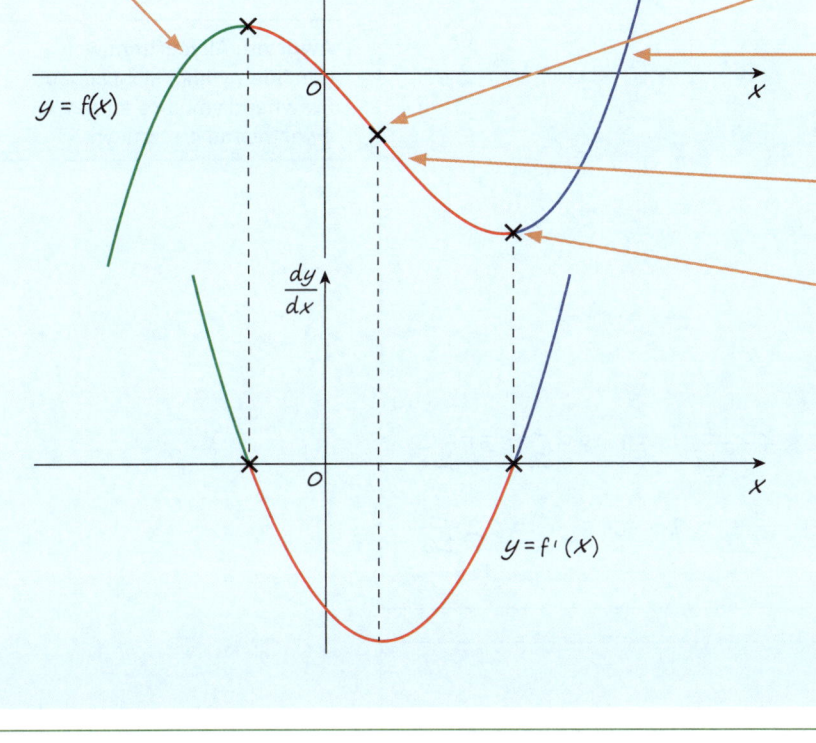

- Mae'r graddiant yn bositif ac yn gostwng.
- Yn y pwnt hwn mae'r graddiant ar ei fwyaf serth.
- Mae'r graddiant yn bositif ac yn cynyddu.
- Mae'r graddiant yn negatif.
- Mae'r graddiant yn 0 yn y trobwynt.

Enghraifft wedi'i hateb

2 Darganfod yr ail ddeilliad

Darganfyddwch ail ddeilliad y ffwythiant $y = x^4 - 3x^2 - 2x + \frac{1}{x}$.

Datrysiad

$y = x^4 - 3x^2 - 2x + x^{-1}$

Differwch i roi'r ffwythiant graddiant:

$\frac{dy}{dx} = 4x^3 - 6x - 2 - x^{-2}$

Differwch eto i roi'r ail ddeilliad:

$\frac{d^2y}{dx^2} = 12x^2 - 6 - 0 + 2x^{-3}$

$= 12x^2 - 6 + \frac{2}{x^3}$

Enghraifft wedi'i hateb

3 Darganfod gwerth yr ail ddeilliad ar bwynt

O wybod bod $f(x) = x^3 - x^2 - 2\sqrt{x}$,
darganfyddwch werthoedd $f'(4)$ ac $f''(4)$.

> Ailysgrifennwch gan ddefnyddio pwerau ffracsiynol o x.

Datrysiad

$$f(x) = x^3 - x^2 - 2x^{\frac{1}{2}}$$
$$\Rightarrow f'(x) = 3x^2 - 2x - x^{-\frac{1}{2}}$$
$$\Rightarrow f'(x) = 3x^2 - 2x - \frac{1}{\sqrt{x}}$$
$$\Rightarrow f''(x) = 6x - 2 + \frac{1}{2}x^{-\frac{3}{2}}$$
$$\Rightarrow f''(x) = 6x - 2 + \frac{1}{2\sqrt{x^3}}$$

> **Awgrym:** Ailysgrifennwch gan ddefnyddio ail israddau i'w wneud yn haws amnewid gwerthoedd o x i mewn.

Pan fydd $x = 4$, $f'(x) = 3 \times 4^2 - 2 \times 4 - \frac{1}{\sqrt{4}} = 48 - 8 - \frac{1}{2} = 39\frac{1}{2}$

Pan fydd $x = 4$, $f''(x) = 6 \times 4 - 2 + \frac{1}{2\sqrt{4^3}} = 24 - 2 + \frac{1}{16} = 22\frac{1}{16}$

Enghraifft wedi'i hateb

4 Defnyddio'r ail ddeilliad i ddarganfod natur pwyntiau arhosol

Mae gan y gromlin $y = 2x^5 + 5x^4 - 1$ bwyntiau arhosol yn $(-2, 15)$ a $(0, -1)$.
Darganfyddwch natur y pwyntiau arhosol hyn.

Datrysiad

$$y = 2x^5 + 5x^4 - 1 \Rightarrow \frac{dy}{dx} = 10x^4 + 20x^3$$
$$\Rightarrow \frac{d^2y}{dx^2} = 40x^3 + 60x^2$$

Pan fydd $x = -2$, $\frac{d^2y}{dx^2} = 40(-2)^3 + 60(-2)^2 = -320 + 240 = -80$

Gan fod yr ail ddeilliad yn negatif, mae $(-2, 15)$ yn bwynt macsimwm lleol.

Pan fydd $x = 0$, $\frac{d^2y}{dx^2} = 40 \times 0^3 + 60 \times 0^2 = 0$

Gan fod yr ail ddeilliad yn sero, mae angen profi graddiant y ffwythiant bob ochr i $x = 0$.

Pan fydd $x = -1$, $\frac{dy}{dx} = 10(-1)^4 + 20(-1)^3 = 10 - 20 = -10$

Pan fydd $x = 1$, $\frac{dy}{dx} = 10 \times 1^4 + 20 \times 1^3 = 10 + 20 = 30$

Mae'r ffwythiant graddiant yn mynd o negatif i bositif, felly mae $(0, -1)$ yn bwynt minimwm lleol.

Profi eich hun

1. Mae'r diagram yn dangos graff $y = f(x)$.

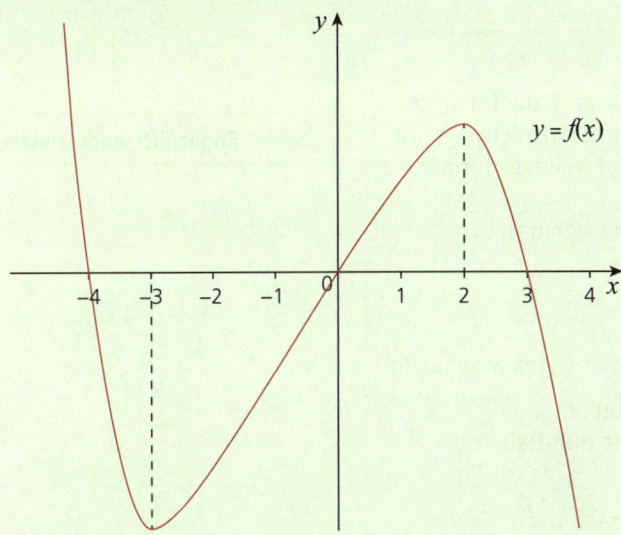

   Brasluniwch graff $y = f'(x)$.

2. Darganfyddwch werth ail ddeilliad y gromlin $y = x^4 - 3x^2 - x + 1$ yn y pwynt lle mae $x = -2$.

3. Darganfyddwch werth ail ddeilliad y gromlin $y = \dfrac{1}{3x}$ yn y pwynt lle mae $x = 3$.

4. Darganfyddwch gyfesuryn-y y pwynt ar y gromlin $y = x^3 + 6x^2 + 5x - 3$ yn y pwynt lle mae'r ail ddeilliad yn sero.

5. Darganfyddwch gyfesuryn-x pwynt arhosol y gromlin $y = x - \sqrt{x} + 2$.
   Defnyddiwch yr ail ddeilliad i nodi ei natur.

Atebion ar dudalen 213

Cwestiwn enghreifftiol

i Mae'r diagram yn dangos graff $y = f(x)$.

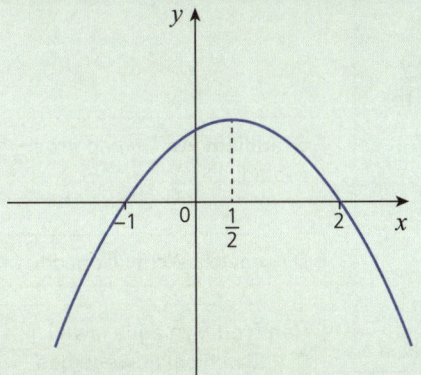

   Brasluniwch graff $y = f'(x)$.
   Labelwch gyfesurynnau'r pwynt(iau) lle mae'r graff yn croesi'r echelin-x.

ii Mae gan y gromlin $y = 2x\sqrt{x} - \sqrt{x}$ un trobwynt yn P.
   Darganfyddwch gyfesuryn-x P a defnyddiwch yr ail ddeilliad i nodi natur y trobwynt yn P.

Atebion ar dudalen 213

Cymwysiadau a differu o egwyddorion sylfaenol

ADOLYGU

Ffeithiau allweddol

1 Gallwch chi ddefnyddio differu i ddatrys problemau ymarferol lle mae angen darganfod gwerth macsimwm neu finimwm rhyw faint. *Gweler **Enghraifft wedi'i hateb 1**.*

Cam 1: Ysgrifennwch hafaliad ar gyfer y maint, A dyweder, mae angen ei optimeiddio.

Cam 2: Ailysgrifennwch yr hafaliad fel bod A yn nhermau un newidyn arall yn unig, w dyweder.

Cam 3: Differwch i ddarganfod $\dfrac{dA}{dw}$

Cam 4: Datryswch $\dfrac{dA}{dw}=0$ i ddarganfod y gwerth ar gyfer w sy'n rhoi gwerth macsimwm neu finimwm ar gyfer A.

Cam 5: Amnewidiwch y gwerth w hwn i mewn i'r hafaliad yng ngham 2 i roi gwerth cyfatebol A.

2 Mae angen i chi allu differu pwerau cyfanrifol bach o x o egwyddorion sylfaenol.

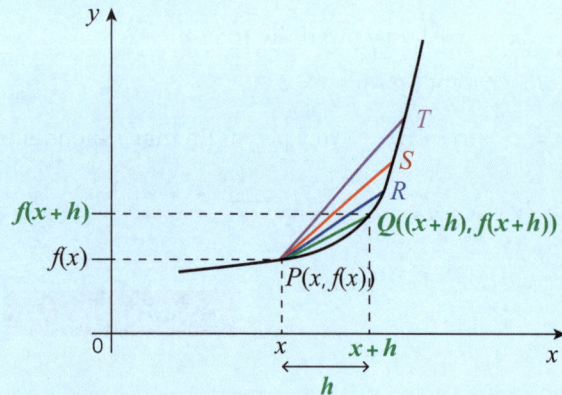

Mae'r diagram hwn yn dangos bod graddiant cyfres o gordiau o P yn cydgyfeirio i raddiant y tangiad yn P.

Gallwch chi weld bod graddiant **cord PS** yn frasamcan gwell ar gyfer y graddiant yn P na **chord PT** a bod graddiant **cord PR** yn well eto.

Yr agosaf yw pwynt i P, yr agosaf yw graddiant y cord i raddiant y tangiad yn P. Felly mae graddiant **cord PQ** lle mae **pwynt Q** bellter bach, h, o P yn agos iawn i raddiant y tangiad yn P.

Graddiant **cord PQ** yw $\dfrac{f(x+h)-f(x)}{h}$.

Graddiant yw 'Codiad dros rediad'.

Wrth i $h \to 0$, yna mae graddiant cord $PQ \to$ raddiant y tangiad yn P.

Dywedwch 'Wrth i h dueddu at 0'.

Felly, gallwch chi ysgrifennu $f'(x)=\lim\limits_{h\to 0}\dfrac{f(x+h)-f(x)}{h}$.

Pan fydd h yn agos iawn i 0, gallwch chi ddweud bod graddiant y ffwythiant yn P yn hafal i raddiant cord PQ.

Enghraifft wedi'i hateb

1 Defnyddio differu i ddatrys problemau bywyd go iawn

Mae blwch cardbord yn giwboid sydd ag uchder ddwywaith ei led. Cyfaint y ciwboid yw 1000 cm³. Darganfyddwch led y ciwboid fel bod yr arwynebedd arwyneb yn finimwm. Darganfyddwch yr arwynebedd arwyneb lleiaf a dangoswch ei fod yn finimwm.

Datrysiad

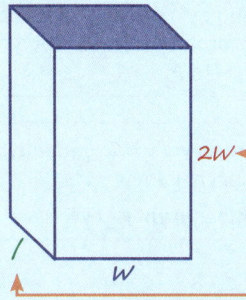

Cyfaint = $w l \times 2w$ = 1000

$\Rightarrow 2w^2 l = 1000$ ①

Arwynebedd arwyneb, $A = 2 \times 2w^2 + 2 \times wl + 2 \times 2wl$

$= 4w^2 + 6wl$ ②

O ①: $l = \dfrac{1000}{2w^2} = \dfrac{500}{w^2}$

O ②: $A = 4w^2 + 6w \times \dfrac{500}{w^2}$

$\Rightarrow A = 4w^2 + \dfrac{3000}{w}$

$\Rightarrow A = 4w^2 + 3000w^{-1}$

Mae differu yn rhoi $\dfrac{dA}{dw} = 8w - 3000w^{-2}$

$= 8w - \dfrac{3000}{w^2}$

Ar bwynt minimwm, $\dfrac{dA}{dw} = 0 \Rightarrow 8w - \dfrac{3000}{w^2} = 0$

$\Rightarrow 8w = \dfrac{3000}{w^2}$

$\Rightarrow 8w^3 = 3000$

$\Rightarrow w^3 = 375$

$\Rightarrow w = 7.21$ cm i 3 ffigur ystyrlon

Pan fydd $w = 7.21...$, yna $A = 4 \times 7.21...^2 + \dfrac{3000}{7.21...} = 624$ cm² i 3 ffigur ystyrlon.

I ddangos bod hwn yn finimwm, fe ddifferwn ni eto:
$\dfrac{d^2 A}{dw^2} = 8 + 6000w^{-3}$

Pan fydd $w = 7.21$, yna $\dfrac{d^2 A}{dw^2} = 8 + \dfrac{6000}{7.21...^3} = 24 > 0$ ac felly mae hwn yn finimwm.

Mae'r uchder ddwywaith y lled.

Nid yw'r cwestiwn yn dweud unrhyw beth wrthoch chi am yr hyd, felly gadewch i ni alw'r ochr hon yn l.

Cam 1: Ysgrifennwch hafaliad ar gyfer yr arwynebedd arwyneb.

Cam 2: Mae angen i chi ailysgrifennu hyn fel ei fod yn nhermau w yn unig cyn i chi ddifferu.

Gwnewch l yn destun ①...

... yna amnewidiwch i ② fel bod gennych chi A yn nhermau w.

Cam 3: Nawr gallwch chi ddifferu.

Cam 4: Amnewidiwch $w = 7.21...$ i $A = 4w^2 + \dfrac{3000}{w}$ i ddarganfod yr arwynebedd arwyneb lleiaf.

Ar bwynt minimwm, $\dfrac{d^2 A}{dw^2} > 0$.

Camgymeriadau cyffredin: Peidiwch â thalgrynnu gwerthoedd nes i chi gyrraedd eich ateb terfynol.

Gwnewch yn siŵr eich bod chi'n ateb y cwestiwn yn llawn!

Enghraifft wedi'i hateb

2 Differu o egwyddorion sylfaenol

Differwch $f(x) = 3x^2$ o egwyddorion sylfaenol.

Datrysiad

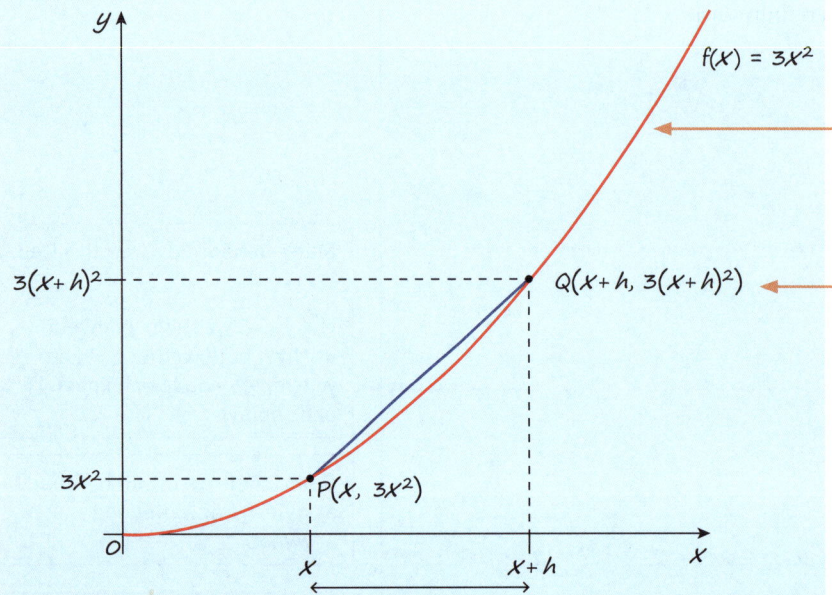

Dechreuwch drwy luniadu braslun sy'n dangos y pwynt P ar y gromlin $y = f(x)$ a'r pwynt Q bellter h o P.

Y gromlin yw $y = 3x^2$ ac felly cyfesuryn-y P yw $3x^2$...

...a chyfesuryn-y Q yw $3(x + h)^2$.

Graddiant cord PQ $= \dfrac{3(x + h)^2 - 3x^2}{h}$

Y graddiant yw'r 'codiad dros rediad'.

$= \dfrac{3(x^2 + 2xh + h^2) - 3x^2}{h}$

Ehangwch y cromfachau.

$= \dfrac{3x^2 + 6xh + 3h^2 - 3x^2}{h}$

Mae'r termau $3x^2$ yn diddymu ei gilydd.

$= \dfrac{6xh + 3h^2}{h}$

Diddymwch h.

$= 6x + 3h$

Pan fydd $h \to 0$, mae graddiant cord PQ $\to$ graddiant y tangiad yn P

Dyma ddeilliad $f(x) = 3x^2$.

Pan fydd $h \to 0$, $6x + 3h \to 6x$

Pan fydd h yn agos iawn i 0, mae, $3h$ hefyd yn agos iawn i 0.

Felly, pan fydd $f(x) = 3x^2$, $f'(x) = 6x$

Profi eich hun

1. Mae gan ddalen sydd ag ochrau sy'n 24 cm ac yn 15 cm bedwar sgwâr hafal sydd ag ochrau x cm wedi'u torri o'r corneli.

   Yna, mae'r ochrau yn cael eu troi tuag i fyny i greu blwch petryal agored.

   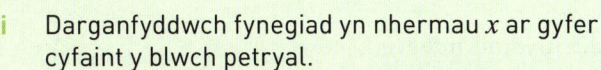

   i   Darganfyddwch fynegiad yn nhermau x ar gyfer cyfaint y blwch petryal.

   ii Darganfyddwch werth x fel bod cyfaint y blwch yn facsimwm.

2. Mae'r diagram yn dangos rhan o'r gromlin $y = x^3$.

   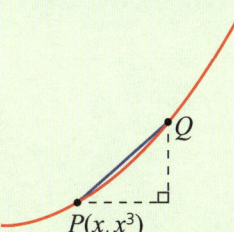

   Mae P a Q yn ddau bwynt ar y gromlin $y = x^3$.

   P yw'r pwynt (x, x^3) a chyfesuryn-x Q yw $(x + h)$.

   i   Darganfyddwch ehangiad $(x + h)^3$.

   ii Darganfyddwch fynegiad ar gyfer graddiant y cord PQ.

   iii Ysgrifennwch derfan graddiant y cord wrth i $h \to 0$.

   Pa ganlyniad rydych chi wedi'i brofi?

Atebion ar dudalen 213

Cwestiwn enghreifftiol

Mae bin sbwriel silindrog yn cael ei wneud o ddalen denau o fetel.
Nid oes caead ar y bin.

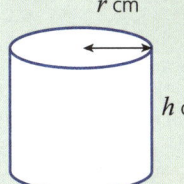

Awgrym: 15 litr = 15 000 cm³.

Mae angen i'r bin ddal 15 litr ac mae ganddo uchder o h cm a radiws o r cm
Darganfyddwch yr arwynebedd arwyneb lleiaf o fetel sydd ei angen i wneud y bin a phrofwch mai'r gwerth hwn yw'r minimwm.

Atebion ar dudalen 213

Pennod 10 Integru

Ynglŷn â'r testun hwn

Integru yw'r broses wrthdro i ddifferu. Gallwch chi ddefnyddio integru i ddarganfod hafaliad cromlin os ydych chi'n gwybod beth yw ei ddeilliad, $\frac{dy}{dx}$, a phwynt y mae'n mynd drwyddo. Gallwch chi hefyd ddefnyddio integru i ddarganfod yr arwynebedd sydd wedi'i amgáu gan ambell gromlin a'r echelin-x.

Cyn dechrau, cofiwch y pethau hyn ...
- differu
- sut i fraslunio graff hafaliad cwadratig neu giwbig
- deddfau indecsau.

Integru fel y broses wrthdro i ddifferu

ADOLYGU

Ffeithiau allweddol

1. Y **rheol** ar gyfer integru pŵer o x yw:

$$\int ax^n \, dx = \frac{ax^{n+1}}{n+1} + c$$

Mae hyn yn wir ar gyfer unrhyw werth n ac eithrio -1.
Mae **theorem sylfaenol calcwlws** yn dweud mai integru yw gwrthdro'r rheol ar gyfer differu.

Mae'r rheol yn aml yn cael ei mynegi mewn geiriau fel hyn: 'Adiwch 1 i'r pŵer a rhannwch â'r pŵer newydd'.

Y **cysonyn integru** yw'r enw ar y '$+c$'.

Differu

Lluosi â'r pŵer → Lleihau'r pŵer gan 1

Integru

Rhannu â'r pŵer 'newydd' → Cynyddu'r pŵer gan 1.

2. Mae gan **integryn pendant** derfannau y byddwch chi'n eu hamnewid i'r ffwythiant wedi'i integru.

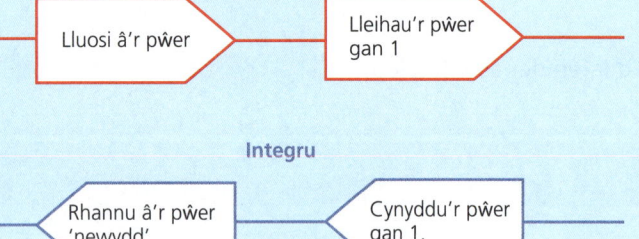

Nid oes gan integryn **amhendant** derfannau, er enghraifft:
$$\int x^3 \, dx.$$

3. Os ydych chi'n gwybod deilliad, $\frac{dy}{dx}$, gallwch chi ddarganfod hafaliad teulu o gromliniau sydd â'r deilliad hwnnw drwy integru.
Os ydych chi'n gwybod un pwynt ar y gromlin, gallwch chi amnewid hyn i ddarganfod y cysonon integru ac felly hafaliad y gromlin sy'n mynd drwy'r pwynt penodol hwnnw.

Defnyddio'r cysonyn integru, c.

Enghraifft wedi'i hateb

1 Integru pwerau o x

Darganfyddwch:

i $\quad \int (3x^2 + 10x - 1)\,dx$ 　　　　ii $\quad \int 3\,dx$

Datrysiad

i $\quad \int (3x^2 + 10x - 1)\,dx = \dfrac{3x^3}{3} + \dfrac{10x^2}{2} - x + c$

$\qquad\qquad\qquad\qquad\quad = x^3 + 5x^2 - x + c$

ii $\quad \int 3\,dx = 3x + c$

> Integrwch bob term ar wahân ac yna eu hadio (fel yn achos differu).

> **Camgymeriad cyffredin:** Peidiwch â drysu wrth integru cysonyn, neu rif. Mae dwy ffordd o feddwl am hyn:
> - Mae $3x$ yn differu i 3, felly mae 3 yn integru i $3x$ (am mai integru yw'r gwrthwyneb i ddifferu)
> - Gall 3 gael ei ysgrifennu fel $3x^0$ a fyddai'n integru i $\dfrac{3x^1}{1}$ neu $3x$.

Enghraifft wedi'i hateb

2 Darganfod integrynnau amhendant

Darganfyddwch:

i $\quad \int \dfrac{8}{x^3}\,dx$ 　　ii $\quad \int 3\sqrt{x}\,dx$ 　　iii $\quad \int \left(x^2 + \dfrac{1}{x^2}\right)dx$ 　　iv $\quad \int \dfrac{\sqrt{x}}{x}\,dx$.

Datrysiad

i $\quad \int \dfrac{8}{x^3}\,dx = \int 8x^{-3}\,dx$

$\qquad\qquad\quad = \dfrac{8x^{-2}}{-2} + c$

$\qquad\qquad\quad = -\dfrac{4}{x^2} + c$

ii $\quad \int 3\sqrt{x}\,dx = \int 3x^{\frac{1}{2}}\,dx$

$\qquad\qquad\quad = \dfrac{3x^{\frac{3}{2}}}{\frac{3}{2}}$

$\qquad\qquad\quad = 2\sqrt{x^3} + c$

iii $\quad \int \left(x^2 + \dfrac{1}{x^2}\right)dx = \int \left(x^2 + x^{-2}\right)dx$

$\qquad\qquad\qquad\qquad = \dfrac{x^3}{3} + \dfrac{x^{-1}}{-1} + c$

$\qquad\qquad\qquad\qquad = \dfrac{x^3}{3} - \dfrac{1}{x} + c$

iv $\quad \int \dfrac{\sqrt{x}}{x}\,dx = \int \dfrac{x^{\frac{1}{2}}}{x^1}\,dx$

$\qquad\qquad\quad = \int x^{-\frac{1}{2}}\,dx$

$\qquad\qquad\quad = \dfrac{x^{\frac{1}{2}}}{\frac{1}{2}} + c$

$\qquad\qquad\quad = 2\sqrt{x} + c$

> Ailysgrifennwch fel pŵer unigol o x. Cofiwch $\dfrac{1}{x^n} = x^{-n}$.

> **Camgymeriad cyffredin:** Byddwch yn ofalus wrth adio 1 at rif negatif!

> Y peth arferol yw ysgrifennu'r ateb yn yr un ffurf â'r cwestiwn.

> Gall israddau x gael eu hysgrifennu fel pwerau ffracsiynol.

> Mae'n well cadw pwerau x fel ffracsiynau pendrwm.

> Cofiwch fod rhannu â ffracsiwn yr un peth â lluosi ag ef ben i waered.

> **Camgymeriad cyffredin:** Peidiwch ag anghofio'r $+ c$!

> **Awgrym:** Ni allwch chi integru hyn fel y mae. Mae angen i chi ei ysgrifennu fel pŵer unigol o x.

> Cofiwch ddeddfau indecsau: $\dfrac{x^a}{x^b} = x^{a-b}$

Enghraifft wedi'i hateb

3 Enrhifo integrynnau pendant

i Darganfyddwch $\int_2^5 \frac{3}{x^2}\,dx$ ii Darganfyddwch $\int_1^8 \sqrt[3]{x}\,dx$.

Datrysiad

i $\int_2^5 \frac{3}{x^2}\,dx = \int_2^5 3x^{-2}\,dx$

$= \left[\frac{3x^{-1}}{-1}\right]_2^5$

$= \left[-\frac{3}{x}\right]_2^5$

$= \left(-\frac{3}{5}\right) - \left(-\frac{3}{2}\right)$

$= \frac{9}{10}$

Awgrym: Efallai y byddai'n haws i chi ailysgrifennu x^{-1} fel $\frac{1}{x}$ i'ch helpu chi wrth ei enrhifo gydag $x = 5$ ac $x = 2$.

ii $\int_1^8 \sqrt[3]{x}\,dx = \int_1^8 x^{\frac{1}{3}}\,dx$

$= \left[\frac{x^{\frac{4}{3}}}{\frac{4}{3}}\right]_1^8$

$= \left[\frac{3}{4}\left(\sqrt[3]{x}\right)^4\right]_1^8$

$= \left(\frac{3}{4}\left(\sqrt[3]{8}\right)^4\right) - \left(\frac{3}{4}\left(\sqrt[3]{1}\right)^4\right)$

$= \left(\frac{3}{4} \times 16\right) - \left(\frac{3}{4} \times 1\right)$

$= 11\frac{1}{4}$

Awgrym: Cofiwch beth mae indecs ffracsiynol yn ei olygu. Mae $x^{\frac{4}{3}}$ yr un peth â $\left(\sqrt[3]{x}\right)^4$. Gallwch chi hefyd ysgrifennu hwn fel $\sqrt[3]{x^4}$ ond mae'n aml yn haws cyfrifo'r rhifau yn y ffurf sy'n cael ei defnyddio yma.

Enghraifft wedi'i hateb

4 Darganfod hafaliad cromlin o wybod ffwythiant ei graddiant, $\frac{dy}{dx}$

Mae graddiant cromlin yn cael ei roi gan $\frac{dy}{dx} = \frac{5}{x^4}$. Mae'r gromlin yn mynd drwy (2, 1). Darganfyddwch hafaliad y gromlin.

Datrysiad

Gall $\frac{dy}{dx} = \frac{5}{x^4}$ gael ei ailysgrifennu fel $\frac{dy}{dx} = 5x^{-4}$

$y = \int 5x^{-4}\,dx$

$= \frac{5x^{-3}}{-3} + c$

$= -\frac{5}{3x^3} + c$

Amnewidiwch $x = 1$ ac $y = 2$ i'r hafaliad:

$2 = -\frac{5}{3 \times 1^3} + c$, felly $c = 2 + \frac{5}{3} = \frac{11}{3}$

Felly hafaliad y gromlin yw $y = \frac{11}{3} - \frac{5}{3x^3}$

Os ydych chi'n gwybod $\frac{dy}{dx}$ yna bydd integru yn rhoi y i chi.

Defnyddiwch gyfesurynnau'r pwynt a roddwyd i chi i ddarganfod gwerth c.

Profi eich hun

1 Darganfyddwch $\int (3x^2+1)dx$.

2 Darganfyddwch $\int_1^4 \sqrt{x}\,dx$.

3 Enrhifwch yr integryn pendant $\int_1^3 (x^4+4x^3-3x^2)dx$.

4 Darganfyddwch $\int_2^4 \left(x^3+\frac{1}{x^3}\right)dx$.

5 Mae gan gromlin raddiant sy'n cael ei roi gan $\frac{dy}{dx}=3x^2-2$. Mae'r gromlin yn mynd drwy'r pwynt (2, −1). Darganfyddwch hafaliad y gromlin.

6 Mae graddiant cromlin yn cael ei roi gan $\frac{dy}{dx}=\frac{3}{x^4}$. Mae'r gromlin yn mynd drwy'r pwynt (1, 2). Darganfyddwch hafaliad y gromlin.

Atebion ar dudalen 213

Cwestiwn enghreifftiol

i Darganfyddwch $\int \left(3\sqrt{x}+\frac{1}{x^2}\right)dx$.

ii Mae gan gromlin raddiant sy'n cael roi gan $\frac{dy}{dx}=\frac{2}{x^2}$. Mae'r gromlin yn mynd drwy'r pwynt (3, 1).

Darganfyddwch hafaliad y gromlin.

Atebion ar dudalen 213

Darganfod arwynebeddau

Ffeithiau allweddol

1
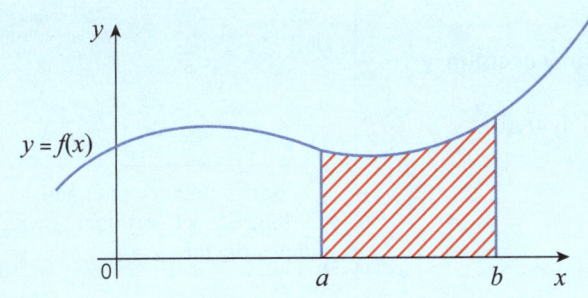

Mae'r arwynebedd wedi'i dywyllu rhwng y gromlin $y=f(x)$ a'r echelin-x, a rhwng y gwerthoedd $x=a$ ac $x=b$ yn cael ei roi gan

$$A = \int_a^b f(x)dx = \left[F(x)\right]_a^b = F(b)-F(a)$$

Mae $F(x)$ yn cael ei ddarganfod drwy integru $f(x)$.

2 Mae integru yn rhoi arwynebeddau o dan yr echelin-x yn negatif.

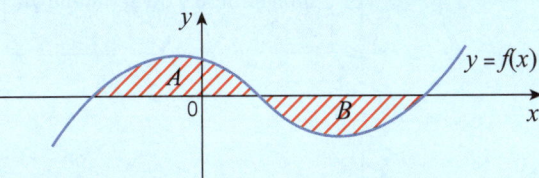

Awgrym: Byddwch yn ofalus wrth ddarganfod arwynebedd o dan yr echelin.

Pan fyddwch chi'n cyfrifo arwynebedd Rhanbarth B, bydd gan yr ateb arwydd negatif. Dylai arwynebedd gael ei roi yn bositif bob amser.

Os yw $y = f(x)$ yn croesi'r echelin-x yn y rhanbarth sydd ei angen, yna cyfrifwch yr arwynebedd mewn dwy ran, A a B, ac yna eu hadio at ei gilydd.
Cyfanswm yr arwynebedd yw $A + B$.

> Cymerwch werth positif arwynebedd B.

3 Arwynebedd rhwng cromlin a llinell.

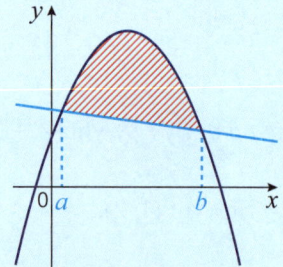

- Mae angen cyfesurynnau $-x$ y pwyntiau lle mae'r llinell a'r gromlin yn croestorri arnoch.
- Arwynebedd = arwynebedd o dan y gromlin − arwynebedd o dan y llinell = $\int_a^b$ (hafaliad y gromlin − hafaliad y llinell)dx

Enghraifft wedi'i hateb

1 Darganfod yr arwynebedd o dan gromlin

Mae graff $y = x^2 + \dfrac{1}{x^3}$ yn cael ei ddangos.

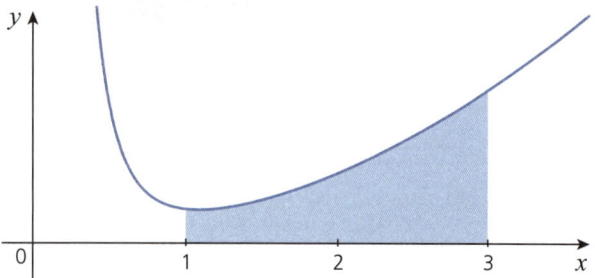

Mae'r rhanbarth sydd wedi'i dywyllu wedi'i amgáu gan y gromlin, yr echelin-x a'r llinellau $x = 1$ ac $x = 3$.
Darganfyddwch arwynebedd y rhanbarth sydd wedi'i dywyllu.

Datrysiad

$$\int_1^3 \left(x^2 + \frac{1}{x^3}\right)dx = \int_1^3 \left(x^2 + x^{-3}\right)dx$$

> I ddarganfod arwynebedd, integrwch y ffwythiant rhwng y ddwy derfan.

$$= \left[\frac{x^3}{3} + \frac{x^{-2}}{-2}\right]_1^3$$

> **Camgymeriad cyffredin:** Byddwch yn ofalus wrth adio 1 at rif negatif!

$$= \left[\frac{x^3}{3} - \frac{1}{2x^2}\right]_1^3$$

> Dylai ailysgrifennu eich helpu i ddarganfod y gwerthoedd yn $x = 3$ ac 1.

$$= \left(\frac{3^3}{3} - \frac{1}{2 \times 3^2}\right) - \left(\frac{1^3}{3} - \frac{1}{2 \times 1^2}\right)$$

$$= 8\frac{17}{18} - \left(-\frac{1}{6}\right)$$

$$= 9\frac{1}{9}$$

Enghraifft wedi'i hateb

2 Darganfod yr arwynebedd rhwng cromlin a'r echelin-x

Ar gyfer rhanbarth sydd uwchben yr echelin-x.

i Lluniadwch graff $y = (x+1)(2-x)$.

ii Darganfyddwch yr arwynebedd sydd wedi'i amgáu gan y gromlin $y = (x+1)(2-x)$ 'r echelin-x.

Datrysiad

i Mae'r gromlin hon yn croesi'r echelin-x yn $x = -1$ ac yn $x = 2$ a'r echelin-y yn 2

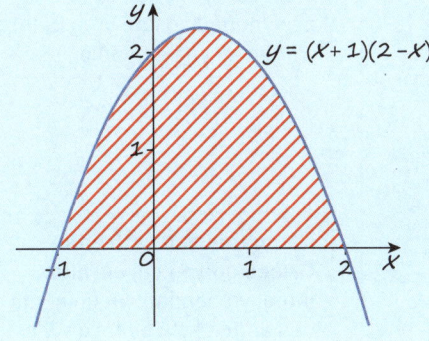

ii Arwynebedd $= \int_{-1}^{2} (x+1)(2-x)\,dx = \int_{-1}^{2} (-x^2 + x + 2)\,dx$

Ni allwch chi integru hyn fel y mae. Mae'n rhaid i chi luosi'r cromfachau yn gyntaf.

$= \left[\dfrac{-x^3}{3} + \dfrac{x^2}{2} + 2x\right]_{-1}^{2} = \left(\dfrac{-8}{3} + 2 + 4\right) - \left(\dfrac{1}{3} + \dfrac{1}{2} - 2\right)$

Awgrym: Dylech chi bob amser fraslunio'r gromlin yn gyntaf i wirio a yw'n croesi'r echelin.

$= \dfrac{10}{3} - \left(-\dfrac{7}{6}\right) = \dfrac{9}{2}$ neu $4\dfrac{1}{2}$ uned sgwâr

Enghraifft wedi'i hateb

3 Darganfod arwynebeddau o dan yr echelin-x

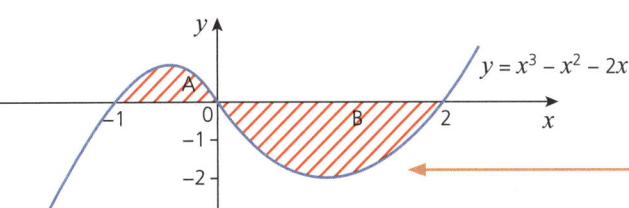

Mae'r graff yn dangos y gromlin $y = x^3 - x^2 - 2x$.

i Darganfyddwch arwynebedd y rhanbarth sydd wedi'i dywyllu.

ii Enrhifwch $\int_{-1}^{2} (x^3 - x^2 - 2x)\,dx$.

iii Esboniwch pam nad yw eich atebion i rannau i a ii yr un peth.

Cofiwch, os yw arwynebedd o dan yr echelin-x, bydd ganddo arwydd negatif. Gallai cromlin groesi'r echelin-x yn yr arwynebedd sydd ei angen. Os felly, enrhifwch yr arwynebedd uwchben yr echelin a'r arwynebedd o dan yr echelin ar wahân ac yna eu hadio.

Datrysiad

i $A = \int_{-1}^{0}(x^3 - x^2 - 2x)dx = \left[\dfrac{x^4}{4} - \dfrac{x^3}{3} - \dfrac{2x^2}{2}\right]_{-1}^{0}$

$= (0) - \left(\dfrac{1}{4} + \dfrac{1}{3} - 1\right) = \dfrac{5}{12}$

a $B = \int_{0}^{2}(x^3 - x^2 - 2x)dx = \left[\dfrac{x^4}{4} - \dfrac{x^3}{3} - \dfrac{2x^2}{2}\right]_{0}^{2}$

$= \left(\dfrac{16}{4} - \dfrac{8}{3} - 4\right) - (0) = -\dfrac{8}{3}$

> Mae'r arwynebedd hwn yn negatif am ei fod o dan yr echelin-x.
> Enrhifwch yr arwynebedd uwchben yr echelin a'r arwynebedd o dan yr echelin ar wahân ac yna eu hadio.

Cyfanswm yr arwynebedd wedi'i dywyllu = $A + B$ = $\dfrac{5}{12} + \dfrac{8}{3} = \dfrac{37}{12}$ neu $3\dfrac{1}{12}$ uned sgwâr.

ii $\int_{-1}^{2}(x^3 - x^2 - 2x)dx = \left[\dfrac{x^4}{4} - \dfrac{x^3}{3} - \dfrac{2x^2}{2}\right]_{-1}^{2}$

$= \left(\dfrac{16}{4} - \dfrac{8}{3} - 4\right) - \left(\dfrac{1}{4} + \dfrac{1}{3} - 1\right)$

$= \dfrac{-8}{3} + \dfrac{5}{12} = \dfrac{-27}{12}$ neu $-2\dfrac{1}{4}$

> **Camgymeriad cyffredin:** Os oes gofyn i chi enrhifo integryn pendant yn unig, nid oes angen i chi boeni a yw'r gromlin uwchben neu o dan yr echelin-x.

iii Mae'r atebion i **i** a **ii** yn wahanol oherwydd yn **i** mae'r ffracsiynau'n cael eu hadio heb ystyried yr arwydd, ond yn **ii** mae'r arwydd minws yn golygu bod y ffracsiynau wedi'u tynnu.

> Yr ateb i **ii** yw'r arwynebedd net uwchben yr echelin-x.

Enghraifft wedi'i hateb

4 Darganfod yr arwynebedd rhwng cromlin a llinell

Mae'r diagram yn dangos y gromlin $y = 2x^2 + 6x$ a'r llinell $y = x + 3$.

Darganfyddwch union arwynebedd y rhanbarth sydd wedi'i dywyllu.

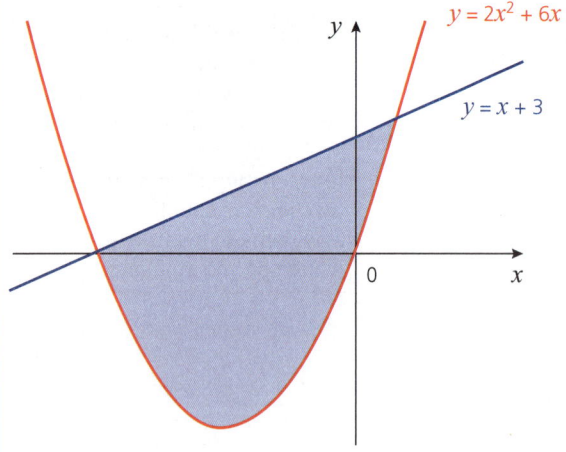

Datrysiad

Y terfannau yw cyfesurynnau-x y pwyntiau lle mae'r gromlin a'r llinell yn croestorri.

$\Rightarrow \quad 2x^2 + 6x = x + 3$
$\Rightarrow \quad 2x^2 + 5x - 3 = 0$
$\Rightarrow (2x - 1)(x + 3) = 0$
$\Rightarrow \quad x = \frac{1}{2}$ neu $x = -3$

> Datryswch $y = 2x^2 + 6x$ ac $y = x + 3$.

> Felly, y terfannau yw -3 a $\frac{1}{2}$.

Arwynebedd $= \int_{-3}^{\frac{1}{2}} ((x + 3) - (2x^2 + 6x)) \, dx$

$= \int_{-3}^{\frac{1}{2}} (-2x^2 - 5x + 3) \, dx$

> Arwynebedd $= \int (\text{llinell uchaf} - \text{cromlin isaf}) dx$

> Symleiddiwch cyn i chi integru.

$= \left[-\frac{2}{3}x^3 - \frac{5}{2}x^2 + 3x \right]_{-3}^{\frac{1}{2}}$

$= \left(-\frac{2}{3} \times \left(\frac{1}{2}\right)^3 - \frac{5}{2} \times \left(\frac{1}{2}\right)^2 + 3 \times \left(\frac{1}{2}\right) \right)$
$\quad - \left(-\frac{2}{3} \times (-3)^3 - \frac{5}{2} \times (-3)^2 + 3 \times (-3) \right)$

$= \left(\frac{19}{24} \right) - \left(-\frac{27}{2} \right)$

$= \frac{343}{24}$

> Gadewch eich ateb fel ffracsiwn gan fod y cwestiwn yn gofyn am yr **union** arwynebedd.

Profi eich hun

PROFI

1 Dyma graff $y = 4 - x^2$

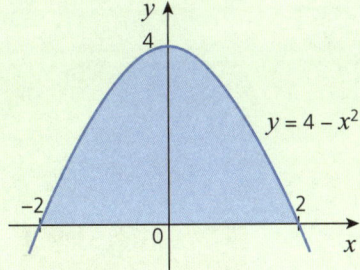

Darganfyddwch yr arwynebedd rhwng y gromlin $y = 4 - x^2$ a'r echelin-x.

2 Darganfyddwch yr arwynebedd sydd wedi'i amgáu rhwng y gromlin $y = 6 + 2x - 3x^2$, yr echelin-x, a'r llinellau $x = 1$ ac $x = -1$

3 Dyma graff $y = x^3 - x$:

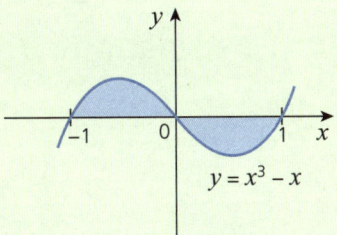

Darganfyddwch yr arwynebedd wedi'i dywyllu rhwng y gromlin $y = x^3 - x$ a'r echelin-x.

CBAC UG Mathemateg

4 Darganfyddwch yr arwynebedd sydd wedi'i amgáu rhwng y gromlin $y = \dfrac{3}{x^2} + 2\sqrt{x}$, yr echelin-$x$ a'r llinellau $x = 1$ ac $x = 9$.

5 Mae'r diagram yn dangos graff y gromlin $y = 2x^2 + 5x + 1$ a'r llinell $y = 5 - 2x$.

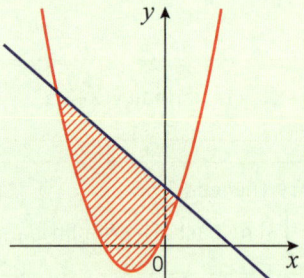

i Darganfyddwch gyfesurynnau'r pwyntiau lle mae'r llinell a'r gromlin yn croestorri.

ii Darganfyddwch arwynebedd y rhanbarth wedi'i dywyllu sydd wedi'i amgáu gan y llinell a'r gromlin.

Atebion ar dudalen 213

GWIRIO ATEBION

Cwestiwn enghreifftiol

Mae'r diagram yn dangos yr wyneb concrit gwyn sydd i dwnnel.

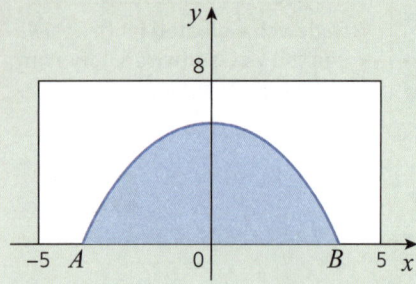

Mae'r echelin-x yn cynrychioli'r llawr.

Mae gan do'r twnnel yr hafaliad $y = 6 - \dfrac{3x^2}{8}$, lle mae 1 uned yn 1 metr.

i Darganfyddwch gyfesurynnau A a B.
ii Darganfyddwch yr arwynebedd rhwng y gromlin a'r echelin-x.
iii Cyfrifwch y gost o ailbeintio'r wyneb ar gost o £5 y metr sgwâr.

Atebion ar dudalen 213

GWIRIO ATEBION

Pennod 11 Fectorau

Ynglŷn â'r testun hwn

Mae fectorau'n bwysig mewn llawer o feysydd mathemateg ac fe fyddwch chi hefyd yn eu defnyddio ym maes mecaneg.

Cyn dechrau, cofiwch ...
- theorem Pythagoras
- geometreg gyfesurynnol.

Fectorau

ADOLYGU

Ffeithiau allweddol

1. **Maint** yn unig sydd gan fesur **sgalar**.
2. Mae **maint** a **chyfeiriad** gan fesur **fector**.
3. Mae **fector uned** yn fector sydd â maint 1.
4. Mae fectorau'n cael eu hargraffu mewn print trwm, e.e. **a**. Wrth ddefnyddio llawysgrifen, bydd fectorau'n cael eu tanlinellu, e.e. a. Mae'r fector o bwynt A i bwynt B yn cael ei ysgrifennu fel $\overrightarrow{AB}$.
5. Gallwch chi ddisgrifio fectorau gan ddefnyddio **cydrannau**. Gall fectorau hefyd gael eu disgrifio gan ddefnyddio'r fectorau uned **i** a **j** yng nghyfeiriad x ac y yn ôl eu trefn. Gall fectorau hefyd gael eu hysgrifennu fel fectorau colofn.

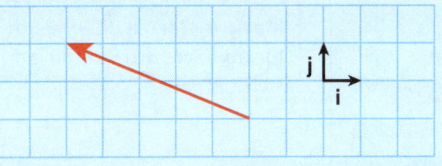

6. Mae dau fector yn **hafal** os oes ganddyn nhw'r un maint **a'r** un cyfeiriad
7. Mae dau fector yn **baralel** pan fyddan nhw'n lluosymiau sgalar o'i gilydd.
   Mae gan fectorau paralel yr un cyfeiriad.
   Er enghraifft:

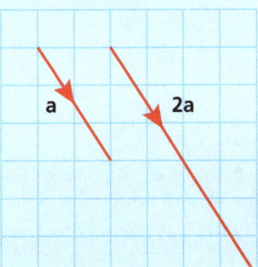

$\mathbf{a} = \begin{pmatrix} 2 \\ -3 \end{pmatrix}$ a $2\mathbf{a} = 2\begin{pmatrix} 2 \\ -3 \end{pmatrix} = \begin{pmatrix} 4 \\ -6 \end{pmatrix}$.

Mae 2**a** ddwywaith mor hir ag **a**.

> Mae màs (kg) a buanedd (m s⁻¹) yn fesurau sgalar.

> Mae pwysau (N) a chyflymder (m s⁻¹) yn fesurau fector.

> Gall y fector sydd i'w weld mewn coch gael ei ysgrifennu fel −5**i** + 2**j**, neu fel y fector colofn $\begin{pmatrix} -5 \\ 2 \end{pmatrix}$.

8 Fector safle pwynt P yw'r fector o'r tarddbwynt, O, i P.
   Mae hyn yn cael ei ysgrifennu fel $\overrightarrow{OP}$ neu **p**.
   Mae gan y pwynt $P(a, b)$ y fector safle $\overrightarrow{OP} = a\mathbf{i} + b\mathbf{j}$, neu fel **fector colofn**, $\begin{pmatrix} a \\ b \end{pmatrix}$.

   > Nid yw'r tarddbwynt bob amser yn cael ei ddangos mewn diagramau.

9 Mae hyd fector yn cael ei alw'n **faint** a gallwch chi ddod o hyd iddo drwy ddefnyddio theorem Pythagoras.

   Mae gan y fector $a\mathbf{i} + b\mathbf{j}$ faint $\sqrt{a^2 + b^2}$.
   Mae maint y fector $\overrightarrow{OP}$ yn cael ei ysgrifennu fel $|\overrightarrow{OP}|$
   Cyfeiriad $\overrightarrow{OP} = a\mathbf{i} + b\mathbf{j}$ yw $\tan^{-1} \frac{b}{a}$

   > Maint y fector $-5\mathbf{i} + 2\mathbf{j}$ yw $\sqrt{(-5)^2 + 2^2} = \sqrt{25 + 4} = \sqrt{29}$.

10 I ddarganfod **cydeffaith** dau neu ragor o fectorau, rydych chi'n adio'r fectorau. Mae hyn yn arbennig o ddefnyddiol ym maes mecaneg ar gyfer darganfod cydeffaith dau neu ragor o rymoedd.

   > Cydeffaith y fectorau **a**, **b** ac **c** yw **a** + **b** + **c**

11 Y pwynt sy'n rhannu AB yn y gymhareb $\lambda : \mu$ yw $\dfrac{\mu\mathbf{a} + \lambda\mathbf{b}}{\lambda + \mu}$

Enghraifft wedi'i hateb

1 Cyfrifo â fectorau

Mae dau fector yn cael eu rhoi gan $\mathbf{a} = \begin{pmatrix} 3 \\ 1 \end{pmatrix}$ a $\mathbf{b} = \begin{pmatrix} -1 \\ 2 \end{pmatrix}$.

Darganfyddwch y fectorau: **i** $2\mathbf{a}$ **ii** $\mathbf{a} + \mathbf{b}$ **iii** $\mathbf{a} - \mathbf{b}$.

> **Awgrymiadau:** Pan fydd fector yn cael ei luosi â sgalar (rhif), bydd pob cydran yn cael ei lluosi â'r sgalar.
> Gall dau fector sydd mewn ffurf cydrannau gael eu hadio neu eu tynnu drwy ymdrin â phob cydran ar wahân.

Datrysiad

i $2\underline{a} = 2\begin{pmatrix} 3 \\ 1 \end{pmatrix} = \begin{pmatrix} 6 \\ 2 \end{pmatrix}$

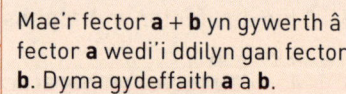

> Mae'r fector $2\mathbf{a}$ ddwywaith mor hir ag **a**, yn yr un cyfeiriad.

ii $\underline{a} + \underline{b} = \begin{pmatrix} 3 \\ 1 \end{pmatrix} + \begin{pmatrix} -1 \\ 2 \end{pmatrix}$

$= \begin{pmatrix} 3 + (-1) \\ 1 + 2 \end{pmatrix} = \begin{pmatrix} 2 \\ 3 \end{pmatrix}$

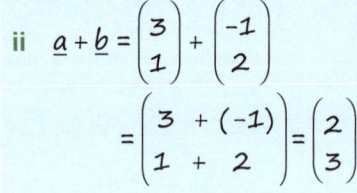

> Mae'r fector **a** + **b** yn gywerth â fector **a** wedi'i ddilyn gan fector **b**. Dyma gydeffaith **a** a **b**.

iii $\underline{a} - \underline{b} = \begin{pmatrix} 3 \\ 1 \end{pmatrix} - \begin{pmatrix} -1 \\ 2 \end{pmatrix}$

$= \begin{pmatrix} 3 - (-1) \\ 1 - 2 \end{pmatrix} = \begin{pmatrix} 4 \\ -1 \end{pmatrix}$

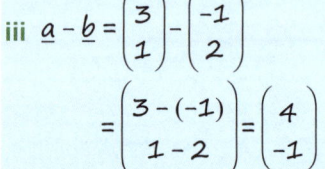
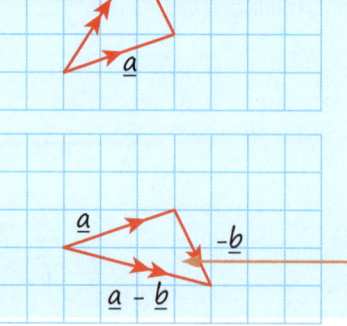

> Mae'r fector **a** − **b** yn gywerth â'r fector **a** wedi'i ddilyn gan fector −**b**, sydd i'r cyfeiriad dirgroes i **b**.

Enghraifft wedi'i hateb

2 Darganfod maint fector

Mae gan y pwyntiau A a B y cyfesurynnau $(5, -1)$ a $(2, 3)$.

i Darganfyddwch y fector $\overrightarrow{AB}$.

ii Darganfyddwch faint y fector $\overrightarrow{AB}$.

iii Mae'r pwynt P yn rhannu'r fector AB yn y gymhareb $2:3$. Darganfyddwch fector safle P.

Camgymeriad cyffredin:
Cymerwch ofal yn achos cymarebau.
Os yw P yn rhannu'r llinell AB yn y gymhareb $2:3$, yna mae P $\frac{2}{5}$ o'r ffordd ar hyd y llinell AB.

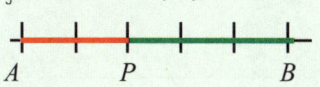

Datrysiad

i $\overrightarrow{AB} = \overrightarrow{AO} + \overrightarrow{OB} = -\overrightarrow{OA} + \overrightarrow{OB}$

$= -\begin{pmatrix} 5 \\ -1 \end{pmatrix} + \begin{pmatrix} 2 \\ 3 \end{pmatrix} = \begin{pmatrix} -5+2 \\ -(-1)+3 \end{pmatrix} = \begin{pmatrix} -3 \\ 4 \end{pmatrix}$

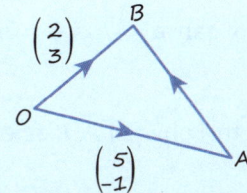

Awgrym: Gallai cofio bod $\overrightarrow{AB} = \mathbf{b} - \mathbf{a}$ fod o gymorth.

ii $|\overrightarrow{AB}| = \sqrt{(-3)^2 + 4^2} = \sqrt{9 + 16} = \sqrt{25} = 5$ ← Hyd AB yw 5 uned.

iii $\overrightarrow{OP}$ yw $\dfrac{3\mathbf{a} + 2\mathbf{b}}{2+3} = \dfrac{3}{5}\mathbf{a} + \dfrac{2}{5}\mathbf{b}$

Y pwynt sy'n rhannu AB yn y gymhareb $\lambda : \mu$ yw $\dfrac{\mu\mathbf{a} + \lambda\mathbf{b}}{\lambda + \mu}$

$= \dfrac{3}{5}\begin{pmatrix} 5 \\ -1 \end{pmatrix} + \dfrac{2}{5}\begin{pmatrix} 2 \\ 3 \end{pmatrix}$

$= \begin{pmatrix} 3 \\ -0.6 \end{pmatrix} + \begin{pmatrix} 0.8 \\ 1.2 \end{pmatrix}$

$= \begin{pmatrix} 3.8 \\ 0.6 \end{pmatrix}$

Dull gwahanol:

$\overrightarrow{OP} = \overrightarrow{OA} + \dfrac{2}{5}\overrightarrow{AB}$

$= \begin{pmatrix} 5 \\ -1 \end{pmatrix} + \dfrac{2}{5}\begin{pmatrix} -3 \\ 4 \end{pmatrix}$

$= \begin{pmatrix} 3.8 \\ 0.6 \end{pmatrix}$

Enghraifft wedi'i hateb

3 Geometreg gan ddefnyddio fectorau

Mae'r diagram yn dangos paralelogram $ABCD$.

$\overrightarrow{AB} = \mathbf{p}$ ac $\overrightarrow{AD} = \mathbf{q}$.

i Darganfyddwch, yn nhermau $\mathbf{p}$ a $\mathbf{q}$, y fectorau $\overrightarrow{AC}$ a $\overrightarrow{BD}$.

ii Y pwynt M yw canolbwynt BD. Darganfyddwch y fector $\overrightarrow{AM}$.

iii Mae'r pwynt N yn rhannu'r llinell AC yn y gymhareb $1:2$. Darganfyddwch y fector $\overrightarrow{DN}$.

Gan fod $ABCD$ yn baralelogram $\overrightarrow{BC} = \overrightarrow{AD} = \mathbf{q}$.

Datrysiad

i $\overrightarrow{AC} = \overrightarrow{AB} + \overrightarrow{BC} = \mathbf{p} + \mathbf{q}$

$\overrightarrow{BD} = \overrightarrow{BA} + \overrightarrow{AD} = -\mathbf{p} + \mathbf{q} = \mathbf{q} - \mathbf{p}$

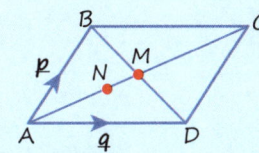

ii $\overrightarrow{BM} = \dfrac{1}{2}\overrightarrow{BD} = \dfrac{1}{2}(\mathbf{q} - \mathbf{p})$

$\overrightarrow{AM} = \overrightarrow{AB} + \overrightarrow{BM} = \mathbf{p} + \dfrac{1}{2}(\mathbf{q} - \mathbf{p}) = \mathbf{p} + \dfrac{1}{2}\mathbf{q} - \dfrac{1}{2}\mathbf{p} = \dfrac{1}{2}(\mathbf{p} + \mathbf{q})$

iii Mae'r gymhareb 1 : 2 yn golygu bod N $\frac{1}{3}$ o'r ffordd ar hyd AC.

$\overrightarrow{AN} = \frac{1}{3}\overrightarrow{AC} = \frac{1}{3}(p+q)$

$\overrightarrow{DN} = \overrightarrow{DA} + \overrightarrow{AN} = -q + \frac{1}{3}(p+q) = -q + \frac{1}{3}p + \frac{1}{3}q = \frac{1}{3}p - \frac{2}{3}q$

Profi eich hun

1. Mae'r fectorau **a** a **b** yn cael eu rhoi gan **a** = −**j** a **b** = 3**i** − 2**j**.

   Darganfyddwch y fector 2**a** − 3**b**.

Mae **cwestiynau 2 i 5** yn ymwneud â thri phwynt A, B ac C sydd â'r fectorau safle $\begin{pmatrix}1\\0\end{pmatrix}$, $\begin{pmatrix}3\\1\end{pmatrix}$ a $\begin{pmatrix}-2\\6\end{pmatrix}$ yn ôl eu trefn.

2. Darganfyddwch y fector $\overrightarrow{BA}$.
3. Darganfyddwch yr union bellter rhwng y pwyntiau A ac C.
4. Dangoswch fod y fector $\overrightarrow{BC}$ yn baralel i'r fector $\begin{pmatrix}-1\\1\end{pmatrix}$.
5. Darganfyddwch fector safle'r pwynt D fel bod $ABCD$ yn baralelogram.
6. Darganfyddwch fector safle M canolbwynt BC.

Atebion ar dudalen 214

Cwestiwn enghreifftiol

Mae gan y pwyntiau A, B ac C y fectorau safle 2**i** + 3**j**, 4**i** − 5**j** a −**i** + 4**j** yn ôl eu trefn.
  i Darganfyddwch y fector $\overrightarrow{AB}$.
  ii Darganfyddwch yr union bellter rhwng y pwyntiau A a B.
  iii Darganfyddwch fector safle M
     a pan fydd $\overrightarrow{AB} = \overrightarrow{CM}$
     b pan fydd M yn ganolbwynt $\overrightarrow{AB}$
     c pan fydd M yn rhannu $\overrightarrow{AB}$ yn y gymhareb 1 : 3.

Atebion ar dudalen 214

Pennod 12 Ffwythiannau esbonyddol a logarithmau

Ynglŷn â'r testun hwn

Mae'r testun hwn yn edrych ar ffwythiannau esbonyddol a'u gwrthdroeon – logarithmau. Mae'r logarithmau mwyaf cyffredin i fôn 10 ($\log_{10}$) ac i fôn e (lle e yw'r rhif anghymarebol 2.718...). Mae i ffwythiannau esbonyddol lawer o gymwysiadau bywyd go iawn, er enghraifft wrth fodelu twf poblogaeth neu ddadfeiliad ymbelydrol.

Cyn dechrau, cofiwch ...
- deddfau indecsau.

Ffwythiannau esbonyddol a logarithmau ADOLYGU

Ffeithiau allweddol

1. Mae **ffwythiant esbonyddol** yn ffwythiant sydd â'r newidyn yn bŵer, er enghraifft $f(x) = 2^x$.
   Enw arall am bŵer yw **esbonydd**.

   > Mae ffwythiannau esbonyddol yn y ffurf $f(x) = a^x$ lle mae a yn gysonyn ac $a \neq 1$. Maen nhw'n dilyn holl reolau arferol indecsau – gweler tudalen 5.

2. $f(x) = e^x$ yw'r ffwythiant esbonyddol lle e yw'r rhif 2.718281...

3. Mae ffwythiannau esbonyddol yn modelu sefyllfaoedd bywyd go iawn ac mae pob graff yn dilyn patrwm tebyg i un o'r cromliniau isod.

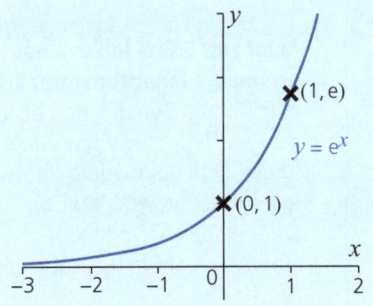
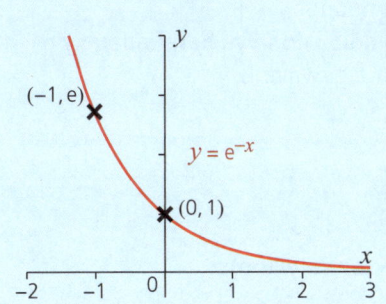

> **Awgrym:** Noder, mae **pob** cromlin yn y ffurf $y = a^{kx}$:
> - yn mynd drwy $(0, 1)$
> - yn gorwedd uwchben yr echelin-x (felly mae y yn bositif ar gyfer holl werthoedd x)
> - â graddiant sydd mewn cyfrannedd â'r cyfesuryn-y, felly $\frac{dy}{dx} \propto y$.

| Yn gyffredinol, mae gan y graff $y = a^x$, lle mae a yn gysonyn ac $a > 1$, raddiant sy'n cynyddu. Mae hyn yn cael ei ddisgrifio fel **twf esbonyddol**. | Yn gyffredinol, mae gan y graff $y = a^{-x}$, $a > 1$, raddiant sy'n gostwng. Mae hyn yn cael ei ddisgrifio fel **dadfeiliad esbonyddol**. |

Ar gyfer y gromlin las, $y = e^x$, mae'r graddiant ar unrhyw bwynt yn hafal i'r cyfesuryn-y, felly $\frac{dy}{dx} = e^x$.

$$y = e^{kx} \Rightarrow \frac{dy}{dx} = ke^{kx}$$

4. Mae logarithm yn enw arall am **indecs** neu **bŵer**.
   Logarithm yw'r gwrthdro i'r ffwythiant esbonyddol.
   Felly $y = \log_2 x$ yw'r ffwythiant gwrthdro i $y = 2^x$.
   Mae hyn yn wir ar gyfer unrhyw fôn a, nid 2 yn unig.
   $y = \log_a x \Leftrightarrow a^y = x$.
   Felly $\log_a(a^x) = x$ ac $a^{\log_a x} = x$.

   > Mae graff $y = \log_a x$ yn adlewyrchiad o $y = a^x$ yn y llinell $y = x$.

5. Mae **logarithm naturiol** x yn cael ei ysgrifennu fel $\ln x$ neu $\log_e x$.
   Mae e^x a $\ln x$ yn ffwythiannau gwrthdro.
   Mae graff $y = \ln x$ yn adlewyrchiad o $y = e^x$ yn y llinell $y = x$.

$y = \ln x \Leftrightarrow x = e^y$

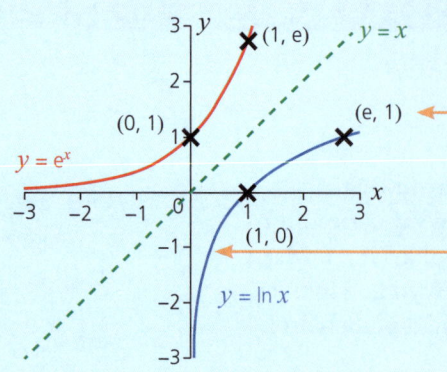

Mae'r echelin-x yn asymptot ar gyfer $y = e^x$. Mae'r echelin-y yn asymptot ar gyfer $y = \ln x$.

Sylwch fod $\ln x$ yn negatif ar gyfer gwerthoedd x rhwng 0 ac 1.

6. Rheolau ar gyfer logarithmau i unrhyw fôn (gan gynnwys logarithmau naturiol):
   - lluosi: $\log xy = \log x + \log y$
   - rhannu: $\log \frac{x}{y} = \log x - \log y$
   - pwerau: $\log x^n = n \log x$
   - israddau: $\log \sqrt[n]{x} = \frac{1}{n} \log x$
   - logarithm 1: $\log 1 = 0$
   - cilyddion: $\log \frac{1}{x} = -\log x$
   - logarithm i'w fôn ei hun: $\log_a a = 1$.

   Felly $\ln e = 1$.

   - Os yw mynegiad logarithmig yn wir ar gyfer unrhyw fôn, yna bydd y bôn yn aml yn cael ei hepgor.

7. Gall logarithmau gael eu defnyddio i ddatrys hafaliadau sy'n cynnwys pwerau i unrhyw lefel o gywirdeb.

$$5^x = 50$$
$$\Rightarrow \log 5^x = \log 50$$
$$\Rightarrow x \log 5 = \log 50$$
$$\Rightarrow x = \frac{\log 50}{\log 5} = 2.43 \text{ (i 3 ffigur ystyrlon)}$$

Awgrym: Gallai fod dau neu dri botwm logarithm ar eich cyfrifiannell, yn dibynnu ar ba mor soffistigedig ydyw. Mae angen i chi ddefnyddio'r botwm log sylfaenol sydd, efallai, wedi'i labelu â 'log' neu '$\log_{10}$' a'r botwm log naturiol 'ln'.

Enghraifft wedi'i hateb

1 Enrhifo logarithmau

Darganfyddwch werthoedd y canlynol.

i $\log_5 125$ ii $\log_2 \left(\frac{1}{16}\right)$ iii $\log_9 3$

Datrysiad

i $\log_5 125 = \log_5 5^3 = 3 \log_5 5 = 3$

Ysgrifennwch 125 fel pŵer o 5 ac yna defnyddiwch $\log x^n = n \log x$.

ii $\log_2 \frac{1}{16} = -\log_2 16 = -\log_2 2^4 = -4 \log_2 2 = -4$

Gan ddefnyddio $\log \frac{1}{x} = -\log x$.

iii $\log_9 3 = \log_9 \sqrt{9} = \log_9 9^{\frac{1}{2}} = \frac{1}{2} \log_9 9 = \frac{1}{2}$

Gan ddefnyddio $\log_a a = 1$.

Enghraifft wedi'i hateb

2 Aildrefnu hafaliadau sy'n cynnwys ln ac e^x

Gwnewch t yn destun.

i $3y - 2 = e^{6t}$ **ii** $\ln(2t + 3) = 5y$

Datrysiad

i Cymerwch ln y ddwy ochr: $\ln(3y - 2) = \ln(e^{6t})$

$$\Rightarrow \ln(3y - 2) = 6t$$

$$\Rightarrow t = \frac{1}{6}\ln(3y - 2)$$

$\ln(e^{6t}) = 6t$

ii Cymhwyswch y ffwythiant esbonyddol i'r ddwy ochr:

$$e^{\ln(2t+3)} = e^{5y}$$
$$\Rightarrow 2t + 3 = e^{5y}$$
$$\Rightarrow 2t = e^{5y} - 3$$
$$\Rightarrow t = \frac{e^{5y} - 3}{2}$$

Enghraifft wedi'i hateb

3 Datrys hafaliadau sy'n cynnwys logarithmau

O wybod bod $2\log_a x = \frac{1}{2}\log_a 64 + \log_a 32 - 2\log_a 4$, darganfyddwch werth x.

Datrysiad

$$2\log_a x = \frac{1}{2}\log_a 64 + \log_a 32 - 2\log_a 4$$
$$\Rightarrow \log_a x^2 = \log_a 64^{\frac{1}{2}} + \log_a 32 - \log_a 4^2$$
$$\Rightarrow \log_a x^2 = \log_a \sqrt{64} + \log_a 32 - \log_a 16$$
$$\Rightarrow \log_a x^2 = \log_a 8 + \log_a \frac{32}{16}$$
$$\Rightarrow \log_a x^2 = \log_a 8 + \log_a 2$$
$$\Rightarrow \log_a x^2 = \log_a(2 \times 8)$$
$$\Rightarrow x^2 = 16$$
$$\Rightarrow x = 4$$

Gan ddefnyddio $n \log x = \log x^n$.

Gan ddefnyddio $\log x - \log y = \log \frac{x}{y}$.

Gan ddefnyddio $\log x + \log y = \log xy$.

Camgymeriad cyffredin: Mae'r opsiwn $x = -4$ wedi'i wrthod am fod yr hafaliad gwreiddiol yn cynnwys $\log x$ ac mae hyn wedi'i ddiffinio ar gyfer gwerthoedd positif o x yn unig.

Enghraifft wedi'i hateb

4 Defnyddio logarithmau i enrhifo pŵer

Datryswch
i $3^{2x} = 5^{x+1}$
ii $e^{2x} - 10e^x + 9 = 0$.

Datrysiad

i $3^{2x} = 5^{x+1} \Rightarrow \log 3^{2x} = \log 5^{x+1}$ ◄ Cymerwch log y ddwy ochr.

$\Rightarrow 2x \log 3 = (x+1) \log 5$

$\Rightarrow 2x \log 3 = x \log 5 + \log 5$

$\Rightarrow 2x \log 3 - x \log 5 = \log 5$ ◄ Ysgrifennwch yr holl dermau sy'n cynnwys x ar un ochr ac yna ffactoriwch.

$\Rightarrow x(2 \log 3 - \log 5) = \log 5$

$\Rightarrow x = \dfrac{\log 5}{(2 \log 3 - \log 5)}$

$\Rightarrow x = 2.74$ i 3 ffigur ystyrlon

Nid oes gwahaniaeth pa fôn y byddwch chi'n ei ddefnyddio ar gyfer y logarithm. Gwiriwch drosoch chi eich hun y byddai defnyddio ln yn rhoi'r un ateb.

ii $e^{2x} - 10e^x + 9 = 0 \Rightarrow (e^x)^2 - 10e^x + 9 = 0$ ◄ Hafaliad cwadratig yw hwn mewn gwirionedd.

Gadewch i $z = e^x \Rightarrow z^2 - 10z + 9 = 0$

$\Rightarrow (z-9)(z-1) = 0$

$\Rightarrow z = 9$ neu $z = 1$

$e^x = 9 \Rightarrow x = \ln 9$ ◄ Gan gymryd ln y ddwy ochr.

$\Rightarrow x = 2.20$ i 3 ffigur ystyrlon

$e^x = 1 \Rightarrow x = 0$

Enghraifft wedi'i hateb

5 Profi deddfau logarithmau

Profwch fod
i $\log_a x + \log_a y = \log_a xy$

ii $\log_a x^n = n \log_a x$

Datrysiad

i Gadewch i $\log_a x = m$ [1]

a gadewch i $\log_a y = n$ [2]

Gan ddefnyddio [1]: $\log_a x = m \Rightarrow a^m = x$

Gan ddefnyddio [2]: $\log_a y = n \Rightarrow a^n = y$

Mae lluosi yn rhoi: $a^m \times a^n = xy$

Gan ddefnyddio deddfau indecsau: $a^{m+n} = xy$

$\Rightarrow \log_a xy = m + n$

Mae amnewid [1] a [2] i mewn yn rhoi:
$\log_a xy = \log_a x + \log_a y$ fel sy'n ofynnol.

ii $\log_a x^n = \log_a \underbrace{x \times x \times x \dots \times x}_{n \text{ o weithiau}}$

$= \underbrace{\log_a x + \log_a x + \log_a x + \dots \log_a x}_{n \text{ o weithiau}}$

$= n \log_a x$ fel sy'n ofynnol

Enghraifft wedi'i hateb

6 Modelu twf esbonyddol

Yn dilyn penderfyniad cwmni rhyngwladol mawr i sefydlu canolfan ym Mhrydain, mae tref newydd yn cael ei datblygu ac amcangyfrifir y bydd twf y boblogaeth dros y pum mlynedd cyntaf yn cael ei fodelu gan yr hafaliad $P = 10\,000 \times 10^{0.05t}$, lle t yw'r amser mewn blynyddoedd.

i Cyfrifwch y cynnydd yn y boblogaeth yn ystod y flwyddyn gyntaf, gan roi eich ateb i 3 ffigur ystyrlon.
ii Pryd bydd y boblogaeth yn mynd y tu hwnt i 20 000?
iii Pam nad yw hwn yn fodel addas yn y tymor hir?

Datrysiad

i Y boblogaeth gychwynnol yw pan fydd $t = 0$:
$P = 10\,000 \times 10^{0.05 \times 0} = 10\,000$ ◄── Mae unrhyw rif i'r pŵer 0 yn 1.

Ar ôl 1 flwyddyn: $P = 10\,000 \times 10^{0.05 \times 1} = 11\,220$. ◄── Amnewidiwch $t = 1$ i $P = 10\,000 \times 10^{0.05t}$.

Felly, y cynnydd yn y boblogaeth yw $11\,220 - 10\,000 = 1220$ i 3 ffigur ystyrlon.

ii Gan ddatrys yr anhafaledd $10\,000 \times 10^{0.05t} > 20\,000$.

$$\Rightarrow 10^{0.05t} > 2$$
$$\Rightarrow 0.05t > \log 2$$ ◄── Gan gymryd log y ddwy ochr.
$$\Rightarrow t > \frac{\log 2}{0.05}$$
$$\Rightarrow t > 6.02...$$
$$\Rightarrow t = 7$$

Awgrym: Mae'n syniad da gwirio eich ateb.

Gwiriwch: Ar ôl 6 blynedd, $P = 10\,000 \times 10^{0.05 \times 6} = 19\,952$.

Ar ôl 7 mlynedd, $P = 10\,000 \times 10^{0.05 \times 7} = 22\,387$.

Felly bydd y boblogaeth yn mynd y tu hwnt i 20 000 yn ystod y 7fed flwyddyn.

iii Ar ôl 50 mlynedd, mae'r model yn rhagweld mai poblogaeth y dref fyddai $P = 10\,000 \times 10^{0.05 \times 50} = 3\,160\,000$ sy'n afrealistig o uchel.

Mae'n debygol y bydd y boblogaeth yn tyfu'n esbonyddol am ychydig flynyddoedd ac yna'n sefydlogi'n raddol.

Enghraifft wedi'i hateb

7 Braslunio graffiau ffwythiannau esbonyddol

Brasluniwch graff $y = 1 + 2e^{-x}$.

Datrysiad

Pan fydd $x = 0$, $y = 1 + 2e^0 = 1 + 2 = 3$
Pan fydd $x \to \infty$, $y \to 1 + 2 \times 0 = 1$
Felly, mae'r llinell $y = 1$ yn asymptot llorweddol.

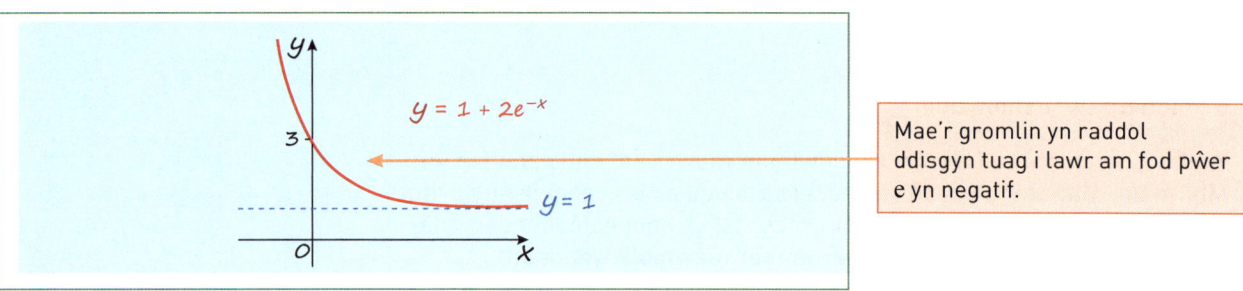

Mae'r gromlin yn raddol ddisgyn tuag i lawr am fod pŵer e yn negatif.

Profi eich hun

1 Ysgrifennwch $\log 12 - 3\log 2 + 2\log 3$ fel logarithm sengl.

2 Symleiddiwch $\frac{1}{2}\log 64 - 2\log 2$.

3 Mynegwch $\log\sqrt{x} + \log x^{\frac{7}{2}} - 2\log x$ fel logarithm sengl.

4 Defnyddiwch logarithmau i fôn 10 i ddatrys yr hafaliad $2.5^x = 1000$ i 2 le degol.

5 Datryswch yr hafaliad $3^{2x+1} = 4^x$.

6 Cewch wybod bod $M = 100 + 300e^{-0.1t}$.
  Darganfyddwch werth t pan fydd $M = 250$.

7 Mae gwerth buddsoddiad yn amrywio yn ôl y fformiwla $V = Ae^{0.1t}$.
  Mae disgwyl mai gwerth y buddsoddiad ar ôl 5 mlynedd fydd £10 000
  Darganfyddwch werth A i'r £ agosaf.

8 Brasluniwch graff $y = 300 - 200e^{-x}$.

9 Profwch fod $\log_a x - \log_a y = \log_a \frac{x}{y}$.

Atebion ar dudalen 214

Cwestiwn enghreifftiol

Mae math penodol o barot i'w ganfod yn Awstralia yn unig, ar wahân i boblogaeth sy'n byw ar ynys anghysbell yn ne'r Môr Tawel. Y gred yw bod dau o'r parotiaid wedi dianc o long oedd yn hwylio heibio amser maith yn ôl ac mai nhw sefydlodd boblogaeth yr ynys. Cafodd nifer y parotiaid ar yr ynys, P, ei astudio ers llawer o flynyddoedd ac mae wedi'i ganfod bod yr hafaliad canlynol yn ei fodelu'n dda:

$P = 12000 - 8000e^{-0.005T}$

lle T yw nifer y blynyddoedd a aeth heibio ers 1850.

  i Darganfyddwch nifer y parotiaid ar yr ynys yn
    a 2000
    b 1850.
  ii Ym mha flwyddyn y dylai fod 10 000 o barotiaid?
  iii Brasluniwch graff nifer y parotiaid yn erbyn T ar gyfer $T \geq 0$.
  iv Defnyddiwch yr hafaliad ar gyfer P i amcangyfrif y flwyddyn y daeth y ddau barot gwreiddiol i'r ynys a rhowch un rheswm pam y gallai fod nad yw'n gywir iawn.

Atebion ar dudalen 214

Modelu cromliniau

ADOLYGU

Ffeithiau allweddol

Gall logarithmau gael eu defnyddio i ddarganfod y berthynas rhwng newidynnau mewn dwy sefyllfa:

1. Yn achos perthnasoedd yn y ffurf $y = kx^n$, gallwch chi gymryd log y ddwy ochr ac ysgrifennu

    $$\log y = \log kx^n$$
    $$\Rightarrow \log y = \log x^n + \log k$$
    $$\Rightarrow \log y = n \log x + \log k$$

    ac felly mae plotio $\log y$ yn erbyn $\log x$ yn rhoi llinell syth. Graddiant y llinell yw n a'r rhyngdoriad ar yr echelin fertigol yw $\log k$.

2. Yn achos perthnasoedd yn y ffurf $y = ka^x$, gallwch chi gymryd log y ddwy ochr ac ysgrifennu

    $$\log y = \log ka^x$$
    $$\Rightarrow \log y = \log a^x + \log k$$
    $$\Rightarrow \log y = x \log a + \log k$$

    ac felly, mae plotio $\log y$ yn erbyn x yn rhoi llinell syth. Graddiant y llinell yw $\log a$ a'r rhyngdoriad ar yr echelin fertigol yw $\log k$.

> Gan ddefnyddio'r ddeddf: $\log ab = \log a + \log b$.

> Gan ddefnyddio'r ddeddf pŵer: $\log x^n = n \log x$.

> Sylwch fod hyn yn y ffurf $y = mx + c$ â graddiant n a'r rhyngdoriad $-y \log k$.

> Mae hyn hefyd yn y ffurf $y = mx + c$.

> **Awgrym:** Gallwch chi ddefnyddio log i unrhyw fôn, ond bôn 10 a'r logarithm naturiol, ln, yw'r rhai mwyaf cyffredin. Yn yr arholiad, bydd y cwestiwn yn nodi'n glir pa log i'w ddefnyddio.

Enghraifft wedi'i hateb

1 Plotio $\log y$ yn erbyn $\log x$

Mewn arbrawf, mae tymheredd $\theta °C$ hylif oeri yn cael ei fesur bob 2 funud. Mae'r tabl yn dangos y canlyniadau.

Amser mewn munudau (t)	2	4	6	8	10
Tymheredd (θ)	185	114	86	70	60

i Plotiwch graff $\ln \theta$ yn erbyn $\ln t$ a lluniadwch linell ffit orau.
ii Defnyddiwch y graff i ddarganfod y berthynas rhwng θ a t.
iii Defnyddiwch yr hafaliad yn rhan ii i ragweld tymheredd yr hylif ar ôl 20 munud, gan roi eich ateb i'r radd agosaf.
iv Ar ba amser, i'r munud agosaf, y bydd tymheredd yr hylif yn 30°?

Datrysiad

i

$\ln t$	0.69	1.39	1.79	2.08	2.30
$\ln \theta$	5.22	4.74	4.45	4.25	4.09

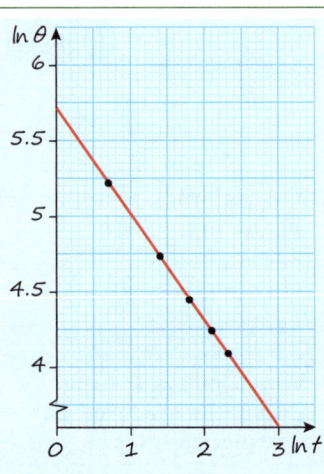

ii Mae'r graff yn llinell syth ac mae ganddo hafaliad yn y ffurf

$\ln \theta = n \ln t + \ln k$
$\Rightarrow \ln \theta = \ln t^n + \ln k$
$\Rightarrow \ln \theta = \ln kt^n$
$\Rightarrow \theta = kt^n$

Mae'r llinell yn torri'r echelin fertigol yn 5.7, felly:

$\ln k = 5.7$
$\Rightarrow k = e^{5.7}$
$\Rightarrow k = 298.8... = 300$ (i 1 ffigur ystyrlon).

Mae'r llinell yn mynd drwy'r pwyntiau (0, 5.7) a (2, 4.3).
Graddiant y llinell yw $\frac{5.7 - 4.3}{0 - 2} \Rightarrow n = -0.7$.

Felly, y berthynas rhwng θ a t yw $\theta = 300t^{-0.7}$.

iii I ddarganfod y tymheredd ar ôl 20 munud, amnewidiwch $t = 20$ i hafaliad y llinell:

$\theta = 300 \times 20^{-0.7} = 36.8°$

Y tymheredd fydd 37° i'r radd agosaf ar ôl 20 munud.

iv I ddarganfod ar ba amser y bydd y tymheredd yn 30°, amnewidiwch $\theta = 30$ i hafaliad y llinell.

$30 = 300t^{-0.7}$
$\Rightarrow \frac{30}{300} = t^{-0.7}$
$\Rightarrow \ln 0.1 = \ln t^{-0.7}$
$ = -0.7 \ln t$
$\Rightarrow \ln t = -\frac{\ln 0.1}{0.7}$
$ = 3.289...$
$\Rightarrow t = e^{3.289...}$
$ = 26.8$

Felly bydd tymheredd yr hylif yn 30° ar ôl 27 munud (i'r funud agosaf).

> **Awgrym:** Mae'r graff yn llinell syth, felly gallwch chi ei ddefnyddio i ddarganfod perthynas rhwng θ a t gan eich bod chi'n gwybod mai hafaliad llinell syth yw $y = mx + c$.

> **Camgymeriad cyffredin:** Ni fydd data go iawn yn ffitio'n union ar linell syth felly mae angen i chi luniadu llinell ffit orau. Ceisiwch luniadu'r llinell ffit orau mor gywir ag y gallwch chi, gan y bydd hyn yn effeithio ar eich ateb i rannau eraill y cwestiwn.

> Defnyddiwch unrhyw ddau bwynt o'ch graff.

> Cymerwch logarithmau i fôn e y ddwy ochr.

> Am mai gwrthdro $y = \ln x$ yw $y = e^x$.

Enghraifft wedi'i hateb

2 Plotio $\log y$ yn erbyn x

Mae poblogaeth, P, ystlumod mewn ogof fawr yn cael ei modelu gan $P = ka^t$, lle t yw'r amser mewn blynyddoedd. Mae'r tabl yn dangos y boblogaeth dros gyfnod o bum mlynedd.

Blwyddyn (t)	1	2	3	4	5
Poblogaeth	1800	2700	4050	6075	9110

i Plotiwch graff $\log_{10} P$ yn erbyn t a defnyddiwch y graff i ddarganfod yr hafaliad ar gyfer P yn nhermau t.

ii Defnyddiwch yr hafaliad i ddarganfod y boblogaeth ar ôl 8 mlynedd.

iii Ar ôl faint o amser bydd y boblogaeth yn fwy na chan mil yn ôl y model hwn?

iv A yw'r model hwn yn addas yn y tymor hir? Rhowch reswm dros eich ateb.

Datrysiad

i

t	1	2	3	4	5
$\log_{10} P$	3.26	3.43	3.61	3.78	3.96

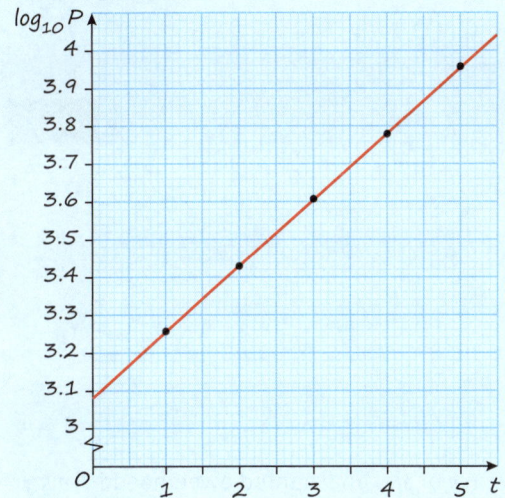

Mae'r llinell yn torri'r echelin fertigol yn $\log_{10} k = 3.08$

Felly $k = 10^{3.08}$

$\Rightarrow k = 1200$ (i 3 ffigur ystyrlon)

Mae'r llinell yn mynd drwy (5, 3.96) a (0, 3.08) felly mae ei graddiant, $\log a$, yn cael ei roi gan

$\log a = \dfrac{3.96 - 3.08}{5 - 0} = 0.176$

> Defnyddiwch unrhyw ddau bwynt ar eich llinell.

$\Rightarrow a = 10^{0.176} = 1.50$ (i 3 ffigur ystyrlon)

Felly, y berthynas rhwng P a t yw $P = 1200 \times 1.50^t$.

ii I ddarganfod y boblogaeth ar ôl 8 mlynedd, amnewidiwch $t = 8$ i hafaliad y gromlin.

$P = 1200 \times 1.50^8$

$= 30\,755$ (i'r rhif cyfan agosaf)

iii I ddarganfod pryd bydd y boblogaeth yn fwy na 100 000, amnewidiwch $P = 100\,000$ i mewn i'r anhafaledd.

$$1200 \times 1.50^t > 100\,000$$

$$\Rightarrow \quad 1.50^t > \frac{100\,000}{1200}$$

$$\Rightarrow \quad 1.50^t > \frac{250}{3}$$

$$\Rightarrow \quad t \log 1.50 > \log\left(\frac{250}{3}\right)$$

Cymerwch log i fôn 10 y ddwy ochr.

$$t > \frac{\log\left(\frac{250}{3}\right)}{\log 1.50}$$

$$t > 10.9$$

Felly bydd y boblogaeth yn fwy na chan mil ar ôl 11 mlynedd i'r flwyddyn agosaf.

iv Ni fydd y boblogaeth yn parhau i gynyddu'n esbonyddol gan y bydd maint yr ogof yn cyfyngu ar gyfanswm nifer yr ystlumod. Hefyd, bydd maint y boblogaeth yn cael ei gyfyngu gan faint o fwyd (gwyfynod, etc.) sydd gerllaw.

Profi eich hun

PROFI

1 Mae'r graff yn dangos canlyniad plotio $\log_{10} y$ yn erbyn x.

Mae'r berthynas rhwng x ac y yn y ffurf $y = k \times T^x$. Defnyddiwch y graff i ddarganfod gwerthoedd T a k yn gywir i ddau ffigur ystyrlon.

2 Caiff ei ddarganfod mai'r berthynas rhwng elw cwmni mewn miloedd o ewros (P) ac amser mewn misoedd (T) yw $P = 20T^{-0.65}$ (pob rhif i 2 ffigur ystyrlon). Lluniadwch graff $\log P$ yn erbyn $\log T$.

3 Mewn arbrawf, mae newidyn, y, yn cael ei fesur ar wahanol amserau, t. Mae'r graff yn dangos $\log_{10} y$ yn erbyn $\log_{10} t$.

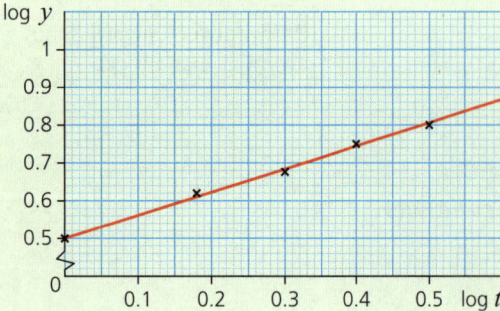

Darganfyddwch y berthynas rhwng y a t.

Rhowch eich ateb yn y ffurf $y = At^k$ lle mae A a k yn gysonion sydd i'w darganfod.

4 Mae arwynebedd darn o lwydni yn tyfu gydag amser. Mae gwyddonwyr yn mesur yr arwynebedd, A cm^2, mewn cyfyngau o dair awr. Mae'r tabl yn dangos canlyniadau'r mesuriadau hyn.

Amser (oriau)	3	6	9	12	15
Arwynebedd (cm^2)	13	19	24	28	31

Darganfyddwch y berthynas rhwng arwynebedd, A, ac amser, t, mewn oriau. Rhowch eich ateb yn y ffurf $A = kt^c$ lle mae k ac c yn gysonion sydd i'w darganfod.

Atebion ar dudalen 214

GWIRIO ATEBION

Cwestiwn enghreifftiol

Mae'r tabl yn dangos elw blynyddol cwmni bach ar gyfer y chwe blynedd cyntaf, i'r £100 agosaf.

Blwyddyn (x)	1	2	3	4	5	6
Elw (P)	7800	9400	11 200	13 500	16 200	19 400

Mae elw'r cwmni yn cael ei fodelu gan $P = ka^x$, lle mae a a k yn gysonion.

i Copïwch a llenwch y tabl isod a phlotiwch $\log_{10} P$ yn erbyn x. Lluniadwch linell ffit orau ar gyfer y data.

Blwyddyn (x)	1	2	3	4	5	6
Elw (P)	7800	9400	11 200	13 500	16 200	19 400
$\log_{10} P$						

ii Defnyddiwch eich graff i ddarganfod hafaliad ar gyfer P yn nhermau x.
iii Gan ddefnyddio'r model hwn, rhagfynegwch yr elw ar gyfer blwyddyn 10 i'r £100 agosaf.
iv Ar ôl sawl blwyddyn mae'r model yn rhagfynegi y bydd y cwmni yn gwneud elw o fwy na miliwn o bunnoedd? Gwnewch sylw ar ddilysrwydd eich ateb.

Atebion ar dudalen 215

GWIRIO ATEBION

Cwestiynau adolygu (Penodau 9–12)

1. Mae ffwythiant yn cael ei ddiffinio fel $f(x) = 4x^3 - 9x^2 - 12x + 2$

   Darganfyddwch werthoedd x lle mae f(x) yn ffwythiant lleihaol.

2. Hafaliad cromlin yw $y = x^3 - 3x^2 - 3$

   i Darganfyddwch gyfesurynnau'r trobwyntiau a nodwch eu natur.

   ii Darganfyddwch hafaliad y normal i'r gromlin yn y pwynt lle mae $x = 1$

   Rhowch eich ateb yn y ffurf $ax + by + c = 0$

3. O wybod bod $f'(x) = \dfrac{4}{\sqrt{x}} - \dfrac{1}{x^2}$, darganfyddwch

   i $f''(x)$

   ii $f(x)$.

4. Darganfyddwch yr arwynebedd rhwng y gromlin $y = \sqrt{x^3}$, yr echelin-x, a'r llinellau $x = 4$ ac $x = 9$

5. i Datryswch yr hafaliadau canlynol:

   a $2^x = 10$

   b $\log_{10} x + \log_{10} 4x = 3\log_{10} 4$

   ii Darganfyddwch werth $\log_a a^2 - \log_a \dfrac{1}{a}$

6. Mae gan y pwyntiau A a B fectorau safle $\begin{pmatrix} -3 \\ 2 \end{pmatrix}$ a $\begin{pmatrix} 5 \\ -2 \end{pmatrix}$

   i Darganfyddwch $|\overrightarrow{AB}|$. Rhowch eich ateb ar ffurf swrd wedi'i symleiddio.

   ii Darganfyddwch fector safle C fel bod $\overrightarrow{AC} = 2\overrightarrow{BC}$.

Atebion ar dudalen 215

GWIRIO ATEBION

ADRAN 4
UNED 2 YSTADEGAETH

Targedu wrth adolygu (Penodau 13–17)

1. **Dehongli histogram neu siart amlder**
Mae'r histogram canlynol yn dangos oedran marw dynion yn Ffrainc ym 1944.

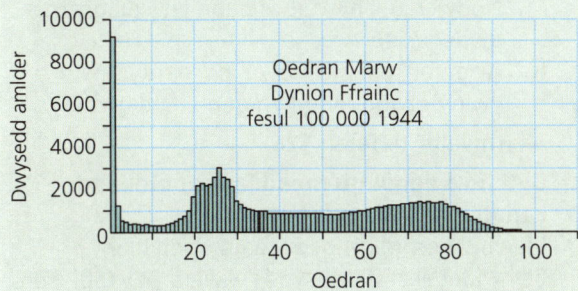

Gwnewch ddau sylw ar yr hyn mae'r data yn ei ddangos.

(gweler tudalen 117)

2. **Cyfrifo amlderau neu gyfrannau o histogram**
Mae'r histogram yn dangos dosbarthiad oedran holl drigolion Dwyrain Swydd Gaer adeg cyfrifiad 2011.

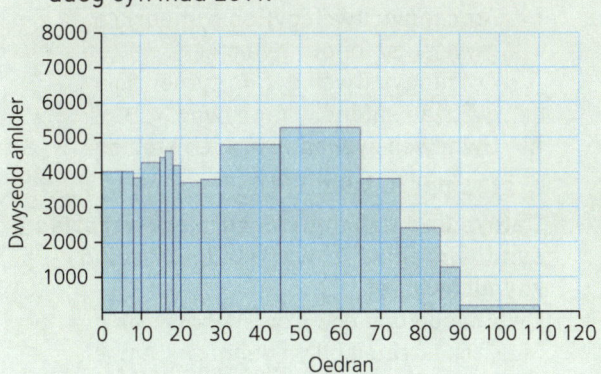

Amcangyfrifwch gyfanswm nifer y bobl a oedd yn byw yn Nwyrain Swydd Gaer yn 2011.

(gweler tudalen 117)

3. **Adnabod sgiwedd**
Gwnewch sylw ar sgiwedd pob un o'r setiau data hyn.

i
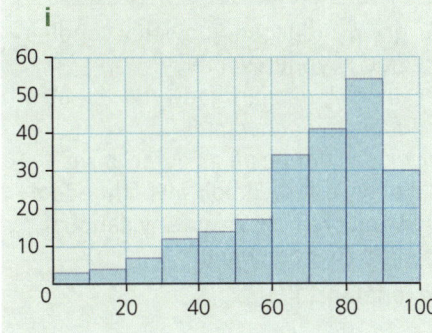

ii
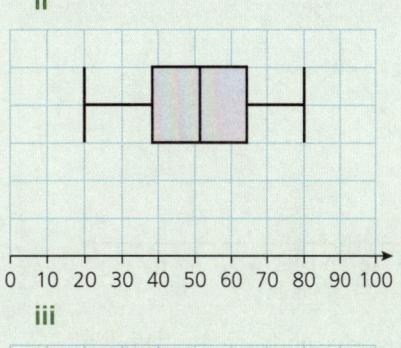

iii
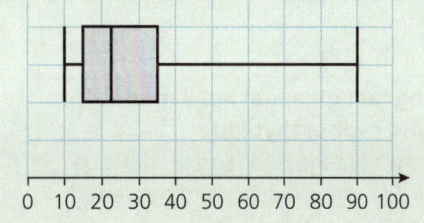

iv
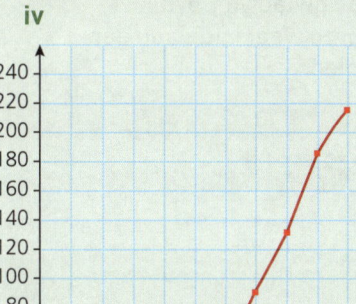

(gweler tudalen 117)

4. **Dehongli plotiau blwch a blewyn**
Mae'r plotiau blwch a blewyn isod yn dangos y prisiau a dalwyd am dai mewn dwy dref yn Lloegr ym mis Mehefin 2016.

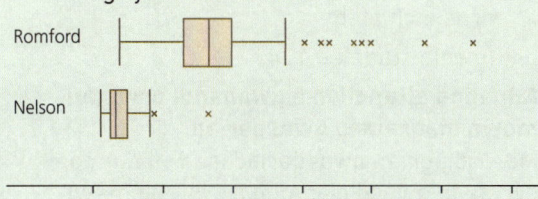

Cymharwch brisiau tai yn Nelson a Romford. Gwnewch dri sylw gwahanol.

(gweler tudalen 117)

CBAC UG Mathemateg 105

Targedu wrth adolygu (Penodau 13–17)

5 Dehongli diagram amlder cronnus

Mae'r diagram canran gronnus isod yn dangos dosbarthiad oedran poblogaeth Japan yn 2016.

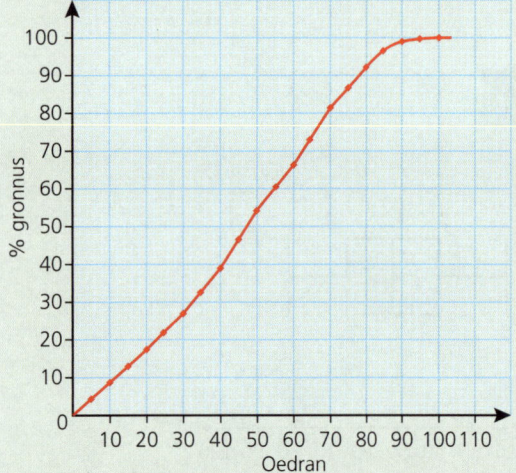

Amcangyfrifwch yr oedran canolrifol yn Japan yn 2016.

(gweler tudalen 117)

6 Dehongli diagram gwasgariad a model ffit orau, disgrifio cydberthyniad

Mae'r diagram gwasgariad isod yn dangos dwysedd meddygon a disgwyliad oes adeg geni ar gyfer pob gwlad yn y byd.
Mae llinell ffit orau wedi'i lluniadu gan ddefnyddio taenlen.

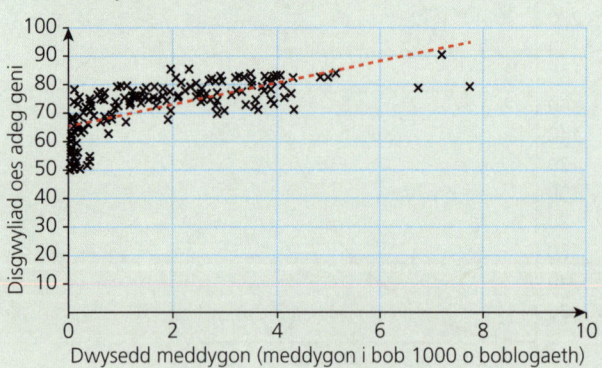

i Disgrifiwch y cydberthyniad yn y diagram gwasgariad.
ii A yw'r llinell ffit orau yn fodel da ar gyfer y berthynas rhwng dwysedd meddygon a disgwyliad oes adeg geni? Rhowch reswm dros eich ateb.

(gweler tudalen 124)

7 Adnabod allanolion a gwahanol grwpiau mewn diagramau gwasgariad

Mae'r diagram gwasgariad isod yn dangos pwysedd gwaed diastolig a systolig mewn mm Hg ar gyfer sampl o oedolion o America.

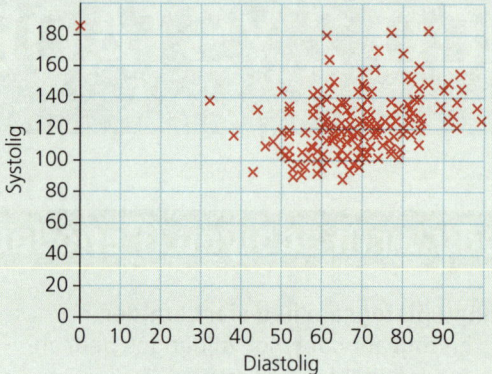

i Nodwch unrhyw allanolion yn y diagram gwasgariad.
ii Ar gyfer pob allanolyn, darganfyddwch a yw'n debygol o fod yn ganlyniad gwall.

(gweler tudalen 124)

8 Cyfrifo a dehongli mesurau canolduedd: canolrif, modd, cymedr

Mae busnes yn cyhoeddi data ar enillion blynyddol ei staff fel sydd i'w weld yn y tabl isod.

Band cyflog (£)	Amlder dynion	Amlder menywod
21 000–25 000	9	9
27 000–38 000	7	5
40 000–55 000	10	2
60 000–100 000	1	0

i Amcangyfrifwch gyflog cymedrig a gwyriad safonol y dynion.
ii Amcangyfrifwch gyflog cymedrig a gwyriad safonol y menywod.
iii Gwnewch sylwadau ar eich atebion.

(gweler tudalen 117)

9 Defnyddio a dehongli mesurau gwasgariad syml: amrediad, chwartelau, amrediad rhyngchwartel

Cwblhaodd dau grŵp gwahanol yr un pos. Mae'r rhestrau isod yn dangos yr amser, mewn eiliadau, a gymerodd pob person i gwblhau'r pos.

Grŵp 1	29, 26, 22, 90, 66, 57, 37, 49, 37, 32, 32, 40, 34, 46, 34
Grŵp 2	29, 26, 91, 46, 32, 36, 30, 32, 54, 97, 33, 39, 36, 54, 73

i Ar gyfer grŵp 1, darganfyddwch y canolrif a'r amrediad rhyngchwartel.
ii Ar gyfer grŵp 2, darganfyddwch y canolrif a'r amrediad rhyngchwartel.
iii Cymharwch yr amserau ar gyfer grŵp 1 a grŵp 2 drwy ddefnyddio'r gwerthoedd a gyfrifwyd gennych chi ar gyfer y canolrif a'r amrediad rhyngchwartel.

(gweler tudalen 117)

10 Nodi allanolion a glanhau data

Mae cyfraddau pwls sampl o oedolion yn cael eu dadansoddi gan ddefnyddio meddalwedd sy'n cynhyrchu'r tabl canlynol o ystadegau.

Ystadegau	
n	191
Cymedr	72.1099
σ	13.9255
s	13.9621
$\sum x$	13773
$\sum x^2$	1030209
Gwerth lleiaf	45
Ch1	62
Canolrif	70
Ch3	80
Gwerth mwyaf	128

Darganfyddwch a allai unrhyw rai o'r cyfraddau pwls hyn gael eu hystyried yn allanolion.

(gweler tudalen 124)

11 Cyfrifo tebygolrwydd ar gyfer digwyddiadau annibynnol

Mae 12% o'r boblogaeth yn llaw chwith. Mae dau berson yn eistedd wrth ymyl ei gilydd ar drên. Tybiwch eu bod wedi'u hapddewis o'r boblogaeth. Beth yw'r tebygolrwydd bod y ddau yn llaw chwith?

(gweler tudalen 130)

12 Cyfrifo tebygolrwydd ar gyfer digwyddiadau cydanghynhwysol

Mae Fran yn chwarae gêm gyfrifiadur. Mae ganddi debygolrwydd o $\frac{1}{3}$ o ennill bob tro mae'n chwarae. Mae Fran yn chwarae'r gêm ddwywaith. Beth yw'r tebygolrwydd y bydd hi'n ennill unwaith?

(gweler tudalen 130)

13 Nodi dosraniadau unffurf arwahanol, binomaidd a Poisson

Ar gyfer pob un o'r sefyllfaoedd sydd wedi'u disgrifio, penderfynwch ai dosraniad unffurf arwahanol, dosraniad binomaidd neu ddosraniad Poisson a fyddai'n modelu X orau. Ysgrifennwch y tybiaethau modelu rydych chi wedi'u gwneud ar gyfer pob un.
 i Mae darn arian yn cael ei daflu 20 o weithiau. X yw nifer y pennau.
 ii X yw nifer y galwadau a ddaw i mewn i ganolfan alwadau bob dydd.
 iii Mae dis yn cael ei daflu. X yw'r sgôr ar y dis.

(gweler tudalen 145)

14 Cyfrifo tebygolrwyddau ar gyfer dosraniad binomaidd

$X \sim B(34, 0.3)$. Cyfrifwch $P(15 \leq X \leq 20)$.

(gweler tudalen 149)

15 Cyfrifo tebygolrwyddau ar gyfer hapnewidyn arwahanol syml

Mae'r tebygolrwyddau ar gyfer hapnewidyn arwahanol yn cael eu dangos yn y tabl isod yn nhermau cysonyn, k.

x	0	1	2
$P(X = x)$	$3k$	$5k$	$2k$

Darganfyddwch werth k.

(gweler tudalen 138)

16 Cyfrifo tebygolrwyddau ar gyfer hapnewidyn unffurf arwahanol

Mae'r hapnewidyn unffurf arwahanol X yn cymryd pob gwerth o 10 i 24 yn gynhwysol. Darganfyddwch $P(X < 17)$.

(gweler tudalen 138)

17 Cyfrifo tebygolrwyddau ar gyfer dosraniad Poisson

$X \sim Po(2.5)$. Cyfrifwch $P(X \geq 5)$.

(gweler tudalen 145)

18 Deall terminoleg yn gysylltiedig â phrofi rhagdybiaethau

Lefel arwyddocâd prawf rhagdybiaeth yw 5%. Mae Rhys yn dweud bod hyn yn golygu bod siawns o 5% y bydd y prawf yn rhoi ateb anghywir; nid yw hyn yn gwbl gywir.
 i Beth mae lefel arwyddocâd 5% yn ei olygu?
 ii Pa lefel arwyddocâd fyddai'n dangos bod tystiolaeth gref iawn dros wrthod y rhagdybiaeth nwl?

(gweler tudalen 149)

19 Gwybod pryd i ddefnyddio profion ungynffon neu ddwygynffon

Mewn un ardal ym Mhrydain, pleidleisiodd 55% dros adael yr Undeb Ewropeaidd yn y refferendwm ym mis Mehefin 2016. Mae newyddiadurwr yn amau bod y farn yn yr ardal hon wedi newid, felly mae'n gofyn i hapsampl o 100 o bleidleiswyr sut bydden nhw'n pleidleisio heddiw. Mae 52 yn dweud y bydden nhw'n pleidleisio dros adael. Mae'n cynnal prawf rhagdybiaeth gydag $H_0 : p = 0.55$ lle p yw'r gyfran a fyddai'n pleidleisio dros adael yr Undeb Ewropeaidd. Beth ddylai'r rhagdybiaeth arall fod?

(gweler tudalen 155)

Targedu wrth adolygu (Penodau 13–17)

20 Nodi rhagdybiaeth nwl a rhagdybiaeth arall addas ar gyfer prawf rhagdybiaeth binomaidd

Mae llinell gymorth yn honni bod 90% o'r galwyr yn aros llai na 5 munud i siarad â chynghorydd. Mae arolygydd yn amau bod llai na 90% yn cael siarad â chynghorydd o fewn 5 munud ac mae'n cynnal prawf rhagdybiaeth gan ddefnyddio hapsampl o alwyr. Ysgrifennwch ragdybiaeth nwl a rhagdybiaeth arall addas ar gyfer y prawf.

(gweler tudalen 155)

21 Darganfod rhanbarth critigol ar gyfer prawf rhagdybiaeth binomaidd

Mae math tywyll a math golau o'r gwyfyn brith yn bod. Mewn un ardal, mae'r ystadegau o bum mlynedd yn ôl yn dangos bod 20% o wyfynod golau yn yr ardal. Mae biolegydd yn meddwl y gallai hyn fod wedi newid. Bydd hi'n archwilio hapsampl o 50 o wyfynod i gynnal prawf rhagdybiaeth ar lefel o 5% gyda'r rhagdybiaethau canlynol.

$H_0: p = 0.2$

$H_1: p \neq 0.2$ lle p yw cyfran y gwyfynod brith sy'n olau.

Darganfyddwch y rhanbarth critigol ar gyfer y prawf.

(gweler tudalen 149)

22 Cynnal prawf rhagdybiaeth gan ddefnyddio'r dosraniad binomaidd a dehongli'r canlyniadau mewn cyd-destun

Mae perchenogion ffatri blatiau eisiau gwybod a yw newidiadau yn y dull cynhyrchu wedi lleihau cyfran y platiau diffygiol. Mae cyfran y platiau diffygiol wedi bod yn 8%. Mae ystadegydd yn cynnal prawf rhagdybiaeth ar lefel arwyddocâd 5% gyda'r rhagdybiaethau canlynol:

$H_0: p = 0.08$

$H_1: p < 0.08$ lle p yw cyfran y platiau diffygiol. Y gwerth-p ar gyfer y prawf yw 1.55%. I ba gasgliad y dylai'r ystadegydd ddod?

(gweler tudalen 149)

23 Cyfrifo gwallau math I a math II

Mae staff mewn ysgol yn credu bod 30% o'r disgyblion yn cerdded i'r ysgol. Yn ystod cyfnod o waith ar y ffordd, mae rheswm i gredu bod cyfran y bobl sy'n cerdded yn gostwng o'r 30% arferol. Mae sampl o 20 o fyfyrwyr yn cael ei gymryd ac mae nifer y myfyrwyr sy'n cerdded, X, yn cael ei gofnodi. Mewn prawf rhagdybiaeth lle mae $H_0: p = 0.3$ a $H_1: p < 0.3$, lle p yw cyfran y disgyblion sy'n cerdded i'r ysgol, caiff ei ganfod mai'r rhanbarth critigol yw $X \leq 2$.

i Cyfrifwch y tebygolrwydd o wall math I.
ii Y gwir werth ar gyfer p yn y boblogaeth yw 0.25. Cyfrifwch y tebygolrwydd o wall math II.

(gweler tudalen 155)

Atebion ar dudalen 215

GWIRIO ATEBION

Pennod 13 Casglu data

Ynglŷn â'r testun hwn

Bydd dulliau ystadegol yn cael eu defnyddio'n eang i ddod i wybod mwy am sefyllfaoedd. Mae defnydd cynyddol o gyfrifiaduron yn golygu ei bod hi'n haws casglu, storio a rhannu data. Bydd gweithio â data go iawn yn golygu bod angen penderfynu pa rai o'r technegau ystadegol sy'n gyfarwydd i chi sy'n briodol.

Cyn dechrau, cofiwch ...

- beth yw modd, canolrif a chymedr set o ddata
- dehongli siartiau bar a siartiau cylch.

Casglu data

ADOLYGU

Ffeithiau allweddol

1. Mae'r **gylchred datrys problemau** yn dangos y camau rydych chi'n eu dilyn wrth ddatrys problem.

   1. Nodi'r broblem a'i dadansoddi
   2. Casglu gwybodaeth
   3. Prosesu a chynrychioli
   4. Dehongli

   Dehonglwch eich canfyddiadau yng nghyd-destun y sefyllfa wreiddiol.

   Wrth weithio ag ystadegau, mae'n bwysig gwybod beth rydych chi eisiau ei gyflawni ar y dechrau er mwyn i chi allu casglu data perthnasol.

   Bydd y cam hwn fel arfer yn cynnwys cymryd sampl o'r boblogaeth.

   Glanhewch y data, cyflwynwch y data mewn diagram addas, a gwnewch unrhyw gyfrifiadau angenrheidiol.

2. Wrth **gymryd sampl**, dylech chi sicrhau:
   - bod y data'n **berthnasol**
   - bod y data'n **ddiduedd**
   - nad yw'r data wedi'u **gwyro** gan y weithred o gasglu
   - bod **person addas** yn casglu'r data
   - bod y **sampl** o **faint** addas
   - bod **gweithdrefn samplu** addas yn cael ei dilyn.

   Gwall systematig yn y samplu yw **tuedd**.

3. Mae dulliau samplu addas yn cynnwys y canlynol.
   - Yn achos **hapsamplu syml**, mae gan bob sampl posibl, o faint penodol, siawns gyfartal o gael ei ddewis. Mae angen **ffrâm samplu**.
   - Yn achos **samplu systematig**, mae'r ffrâm samplu yn cael ei threfnu ac yna mae unigolion yn cael eu dewis mewn cyfyngau rheolaidd.

   Rhestr (neu ffurf debyg) o'r holl boblogaeth yw ffrâm samplu. Nid yw bob amser yn bosibl cael ffrâm samplu ar gyfer y boblogaeth gyfan.

   Bydd yr unigolyn cyntaf mewn sampl systematig yn aml yn cael ei hapddewis.

   Gallai'r ffrâm samplu fod yn rhestr o'r boblogaeth ar daenlen.

   Er enghraifft, yr holl bobl mewn cyfarfod.

   - Bydd **samplu cyfle** yn cael ei ddefnyddio pan fydd sampl ar gael yn hawdd.

4. Mae **glanhau data** yn cynnwys nodi ac ymdrin â gwallau, allanolion a data coll.
   Mae **allanolyn** yn golygu eitem ddata nad yw'n gyson â gweddill y data. Mae rhai rheolau ar gyfer gwirio a yw eitem ddata yn allanolyn ond weithiau bydd yn amlwg.

Manteision ac anfanteision dulliau samplu

Dull	Manteision	Anfanteision
Hapsamplu syml	• osgoi tuedd • gall tebygolrwydd gael ei ddefnyddio i astudio nodweddion samplau	• angen ffrâm samplu • gall fod yn ddrud neu gall gymryd llawer o amser i gasglu'r sampl
Samplu systematig	• hawdd a chyflym pan fydd ffrâm samplu ar gael	• angen ffrâm samplu • gallai fod tuedd yn y sampl yn sgil patrwm yn y ffrâm samplu
Samplu cyfle	• hawdd a chyflym	• efallai nad yw'r sampl yn cynrychioli'r boblogaeth

Enghraifft wedi'i hateb

1 Cynllunio ar gyfer casglu data

Mae ymchwilydd eisiau ymchwilio i gynlluniau gyrfa myfyrwyr Mathemateg Safon Uwch.

Mae'r tabl isod yn rhestru chwe pheth a allai fod yn berthnasol i'r ymchwiliad.

Holiadur	Mesur	Myfyrwyr Mathemateg Safon Uwch yng Nghymru
Sampl o fyfyrwyr Mathemateg Safon Uwch yng Nghaerdydd	Rhestr o holl fyfyrwyr Mathemateg Safon Uwch yng Nghymru	Myfyrwyr Mathemateg Safon Uwch mewn diwrnod adolygu

O'r tabl, nodwch bob un o'r canlynol:

i Y boblogaeth.
ii Y ffrâm samplu.
iii Sampl cyfle.
iv Dull posibl o gasglu data perthnasol.

Datrysiad

i Y boblogaeth yw myfyrwyr Mathemateg Safon Uwch yng Nghymru.
ii Y ffrâm samplu yw rhestr o'r holl fyfyrwyr Mathemateg Safon Uwch yng Nghymru.
iii Mae myfyrwyr Mathemateg Safon Uwch mewn diwrnod adolygu yn sampl cyfle.
iv Mae holiadur yn ddull posibl o gasglu data perthnasol.

> Byddai angen i'r ymchwilydd benderfynu a yw hi eisiau ymchwilio i fyfyrwyr mewn blwyddyn benodol neu dros amser.

> **Camgymeriad cyffredin:** Byddai modd cynnal arolwg o'r myfyrwyr yn y sampl hwn yn hawdd ac ar unwaith – nid felly'r myfyrwyr yng Nghaerdydd, felly'r diwrnod adolygu yw'r sampl cyfle.

> **Camgymeriad cyffredin:** Gall mesur fod yn ffordd o gasglu data perthnasol ond nid yn yr achos hwn – does dim byd i'w fesur.

Enghraifft wedi'i hateb

2 Dewis dull samplu

Mae cynrychiolydd ar y cyngor ysgol eisiau gwybod beth yw barn y disgyblion ar y polisi gwaith cartref newydd, felly mae hi'n gofyn i'r disgyblion yn y ffreutur yn ystod ei chyfnod astudio beth yw eu barn.

i Pa fath o sampl yw hwn? Pam gallai hyn roi canlyniadau tueddol?
ii Disgrifiwch ddull posibl ar gyfer cymryd sampl systematig o'r disgyblion yn yr ysgol. Mae angen tua 5% o'r boblogaeth arni yn ei sampl.

Datrysiad

i   Samplu cyfle. Disgyblion eraill sydd â'r un cyfnodau astudio â hi fydd yr unig rai yno, felly ni fydd yr arolwg yn cynnwys unrhyw ddisgyblion ym mlynyddoedd 7 i 11 sydd heb gyfnodau astudio.

ii O restr gyflawn o ddisgyblion yn yr ysgol, gallai hi ddewis pob ugeinfed person ar y rhestr, gan ddechrau â disgybl wedi'i hapddewis yn yr ugain cyntaf.

Profi eich hun

1 Mae gan ymchwilydd sy'n astudio iechyd sampl o ddata am daldra oedolion. Mae'r data yn rhoi taldra a rhyw pob person ond nid oes modd adnabod unigolion. Mae uchder un dyn yn y sampl wedi'i nodi fel 6 m. Beth dylai hi ei wneud â'r gwerth data hwn?

2 Mae biolegydd yn ymchwilio i sawl wy mae rhywogaeth benodol o aderyn yn ei ddodwy. Mae hi'n ymweld â thri safle lle mae'n gwybod bod yr adar yn nythu ac yn cyfrif nifer yr wyau mewn hapsampl o nythod ym mhob safle. Pa ddull samplu mae'r biolegydd yn ei ddefnyddio?

3 Ar gyfer pob rhan, penderfynwch a yw'r gosodiad yn gywir neu'n anghywir.
   i   Hapsampl syml yw'r dull symlaf bob amser o'i gynnal yn ymarferol.
   ii   Mae angen ffrâm samplu ar gyfer hapsamplu syml.
   iii Bydd hapsampl syml bob amser yn fwy cynrychioliadol o'r boblogaeth nag unrhyw fath arall o sampl.
   iv   Gall dulliau tebygolrwydd gael eu defnyddio i astudio nodweddion hapsamplau.
   v   Os yw unigolion sydd wedi'u dewis fel rhan o hapsampl syml yn gwrthod cymryd rhan, yna gallai hyn gyflwyno tuedd.

4 Mae ymchwilydd y farchnad eisiau gwybod beth yw barn defnyddwyr swyddfa bost benodol am y cyfleusterau sydd ar gael. Disgrifiwch sut gall samplu systematig gael ei ddefnyddio yn ymarferol i greu sampl diduedd.

Atebion ar dudalen 216

Cwestiwn enghreifftiol

Mae newyddiadurwr eisiau gwybod sut mae myfyrwyr chweched dosbarth yn Abertawe yn bwriadu pleidleisio yn yr etholiad cyffredinol cyntaf wedi iddyn nhw gael yr hawl i bleidleisio.
i   Beth yw'r boblogaeth ar gyfer yr ymchwiliad hwn?
ii Disgrifiwch sut i gymryd hapsampl syml o 100 o'r boblogaeth.

Yn hytrach na chymryd hapsampl syml o 100, mae'r newyddiadurwr yn penderfynu ymweld â dosbarth gwleidyddiaeth yn un o'r colegau chweched dosbarth yn Abertawe a gofyn i'r myfyrwyr yn y dosbarth godi eu dwylo i ddangos dros ba blaid wleidyddol y bydden nhw'n pleidleisio.
iii Nodwch beth yw'r dull samplu sy'n cael ei ddefnyddio.
iv Nodwch ddwy ffynhonnell bosibl o duedd yn y dull hwn o gasglu data.

Atebion ar dudalen 216

Pennod 14 Prosesu, cyflwyno a dehongli data

Ynglŷn â'r testun hwn

Mae ystadegaeth yn ymwneud â gwneud synnwyr o ddata i'ch helpu chi i ddatgloi'r wybodaeth sydd ynddyn nhw. Mae'r bennod hon yn ymdrin â graffiau ystadegol a chrynodeb o ystadegau.

Mae cyfartaleddau yn ddefnyddiol i grynhoi a chymharu setiau mwy o ddata. Yn ogystal â'r cyfartaledd, mae'n bwysig gwybod pa mor wasgaredig yw'r data. Mae'r amrediad rhyngchwartel a'r gwyriad safonol yn fesurau o wasgariad cyffredin.

Mae histogramau, cromliniau amlder cronnus a diagramau blwch a blewyn i gyd yn ffyrdd gweledol o edrych ar ddata. Mae modd eu defnyddio i weld a yw'r data yn gymesur neu ar sgiw ac a oes allanolion. Mae gallu dehongli'r diagramau hyn yn sgìl pwysig.

Mae diagramau gwasgariad yn dangos perthnasoedd rhwng dau newidyn; mae ystyried sut mae dau newidyn yn perthyn i'w gilydd yn bwysig ym maes modelu ystadegol er mwyn rhagfynegi.

Cyn dechrau, cofiwch ...
- tablau amlder, amlder cronnus a thalgrynnu o'r cwrs TGAU
- cydberthyniad o'r cwrs TGAU
- graffiau llinell syth

> Cofiwch hefyd sut i ddarganfod y cymedr, y modd, y canolrif a'r chwartelau o restr o werthoedd.

Mesurau ystadegol

Ffeithiau allweddol

1. Mae cyfartaledd yn fesur o ganolduedd sy'n cael ei ddefnyddio i gynrychioli set o ddata.
2. Mae'r cymedr, y canolrif a'r modd i gyd yn fathau o gyfartaledd.
3. Y symbol ar gyfer cymedr yw $\bar{x}$.
4. Mae'r amrediad, yr amrediad rhyngchwartel a'r gwyriad safonol i gyd yn fesurau o wasgariad data.
5. Ar gyfer tabl amlder wedi'i grwpio, dim ond cyfrifo amcangyfrifon o fesurau ystadegol sy'n bosibl gan nad ydych chi'n gwybod yr union werthoedd data. Mae amcangyfrifon o'r cymedr a'r gwyriad safonol yn cael eu darganfod drwy ddefnyddio canolbwynt pob grŵp.
6. Mae'r dosbarth modd yn cael ei ddefnyddio yn hytrach na'r modd ar gyfer tabl amlder wedi'i grwpio. Dyma'r grŵp sydd â'r amlder uchaf (os oes gan y tabl grwpiau sy'n gyfartal eu lled).
7. Amrediad rhyngchwartel = chwartel uchaf − chwartel isaf
8. Bydd swm y sgwariau, S_{xx}, yn cael ei ddefnyddio wrth gyfrifo sawl mesur o'r gwasgariad.
9. $S_{xx} = \sum(x - \bar{x})^2 = \sum x^2 - \frac{(\sum x)^2}{n} = \sum x^2 - n\bar{x}^2$
10. Yr amrywiant yw $\frac{S_{xx}}{n}$
11. Y gwyriad safonol yw $\sqrt{\text{amrywiant}} = \sqrt{\frac{S_{xx}}{n}}$

> Mewn gwaith mwy estynedig, yr amrywiant yw $\frac{S_{xx}}{n-1}$ a bydd yn cael ei ddefnyddio fel amcangyfrifyn ar gyfer amrywiant y boblogaeth. Mae cyfrifianellau yn rhoi'r ddwy ffurf ar y gwyriad safonol.

Enghraifft wedi'i hateb

1 Cyfrifo cyfartaleddau o dabl amlder

Mae'r tabl isod yn dangos nifer y goliau a sgoriwyd gan y tîm a enillodd (neu'r goliau a sgoriwyd gan y naill dîm neu'r llall yn achos gêm gyfartal) ar gyfer sampl o gemau mewn cynghrair bêl-droed.

Nifer y goliau	0	1	2	3	4	5	6	7	8
Amlder	4	21	22	15	8	3	0	0	1

> Os oes gan werth data amlder sero, mae hyn yn golygu na ddigwyddodd. Nid oedd yr un gêm lle sgoriodd y tîm buddugol 6 neu 7 gôl.

i   Darganfyddwch y cymedr.
ii Darganfyddwch y canolrif.
iii Darganfyddwch y modd.
iv Esboniwch beth mae pob cyfartaledd yn rhannau **i–iii** yn ei ddweud wrthon ni am nifer y goliau a sgoriwyd gan y tîm buddugol.
v   Pa un o'r cyfartaleddau hyn yn eich barn chi sydd fwyaf defnyddiol i reolwr tîm? Esboniwch eich ymresymu.

Datrysiad

i   Y cymedr yw 2.23 (i 2 le degol).

ii Y canolrif yw 2.

> Bydd y rhan fwyaf o gyfrifianellau yn rhoi'r cymedr a'r canolrif fel rhan o'r un rhestr o ystadegau.

iii Y modd yw 2 gôl am mai dyma'r gwerth data sydd â'r amlder uchaf.

iv Mae'r **cymedr** yn rhoi cyfartaledd nifer y goliau a sgoriwyd gan y tîm buddugol ar draws yr holl gemau yn y sampl.

Ar ôl gosod nifer y goliau a sgoriwyd gan bob tîm buddugol yn y sampl mewn trefn gynyddol, mae'r **canolrif** yn rhoi nifer y goliau a sgoriwyd gan y tîm buddugol yng nghanol y rhestr.

Mae'r **modd** yn rhoi'r nifer amlaf o goliau a sgoriwyd gan y tîm buddugol.

v   Mae'n fwy na thebyg mai'r modd yw'r mwyaf defnyddiol. Mae'n hawdd ei ddeall. Nid oes llawer o ystyr i'r canolrif yn y cyd-destun hwn, ac mae'r cymedr yn cael ei effeithio gan yr un gêm eithafol pan sgoriodd y tîm buddugol 8 gôl.

Camgymeriad cyffredin: Mewn tabl amlder ar gyfer data rhifiadol, mae dwy set o rifau. Mae'r amlder yn dweud wrthoch chi pa mor aml y digwyddodd pob gwerth; y rhifau eraill yw'r gwerthoedd data dan sylw. Bydd deall hyn yn eich helpu i osgoi rhai o'r camgymeriadau cyffredin sy'n cael eu gwneud wrth weithio â thablau amlder.

Awgrym: Dylai eich cyfrifiannell ganiatáu i chi deipio'r data i mewn ar ffurf tabl amlder. Gwnewch yn siŵr eich bod chi'n gwybod sut i wneud hyn ar eich cyfrifiannell chi.

Gwnewch yn siŵr eich bod chi'n ysgrifennu'r gwerth cywir o'r rhestr o ystadegau yn eich cyfrifiannell. Dylech chi hefyd wirio bod gwerth n (nifer y gwerthoedd data) fel sydd i'w ddisgwyl – yn yr achos hwn roedd 74 o gemau; dyma gyfanswm yr amlderau.

Camgymeriad cyffredin: Os yw eich cyfrifiannell chi'n defnyddio rhestrau, gwnewch yn siŵr bod yr amlder wedi'i osod i'r rhestr gywir.

Enghraifft wedi'i hateb

2 Ailgyfrifo cymedrau

Mae 16 o fyfyrwyr mewn dosbarth; mae 15 ohonyn nhw'n mesur cyfraddau eu pwls ac yn darganfod mai'r cymedr yw 65. Mae'r 16eg myfyriwr yn mesur cyfradd ei bwls yn y wers ganlynol; y gyfradd yw 120. Beth yw'r gyfradd pwls gymedrig ar gyfer yr 16 o fyfyrwyr?

Datrysiad

Y cyfanswm ar gyfer y 15 o fyfyrwyr yw $15 \times 65 = 975$.

Y cyfanswm ar gyfer yr 16 o fyfyrwyr yw $975 + 120 = 1095$.

Y cymedr ar gyfer yr 16 yw $1095 \div 16 = 68.4375 = 68.44$ (i 2 le degol).

> cymedr $= \dfrac{\text{cyfanswm}}{n}$ felly
> cyfanswm $= n \times$ cymedr

> Hyd yn oed os yw'r holl ddata yn rhifau cyfan, does dim rhaid i'r cymedr fod yn rhif cyfan.

Enghraifft wedi'i hateb

3 Y cymedr o dabl amlder wedi'i grwpio

Mae'r tabl isod yn dangos amser y gôl gyntaf ar gyfer sampl o gemau mewn cynghrair bêl-droed.

i Defnyddiwch eich cyfrifiannell i ddarganfod amcangyfrif ar gyfer yr amser cymedrig.

ii Esboniwch pam mai amcangyfrif yn unig yw eich ateb.

Datrysiad

i

Amser (munudau)	Amlder, f	Canolbwynt, x
1–10	9	5.5
11–20	12	15.5
21–30	10	25.5
31–45	19	38.0
46–60	11	53.0
61–70	6	65.5
71–80	3	75.5
81–90	0	85.5

> Mae defnyddio canolbwynt y grŵp fel amcangyfrif ar gyfer yr holl werthoedd data yn y grŵp yn golygu colli gwybodaeth.

Amcangyfrif ar gyfer y cymedr yw 32.8 munud (i 3 ffigur ystyrlon).

> **Awgrym:** Mae'n hawdd gwneud camgymeriad wrth gyfrifo'r cymedr o dabl amlder; dylech chi bob amser edrych yn ôl ar y data i weld a yw eich ateb terfynol yn gyfartaledd rhesymol.

> **Awgrym:** Gall y cymedr gael ei ddarganfod gan ddefnyddio cyfrifiannell yn yr un ffordd ag ar gyfer tabl heb ei grwpio **ond** eich bod chi'n gweithio â chanolbwynt pob grŵp fel amcangyfrif o'r gwerthoedd yn y grŵp hwnnw. Mae'n syniad da ysgrifennu'r canolbwyntiau i'ch helpu chi i'w teipio i mewn i'r cyfrifiannell yn gywir.

> **Camgymeriad cyffredin:** Mae'r amserau wedi'u talgrynnu cyn cael eu rhoi yn y tabl amlder. Mewn gwirionedd, 10½ ≤ amser < 20½ yw'r grŵp 11–20 munud; yn yr achos hwn, yr un fyddai'r canolbwynt, felly nid yw'n gwneud gwahaniaeth. Byddwch yn arbennig o ofalus wrth weithio ag oedran; maen nhw bob amser yn cael eu talgrynnu i lawr. 11 ≤ oedran < 21 fyddai 11–20 oed mewn gwirionedd, gyda chanolbwynt o 16.0.

ii Dydyn ni ddim yn gwybod union amser pob gôl, ond rydyn ni'n defnyddio'r canolbwyntiau fel amcangyfrif o'r amserau, felly darganfod cymedr amcangyfrifon rydyn ni. Felly amcangyfrif yn unig y gall y cymedr fod.

Enghraifft wedi'i hateb

4 Cyfrifo'r cymedr a'r gwyriad safonol o gyfansymiau wedi'u rhoi

Mae 70 o ddisiau yn cael eu taflu a'r sgoriau'n cael eu cofnodi. Ar gyfer y data hyn, $n = 70$, $\sum x = 274$, $\sum x^2 = 1286$. Darganfyddwch y cymedr a'r gwyriad safonol.

Datrysiad

$$\bar{x} = \frac{274}{70} = 3.914\ 285\ \ldots$$

$$S_{xx} = \sum x^2 - \frac{(\sum x)^2}{n} = 1286 - \frac{274^2}{70}$$

$$S_{xx} = 213.485\ 714\ \ldots$$

$$\text{gwyriad safonol} = \sqrt{\frac{S_{xx}}{n}} = \sqrt{\frac{213.485\ 714\ \ldots}{70}}$$

$$\text{gwyriad safonol} = \sqrt{3.049\ 795\ \ldots} = 1.746\ 366\ \ldots$$

gwyriad safonol = 1.75 (i 3 ffigur ystyrlon)

Camgymeriad cyffredin: Mae $\sum x^2$ yn golygu 'sgwario pob gwerth data a'u hadio'. Peidiwch â'i gymysgu â $(\sum x)^2$ a fyddai'n golygu 'adio'r gwerthoedd data a sgwario'r ateb'. Nid yw'r rhain yn rhoi'r un canlyniad.

Mae angen i chi allu defnyddio'r fformiwlâu ar gyfer cymedr a gwyriad safonol pan fydd crynodeb o'r data yn cael ei roi i chi.

Cyfrifwch y cymedr yn gyntaf; cofiwch y gallai fod angen yr ateb heb ei dalgrynnu arnoch ar gyfer gweddill eich gwaith cyfrifo, felly rhowch hwn yng nghof eich cyfrifiannell.

Cyfrifwch S_{xx} cyn cyfrifo'r gwyriad safonol.

Awgrym: Peidiwch â thalgrynnu nes bod eich ateb terfynol gennych chi. Dylech chi weithio â gwerth y cymedr heb ei dalgrynnu. Os yw'r cwestiwn yn gofyn i chi gyfrifo'r amrywiant, yna talgrynnwch ef yn synhwyrol ond os yw'r amrywiant yn rhan o'ch gwaith cyfrifo i ddarganfod y gwyriad safonol, yna arhoswch nes eich bod chi wedi cyfrifo hynny cyn talgrynnu; fel arall bydd eich ateb yn llai cywir.

Awgrym: Fel arfer, bydd gan gyfrifiannell fwy nag un cof. Defnyddiwch y cofion i gadw union werthoedd $\bar{x}$, S_{xx} etc. er mwyn i chi allu eu defnyddio mewn gwaith cyfrifo yn nes ymlaen.

Enghraifft wedi'i hateb

5 Cyfrifo'r cymedr a'r gwyriad safonol o dabl amlder wedi'i grwpio

Mae'r tabl isod yn dangos nifer y goliau a sgoriwyd gan dîm hoci yn rhai o'r gemau a chwaraeodd. Darganfyddwch y cymedr a'r gwyriad safonol.

Nifer y goliau	0	1	2	3
Amlder	9	17	10	2

Datrysiad

Y cymedr yw 1.13 (i 2 ffigur ystyrlon).

Y gwyriad safonol yw 0.833 (i 3 ffigur ystyrlon).

Awgrym: Bydd eich cyfrifiannell yn rhoi'r gwyriad safonol i chi yn awtomatig o restr o ddata neu dabl amlder. Bydd eich cyfrifiannell yn rhoi dau werth ar gyfer gwyriad safonol, un yn defnyddio $\sqrt{\frac{S_{xx}}{n}}$ a'r llall yn defnyddio $\sqrt{\frac{S_{xx}}{n-1}}$. Mae'r nodiant yn dibynnu ar ba gyfrifiannell rydych chi'n ei defnyddio. Bydd angen i chi ddefnyddio'r un lleiaf o'r ddau. Gwnewch yn siŵr eich bod chi'n gwybod sut i wneud hyn ar gyfer eich cyfrifiannell chi.

Awgrym: Gwnewch yn siŵr eich bod chi'n ysgrifennu'r gwerth cywir o'r rhestr o ystadegau yn eich cyfrifiannell. Talgrynnwch yr ateb yn synhwyrol. Dylech chi hefyd wirio bod gwerth n (nifer y gwerthoedd data) fel sydd i'w ddisgwyl – yn yr achos hwn roedd 38 o gemau; dyma gyfanswm yr amlderau.

Profi eich hun

1. Mae dosbarth o ddisgyblion yn cynnwys 9 merch ac 20 bachgen. Pwysau cymedrig y merched yw 53 kg; pwysau cymedrig y bechgyn yw 61 kg. Beth yw'r pwysau cymedrig ar gyfer y dosbarth cyfan?

2. Mae'n rhaid i athrawes ddewis rhywun o'r dosbarth i'w cynrychioli mewn cystadleuaeth sillafu ranbarthol. Maen nhw'n cael profion sillafu rheolaidd (wedi'u marcio allan o 10) yn y dosbarth, ac mae dau ddisgybl, sydd wedi sefyll pob un o'r 20 o brofion yn y dosbarth, yn fodlon cynrychioli'r dosbarth. Mae gwybodaeth am eu sgoriau cyfartalog i'w weld yn y tabl ar y dde. Ar gyfer pob gosodiad, penderfynwch a yw'n gywir neu'n anghywir.

	Mark	Lucy
Cymedr	6.8	7.6
Modd	8	6

   i. Am fod 20 o brofion yn y dosbarth, mae'n rhaid bod y naill a'r llall wedi sgorio eu modd fwy na dwywaith.

   ii. Mae eu cymedrau yn dangos bod Mark yn sgorio llai na 7 hanner yr amser a bod Lucy yn sgorio mwy na 7 hanner yr amser.

   iii. Ni all dosraniad sgoriau Mark fod yn gymesur.

   iv. Ar gyfer cystadleuaeth fer, mae Mark yn ddewis gwell na Lucy am fod ei fodd uwch yn dangos ei fod ef yn fwy tebygol o wneud yn dda.

   v. Ar gyfer cystadleuaeth hir, mae Lucy yn ddewis gwell na Mark am fod ei chymedr uwch yn dangos bod cyfanswm ei sgôr yn fwy na'i un ef.

3. Mae mesuriadau gwasg sampl o fechgyn i'w gweld isod.

Gwasg (cm)	50–59	60–69	70–79	80–89	90–109
Amlder	2	45	80	19	7

   i. Amcangyfrifwch y maint gwasg cymedrig.

   ii. Ym mha grŵp mae'r maint gwasg canolrifol?

   iii. Pa un yw'r dosbarth modd?

4. Mae amser aros, mewn munudau, sampl o gwsmeriaid yn y swyddfa bost i'w weld isod.

Amser (t munud)	$0 < t \leq 1$	$1 < t \leq 2$	$2 < t \leq 3$	$3 < t \leq 4$	$4 < t \leq 5$	$5 < t \leq 6$	$6 < t \leq 7$	$7 < t \leq 10$
Amlder	6	8	15	13	5	4	4	5

   Ar gyfer pob gosodiad, penderfynwch a yw'n gywir neu'n anghywir.

   i. Roedd wyth cwsmer yn y sampl.

   ii. Amcangyfrif rhesymol o'r amser aros cymedrig yw 3.5 munud.

   iii. Amcangyfrif rhesymol o gyfanswm yr amser aros ar gyfer yr holl gwsmeriaid yw 211 munud.

   iv. Y chwartel isaf yw 15 munud.

5. Safodd dosbarth o fyfyrwyr brawf. Eu marc cymedrig oedd 63 ac nid oedd y gwyriad safonol yn sero. Mae myfyriwr arall yn sefyll y prawf yn nes ymlaen ac yn cael marc o 63. Mae'r cymedr a'r gwyriad safonol yn cael eu hailgyfrifo er mwyn cynnwys y marc hwn. Mae pedwar o'r gosodiadau canlynol yn anghywir ac mae un yn gywir. Pa un sy'n gywir?

   i. Mae'r cymedr yn aros yr un peth ond nid oes digon o wybodaeth i ddweud beth sy'n digwydd i'r gwyriad safonol.

   ii. Nid oes digon o wybodaeth i ddweud beth sy'n digwydd i'r cymedr na'r gwyriad safonol.

   iii. Mae'r cymedr newydd yr un peth ag o'r blaen, ond mae'r gwyriad safonol yn is.

   iv. Mae'r cymedr a'r gwyriad safonol yn aros yr un peth.

   v. Mae'r cymedr a'r gwyriad safonol yn lleihau oherwydd y marc ychwanegol.

6. Gofynnir i sampl o fenywod priod yn eu pedwardegau sawl plentyn maen nhw wedi'i gael.

Nifer y plant	0	1	2	3	4	5	6
Amlder	13	17	38	20	8	3	1

   Cyfrifwch y cymedr a'r gwyriad safonol ar gyfer nifer y plant fesul menyw.

Atebion ar dudalen 216

Cwestiwn enghreifftiol

Mae becws yn gwneud torthau o fara sydd wedi'u labelu'n 400 gram. Mae sampl o 10 torth yn cael ei gymryd a'u pwysau, mewn gramau, yw:

407.0 397.2 412.4 422.8 422.0 427.3 388.2 407.7 421.0 399.1

i Ar gyfer y sampl hwn, darganfyddwch
   - y cymedr
   - y gwyriad safonol.

ii Ar gyfer y sampl nesaf o ddeg torth, $\sum x = 3935.7$ a $\sum x^2 = 1\,598\,296.4$.
   Ar gyfer y sampl hwn, darganfyddwch
   - y cymedr
   - y gwyriad safonol.

iii Gwnewch sylw ar eich atebion ar gyfer y ddau sampl.

Atebion ar dudalen 216

GWIRIO ATEBION

Dehongli diagramau

ADOLYGU

Ffeithiau allweddol

1 **Histogramau**
   - Mae histogramau fel arfer yn cael eu defnyddio ar gyfer data di-dor wedi'u grwpio.
   - Mae'r echelin lorweddol ar histogram yn raddfa gyfartal sy'n dangos gwerthoedd y newidyn (e.e. taldra, cyflog, oedran).
   - Mae'r echelin fertigol yn dangos y dwysedd amlder; mae hyn yn cael ei gyfrifo drwy rannu'r amlder â lled y dosbarth.
     - Gallai'r label ddangos 'dwysedd amlder' neu, er enghraifft, 'amlder fesul cm' neu 'amlder y cm'
     - Gall y symbol / gael ei ddefnyddio yn lle 'fesul' neu 'y'.
   - Yn achos histogram sydd â barrau o led hafal, bydd meddalwedd yn aml yn gosod amlder ar yr echelin fertigol yn hytrach na dwysedd amlder; **siart amlder** fyddai diagram o'r fath.
   - Am fod yr echelin lorweddol ar histogram yn raddfa ddi-dor, nid oes bylchau rhwng y barrau.
   - Mae'r amlder sy'n cael ei gynrychioli gan far mewn histogram yn cael ei roi gan arwynebedd y bar.
   - Y dosbarth modd yw'r grŵp sydd â'r dwysedd amlder uchaf.
   - Mae'r canolrif yn rhannu histogram yn ddau hanner o arwynebedd hafal.
   - Mae'r chwartel isaf yn torri'r histogram ag un chwarter yr arwynebedd i'r chwith iddo; mae'r chwartel uchaf yn torri'r histogram â thri chwarter yr arwynebedd i'r chwith iddo.

2 **Graffiau amlder cronnus**
   - Mae pwyntiau ar graff amlder cronnus yn cael eu plotio ar derfyn uchaf y grŵp.
   - Mae amlder cronnus yn dweud wrthoch chi faint o eitemau data oedd i fyny hyd at werth penodol.

3 **Sgiwedd**
   - Rydyn ni'n dweud bod set ddata sy'n rhoi histogram anghymesur ar sgiw.
   - Gall sgiwedd fod yn bositif neu'n negatif.

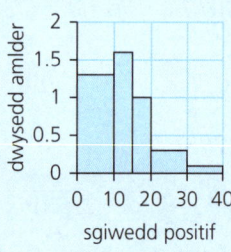
sgiwedd positif

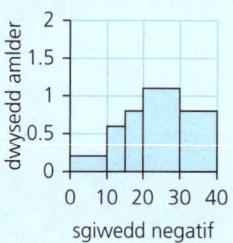
sgiwedd negatif

4 Gall gwerth data gael ei ystyried yn allanolyn os yw'n fwy nag $1.5 \times$ yr amrediad rhyngchwartel uwchben y chwartel uchaf, neu'n fwy nag $1.5 \times$ yr amrediad rhyngchwartel o dan y chwartel isaf.

5 Mae diagram blwch a blewyn yn dangos y gwerth lleiaf, y chwartel isaf, y canolrif, y chwartel uchaf a'r gwerth mwyaf. Gall croesau gael eu defnyddio i nodi allanolion, a bydd y mwyaf a'r lleiaf o'r gwerthoedd sy'n weddill yn cael eu defnyddio yn lle'r gwerth lleiaf a'r gwerth mwyaf.

6 Mae setiau data sydd â sgiwedd positif a negatif yn rhoi diagramau blwch a blewyn sydd â siapiau nodweddiadol.

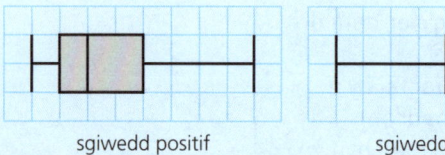

sgiwedd positif   sgiwedd negatif

Enghraifft wedi'i hateb

1 Defnyddio histogramau a graffiau amlder cronnus

Mae pwysau geni sampl o fabanod yn cael eu rhoi yn y tabl isod.

Pwysau (kg)	Amlder
$2.0 \leq w < 2.5$	2
$2.5 \leq w < 3.0$	13
$3.0 \leq w < 3.25$	15
$3.25 \leq w < 3.5$	14
$3.5 \leq w < 3.75$	10
$3.75 \leq w < 4.0$	10
$4.0 \leq w < 4.5$	11

i   Lluniadwch histogram i ddarlunio'r data hyn.
ii Lluniadwch graff amlder cronnus i ddarlunio'r data.
iii Nodwch a yw'r data'n lled-gymesur neu a oes sgiwedd positif neu negatif.

Datrysiad

i

Pwysau (kg)	Amlder	Lled y dosbarth (kg)	Dwysedd amlder
$2.0 \leq w < 2.5$	2	0.5	4
$2.5 \leq w < 3.0$	13	0.5	26
$3.0 \leq w < 3.25$	15	0.25	60
$3.25 \leq w < 3.5$	14	0.25	56
$3.5 \leq w < 3.75$	10	0.25	40
$3.75 \leq w < 4.0$	10	0.25	40
$4.0 \leq w < 4.5$	11	0.5	22

Mae defnyddio grwpiau culach lle mae mwy o ddata (yn y canol yn yr enghraifft hon) yn gallu helpu i ddangos lefel briodol o fanylder.

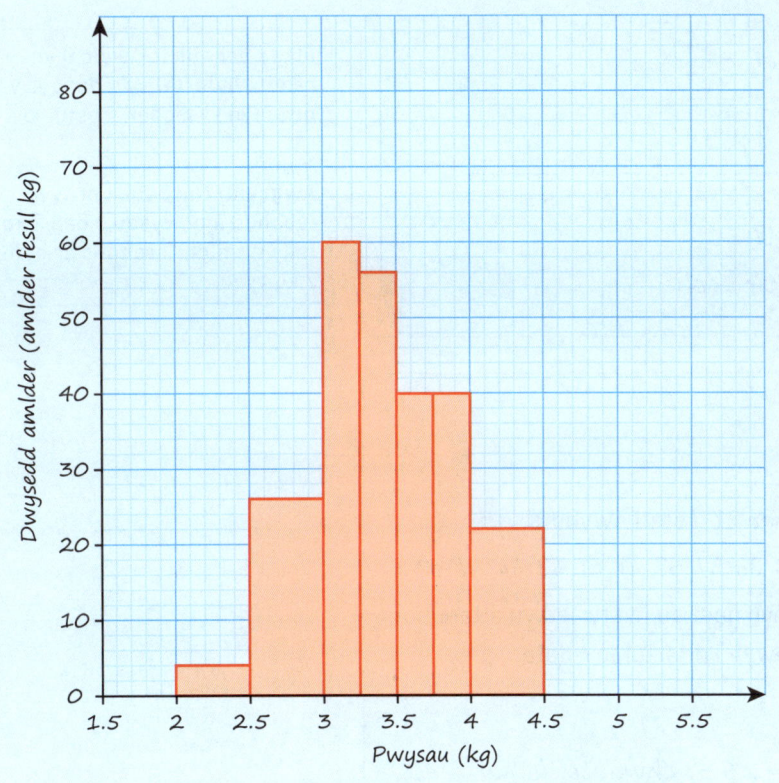

Awgrymiadau: Mae dwysedd amlder yn cael ei gyfrifo drwy rannu'r amlder â lled y dosbarth; mae'n ddefnyddiol rhoi colofn yn y tabl i nodi lled y dosbarth.

Awgrymiadau:
- Arwynebedd bar mewn histogram yw amlder y grŵp mae'n ei gynrychioli.
- Gallai'r echelin fertigol gael ei labelu naill ai â 'dwysedd amlder' neu ag 'amlder fesul kg'.

Camgymeriad cyffredin: Wrth lunio histogram ar gyfer **oedran**, cofiwch, er enghraifft, y gallai grŵp 14–19 oed gynnwys pobl sydd ddiwrnod yn brin o'u pen-blwydd yn 20 oed, felly ei led fyddai 20 − 14 = 6 blynedd.

ii

Pwysau (kg)	Amlder	Amlder cronnus
$2.0 \leq w < 2.5$	2	2
$2.5 \leq w < 3.0$	13	15
$3.0 \leq w < 3.25$	15	30
$3.25 \leq w < 3.5$	14	44
$3.5 \leq w < 3.75$	10	54
$3.75 \leq w < 4.0$	10	64
$4.0 \leq w < 4.5$	11	75

Mae'r ffigurau yng ngholofn yr amlder cronnus yn cael eu darganfod drwy adio'r amlderau wrth i chi fynd i lawr y tabl. Yn yr enghraifft hon, mae'r amlder cronnus yn dweud wrthoch chi faint o fabanod oedd yn y grŵp pwysau dan sylw a'r grwpiau o dan hynny.

Awgrym: Mae'r amlder cronnus terfynol yn rhoi cyfanswm yr amlderau.

Mae'r graff amlder cronnus i'w weld isod.

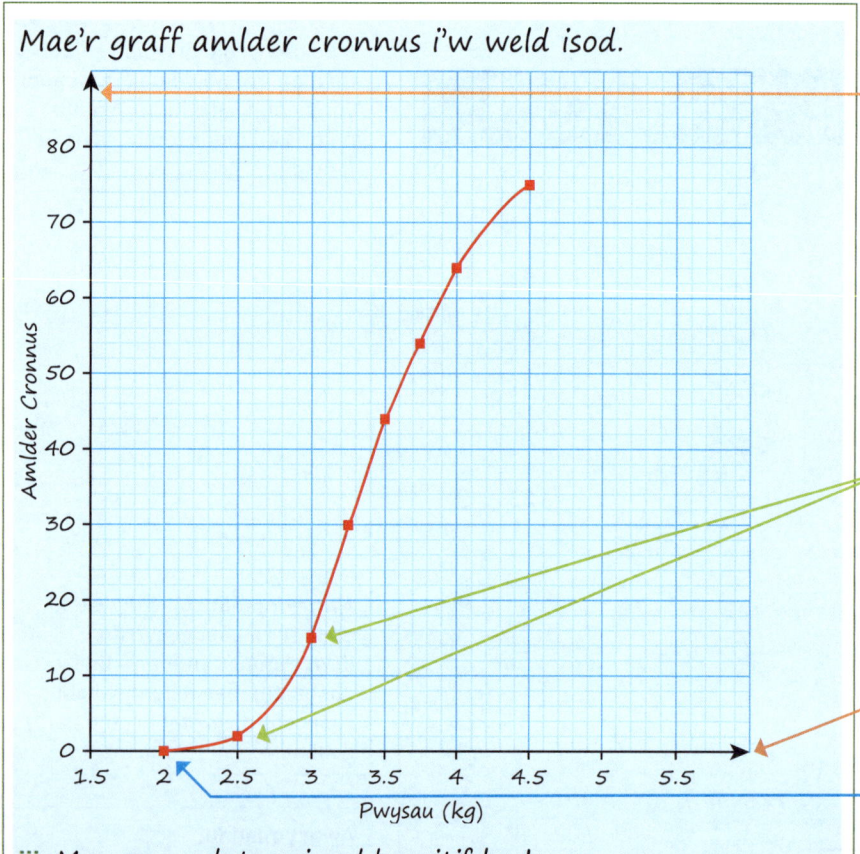

Mae'r echelin fertigol yn dangos amlder cronnus.

Camgymeriad cyffredin: Yr amlder cronnus cyntaf yn y tabl yw 2; mae hyn yn golygu bod gan ddau faban bwysau o hyd at 2.5 kg. Yr ail amlder cronnus yw 15; mae hyn yn golygu bod gan 15 baban bwysau o hyd at 3 kg. Dylai'r amlder cronnus bob amser gael ei blotio yn erbyn terfyn uchaf y grŵp.

Mae'r echelin lorweddol yn raddfa gyfartal sy'n dangos y newidyn sy'n cael ei astudio.

Awgrym: Nid oedd unrhyw fabanod â phwysau o dan 2 kg, felly'r amlder cronnus ar gyfer 2 kg yw 0.

iii Mae gan y data sgiwedd positif bach.

Enghraifft wedi'i hateb

2 Nodi allanolion

Mae'r rhestr isod yn dangos oedrannau 21 o staff swyddfa.

18 21 25 26 26 27 30 31 32 32 33 36 37 37 41 41 43 44 47 52 67

i A allai unrhyw rai o'r oedrannau hyn gael eu hystyried yn allanolion.
ii Lluniadwch ddiagram blwch a blewyn i ddarlunio'r data.

Datrysiad

i Cymedr = 33; chwartel isaf = 26.5; chwartel uchaf = 42.

Amrediad rhyngchwartel = 42 − 26.5 = 15.5

1.5 × amrediad rhyngchwartel = 1.5 × 15.5 = 23.25

Chwartel isaf − 23.25 = 26.5 − 23.25 = 3.25;
Chwartel uchaf + 23.25 = 42 + 23.25 = 65.25.

Gall oedrannau o dan 3.25 neu dros 65.25 gael eu hystyried yn allanolion felly mae 67 yn allanolyn.

ii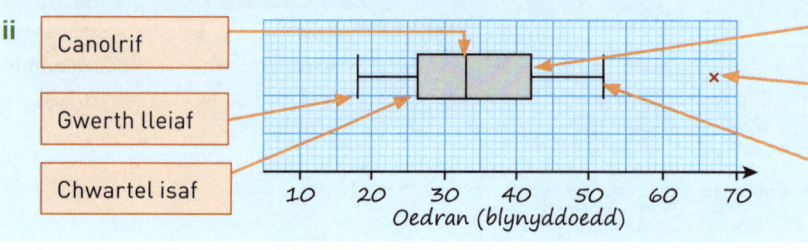

Canolrif

Gwerth lleiaf

Chwartel isaf

Chwartel uchaf

Mae'r allanolyn yn cael ei ddangos fel pwynt ar wahân.

Mae'r blewyn uchaf ar y gwerth uchaf (heb gynnwys yr allanolyn).

Enghraifft wedi'i hateb

3 Amcangyfrif y canolrif o histogram

Mae pwysau geni sampl o 75 o fabanod yn cael eu rhoi yn yr histogram isod. Darganfyddwch amcangyfrif y canolrif.

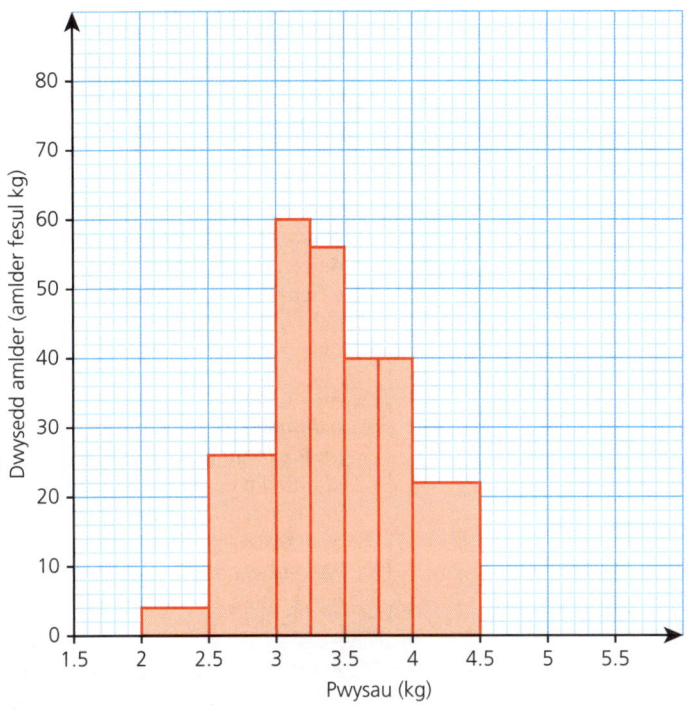

Datrysiad

Hanner cyfanswm y dwysedd yw $75 \div 2 = 37.5$; mae hyn yn cynrychioli'r arwynebedd o flaen y canolrif.

$2 + 13 + 15 = 30$

$37.5 - 30 = 7.5$

Y ffracsiwn o'r pedwerydd bar sydd ei angen yw $\frac{7.5}{14}$ am mai cyfanswm ei amlder yw 14.

Lled y bar yw 0.25 felly

$\frac{7.5}{14} = \frac{d}{0.25}$

$d = \frac{0.25 \times 7.5}{14} = 0.13$ (i 2 le degol)

canolrif $= 3.25 + d = 3.25 + 0.13$

canolrif $= 3.38$ kg

Camgymeriad cyffredin: Pwysau yw'r canolrif, felly rhowch unedau ar yr ateb terfynol.

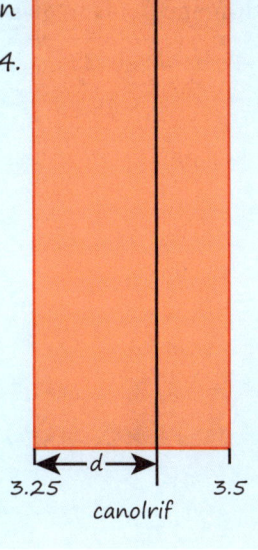

Dyma gyfanswm arwynebedd y tri bar cyntaf.

Dyma arwynebedd y rhan o'r pedwerydd bar sydd o flaen y canolrif.

Awgrym: Peidiwch â phoeni am yr unedau wrth ddarganfod arwynebedd y barrau; byddan nhw'n gofalu amdanyn nhw eu hunain os yw eich graddfeydd yn gywir. Gwnewch yn siŵr eich bod chi'n darganfod yr arwynebedd yr un ffordd ar gyfer pob bar. Gallwch chi gyfrif sgwariau neu gyfrifo lled lluosi ag uchder yn hytrach na defnyddio'r amlder.

Awgrym: Mae ffracsiwn y lled yr un peth â ffracsiwn yr arwynebedd.

Awgrym: Mae'r data wedi'u grwpio, felly dydych chi ddim yn gwybod beth oedd yr holl werthoedd gwreiddiol. Amcangyfrif o'r canolrif fydd yr ateb terfynol.

Enghraifft wedi'i hateb

4 Defnyddio cromlin amlder cronnus

Mae'r graff amlder cronnus ar gyfer y data yng Enghraifft 3 i'w weld isod. Darganfyddwch amcangyfrifon y canolrif a'r amrediad rhyngchwartel.

Datrysiad

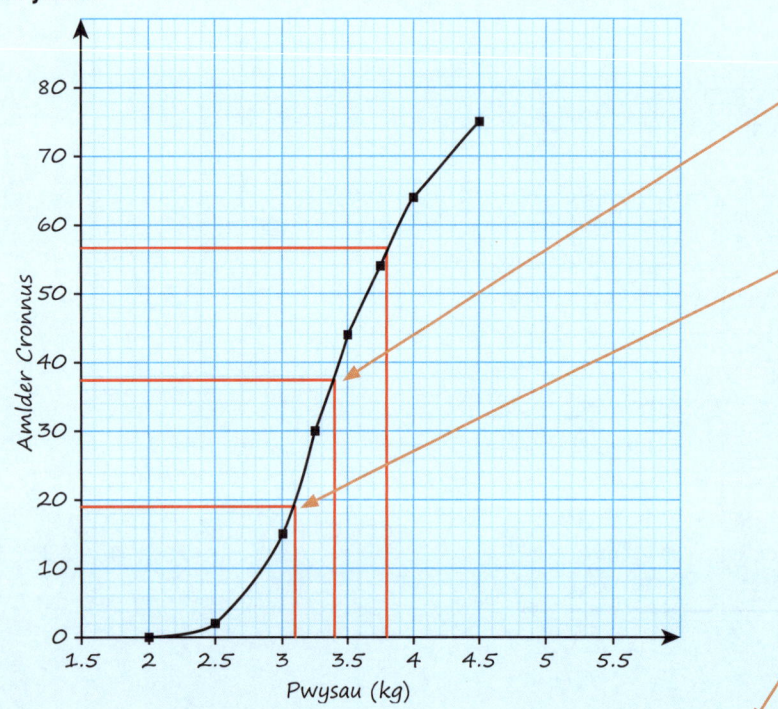

Canolrif = 3.4 kg; chwartel isaf = 3.1 kg; chwartel uchaf = 3.8 kg; amrediad rhyngchwartel = 3.8 − 3.1 = 0.7 kg.

> I amcangyfrif y canolrif, darllenwch ar draws o'r amlder cronnus sy'n hanner y cyfanswm: (75 ÷ 2 = 37.5).

> I ddarganfod amcangyfrif o'r chwartel isaf, darllenwch ar draws o'r amlder cronnus sy'n chwarter y cyfanswm: (75 ÷ 4 = 18.75).

> Mae'r atebion hyn sy'n dod o ddarllen graff i un lle degol yn unig, lle roedd y canolrif a ddaeth o ddarllen yr histogram i ddau le degol, ond amcangyfrifon yn unig ydyn nhw gan nad ydych chi'n gwybod y gwir werthoedd data.

> **Awgrym:** Ar gyfer yr histogram a'r graff amlder cronnus, mae'r canolrif yn safle canol y raddfa barhaus o 0 i n ac felly amcangyfrifir ei fod yn safle $\frac{n}{2}$.

Profi eich hun

1 Mae'r tabl canlynol yn dangos oedrannau sampl o gwsmeriaid siop.

Oedran	13–16	17–19	20–25	26–35	36–55	56–70
Amledd	8	15	19	17	15	5

Rhwng pa derfannau y dylai'r bar olaf ond un yn yr histogram gael ei luniadu?

2 Mae'r histogram isod yn dangos cyfraddau pwls sampl o bobl.
   i   Faint o bobl oedd yn y sampl?
   ii Gwnewch sylw ar sgiwedd y data.

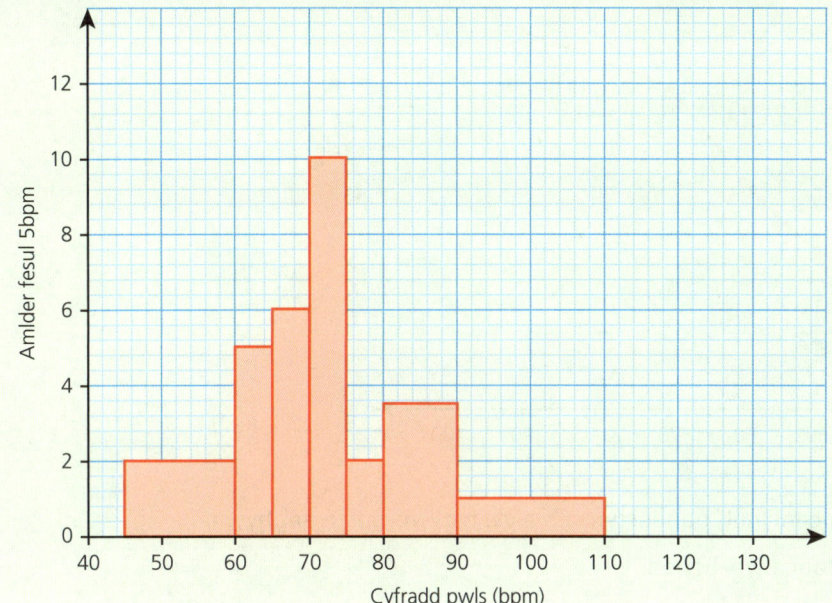

3 Mae'r plot dotiau isod yn dangos lled dwylo sampl o blant, mewn milimetrau.

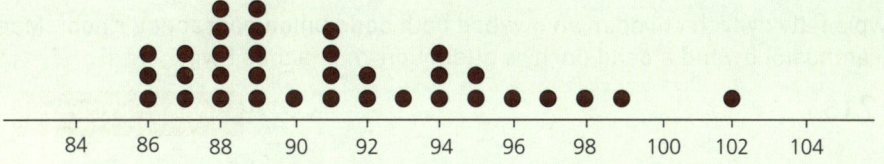

   i   Darganfyddwch y canolrif a'r amrediad rhyngchwartel ar gyfer y set ddata hon.
   ii   Penderfynwch a oes unrhyw allanolion yn y set ddata.
   iii Lluniadwch ddiagram blwch a blewyn i ddarlunio'r data.

4 Mae Mr Brown yn amseru ei daith ar y bws o'r orsaf drenau i'r swyddfa. Dyma'r amserau (mewn munudau) ar gyfer deg o deithiau.
   9   10   12   16   10   3   28   13   9   10
   Ar gyfer pob gosodiad, penderfynwch a yw'n gywir neu'n anghywir.

   i   Mae'r amser o 28 munud yn allanolyn a dylid ei anwybyddu.

   ii   Nid y cymedr yw'r mesur gorau o ganoldueddi'w ddefnyddio ar gyfer y set ddata hon.

   iii Mae'n fwy na thebyg bod y 28 munud yn gam-brint ac mai 18 munud dylai hyn fod, felly dylai 18 gael ei roi yn lle'r 28.

   iv   Nid yw 3 munud yn ddigon bach i fod yn allanolyn, felly mae'n werth data cywir.

   v   Pe bai'r amserau wedi'u mesur a'u cofnodi'n gywir, ni fyddai unrhyw allanolion.

5 Mewn arolwg, gofynnwyd i bobl sawl dogn o ffrwythau a llysiau y bwyton nhw y diwrnod blaenorol. Mae'r graff amlder cronnus isod yn dangos oedrannau'r rhai a oedd wedi bwyta llai na phum dogn.

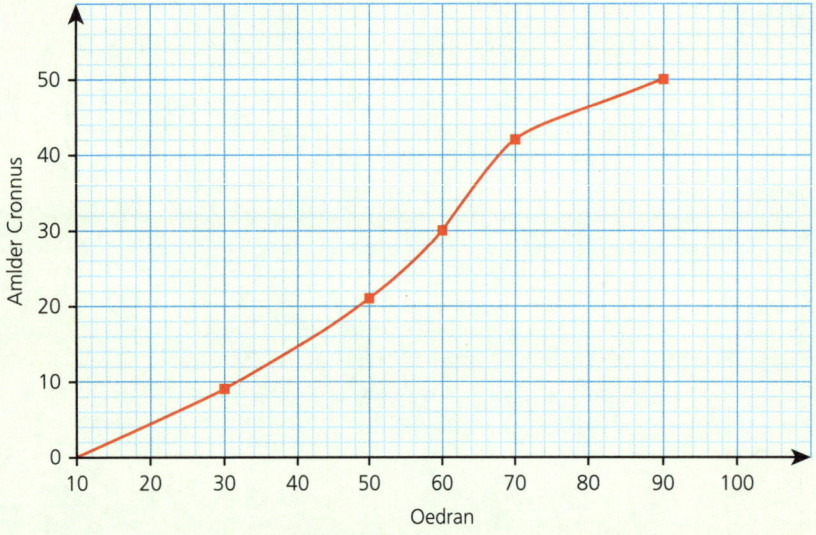

Ar gyfer pob un o'r gosodiadau canlynol, penderfynwch a yw'n gywir neu'n anghywir.

i   Mae'n rhaid bod y person ifancaf yn 10 oed.

ii Roedd 30 o bobl o dan 60 oed.

iii Pe baech chi'n lluniadu histogram ar gyfer y data, byddai'r ail far a'r pedwerydd bar yr un uchder.

iv Mae'r data wedi'u grwpio felly dydych chi ddim yn gwybod beth oedd union oedrannau'r bobl. Mae hyn yn ei gwneud hi'n amhosibl dweud a oedd unrhyw allanolion yn yr achos hwn.

Atebion ar dudalen 216

GWIRIO ATEBION

Cwestiwn enghreifftiol

Fel rhan o arbrawf bioleg, caiff sampl ei chymryd o fath penodol o lwyn. Mae hyd y dail yn cael ei fesur. Mae'r canlyniadau wedi'u crynhoi yn y tabl a'r graff amlder cronnus canlynol.

Hyd (x cm)	$2.0 \leq x < 3.0$	$3.0 \leq x < 4.0$	$4.0 \leq x < 4.5$	$4.5 \leq x < 5.0$	$5.0 \leq x < 6.0$	$6.0 \leq x < 8.0$
Amledd	5	11	14	10	7	3

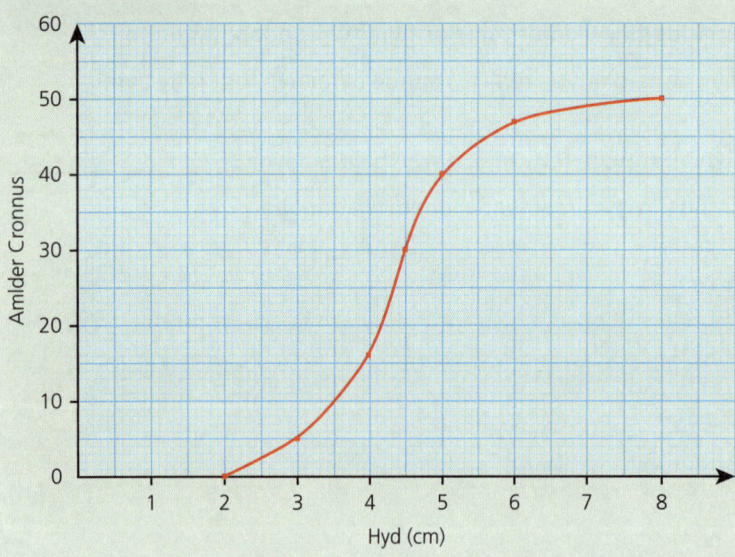

i   Darganfyddwch amcangyfrifon o'r
   - canolrif
   - amrediad rhyngchwartel.
ii   Gan ddangos eich gwaith cyfrifo, awgrymwch hyd y dail a allai gael eu hystyried yn allanolion.
iii Lluniadwch ddiagram blwch a blewyn.
iv   Y crynodeb o ddata yn y tabl a'r graff yn unig sydd gan Alex. Mae'n dweud bod yn rhaid bod rhai dail a oedd yn allanolion yn y data gwreiddiol. Esboniwch pam mae Alex yn anghywir.

Atebion ar dudalennau 216–217

GWIRIO ATEBION

Data deunewidyn

ADOLYGU

Ffeithiau allweddol

1. Mae **data deunewidyn** mewn parau, felly maen nhw'n cynnwys dau newidyn, e.e. oedran a thaldra sampl o blant. Gall data o'r fath gael ei blotio ar ddiagram gwasgariad.
2. Mae **allanolyn** mewn diagram gwasgariad yn bwynt nad yw'n ffitio patrwm cyffredinol gweddill y data.
3. Mae'r newidyn **annibynnol** yn mynd ar echelin-x diagram gwasgariad ac mae'r newidyn **dibynnol** yn mynd ar yr echelin-y.
4. Mae **cydberthyniad** yn golygu perthynas linol. Gall cydberthyniad gael ei ddisgrifio fel un cryf neu un gwan, un positif neu un negatif. Yr agosaf mae'r pwyntiau'n gorwedd at linell syth, y cryfaf yw'r cydberthyniad.
5. Hyd yn oed os oes cydberthyniad cryf, nid yw'n golygu bod newid yn un o'r newidynnau yn **achosi** newid yn y newidyn arall.
6. Mae'r berthynas linell syth ffit orau ar gyfer y newidyn dibynnol wedi'i rhoi yn nhermau'r newidyn annibynnol yn cael ei galw'n **llinell atchwel**.
7. Mae **rhyngosod** yn golygu amcangyfrif ar gyfer pwynt data o fewn yr amrediad o bwyntiau sydd gennych chi eisoes.
8. Mae **allosod** yn golygu defnyddio'r llinell atchwel y tu hwnt i amrediad y pwyntiau sydd gennych chi eisoes.
9. Pan fydd y data'n gorwedd mewn dau grŵp arwahanol o bwyntiau heb fod gan y naill na'r llall unrhyw gydberthyniad, nid yw'n briodol lluniadu llinell ffit orau drwy'r holl bwyntiau.

Dwy adran

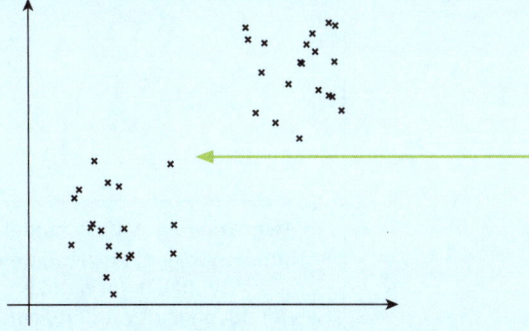

Camgymeriad cyffredin: Byddai meddalwedd yn dangos cydberthyniad positif ac yn lluniadu llinell ffit orau ond ni fyddai hyn yn briodol.

10 Dylid ymchwilio i unrhyw allanolion mewn diagram gwasgariad; efallai mai camgymeriadau ydyn nhw neu fe allen nhw fod yn werthoedd dilys.

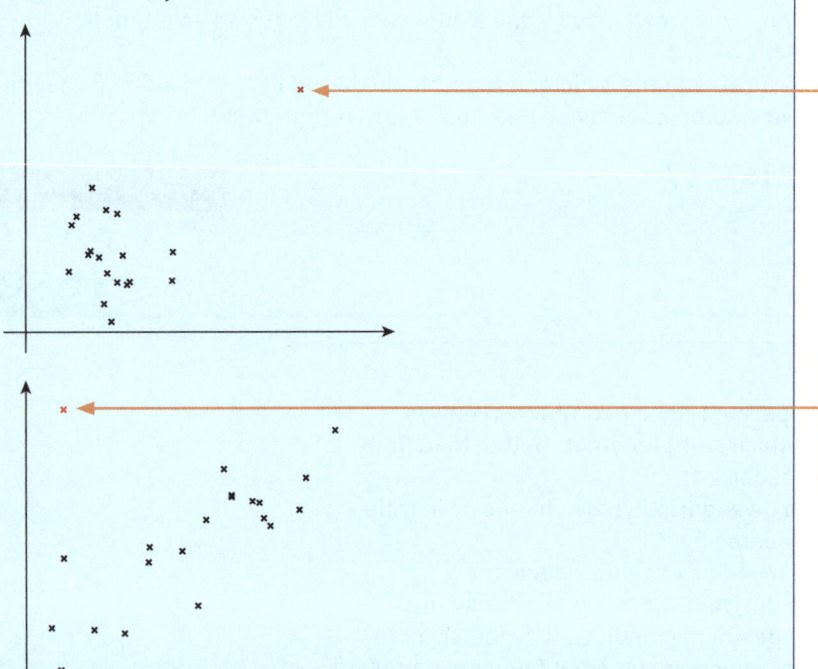

Mae'r allanolyn hwn yn rhoi'r argraff bod cydberthyniad ond nid oes cydberthyniad ar gyfer y pwyntiau eraill.

Mae'r allanolyn hwn yn rhoi'r argraff bod llai o gydberthyniad nag sydd ar gyfer gweddill y data.

Enghraifft wedi'i hateb

1 Dehongli diagram gwasgariad

Mae'r diagram gwasgariad isod yn dangos oedran canolrifol a'r gyfradd genedigaethau fesul 1000 yn holl wledydd y byd lle mae data ar gael. Mae llinell ffit orau wedi'i lluniadu gan ddefnyddio taenlen.

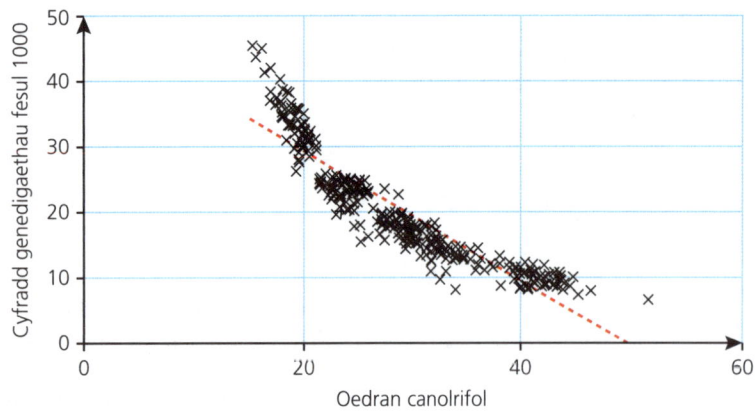

i Disgrifiwch y cydberthyniad yn y diagram gwasgariad.
ii Amlinellwch gyfyngiadau'r model llinell syth.

Datrysiad

i Mae cydberthyniad negatif cryf.

ii Yn achos gwledydd sydd ag oedran canolrifol uchel neu isel, mae'r llinell syth yn awgrymu cyfradd genedigaethau is na'r wir gyfradd genedigaethau, ond yn achos gwledydd sydd ag oedran canolrifol canolig, mae'r llinell yn awgrymu cyfradd genedigaethau sy'n rhy uchel yn gyffredinol.

Awgrym: Er y gallai'r model llinell syth gael ei wella, mae'r holl bwyntiau'n gorwedd yn weddol agos at y llinell ac mae gan y llinell raddiant negatif, felly mae cydberthyniad negatif cryf.

Awgrym: Edrychwch ar wahanol adrannau'r set ddata lle gallai'r model llinell syth gael ei wella.

Enghraifft wedi'i hateb

2 Rhyngosod ac allosod

Mae'r diagram gwasgariad isod yn dangos pwysau mefus sy'n cael eu casglu gan gasglwr ffrwythau yn erbyn yr amser mae'n ei gymryd. Roedd darlleniadau pwysau'r mefus a gasglwyd yn cael eu cymryd bob dwy funud.

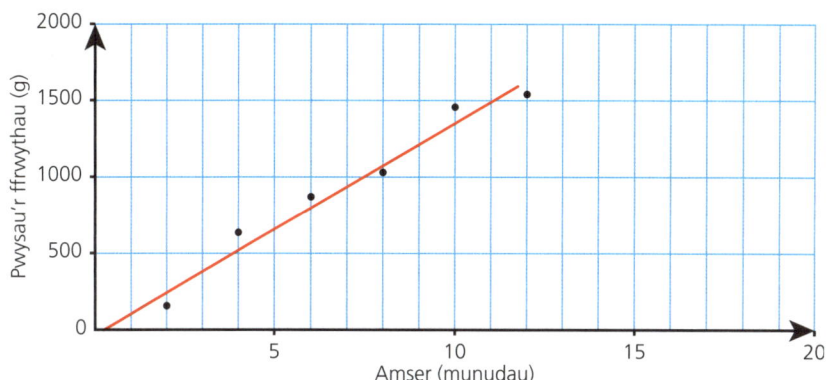

Mae meddalwedd ystadegol yn cael ei defnyddio i roi llinell atchwel sydd â'r hafaliad $y = 136x - 3.85$, lle x yw'r amser mewn munudau ac y yw pwysau'r ffrwythau mewn gramau.

i Rhowch ddehongliad o raddiant y llinell.

ii Amcangyfrifwch bwysau'r ffrwythau y byddai'r casglwr yn eu casglu mewn
  a 9 munud
  b 30 munud.

iii Gwnewch sylw ar ba mor ddibynadwy yw eich atebion.

Awgrym: Mae'r newidyn annibynnol yn mynd ar yr echelin-x. Yn yr achos hwn, mae gan yr arbrofwr ddiddordeb yn sut mae pwysau'r ffrwythau sy'n cael eu casglu yn dibynnu ar amser felly amser yw'r **newidyn annibynnol** a phwysau'r ffrwythau sy'n cael eu casglu yw'r **newidyn dibynnol**.

Pan fydd llinell ffit orau yn cael ei chyfrifo (gan ddefnyddio meddalwedd neu gyfrifiannell er enghraifft), mae'n cael ei galw'n **llinell atchwel**.

Datrysiad

i Graddiant $y = 136x - 3.85$ yw 136; mae'n cynrychioli pwysau'r ffrwythau (mewn gramau) sy'n cael eu casglu bob munud.

ii a $x = 9 \Rightarrow y = 136 \times 9 - 3.85 = 1220.15$
   1220 g (i 3 ffigur ystyrlon)

  b $x = 30 \Rightarrow y = 136 \times 30 - 3.85 = 4076.15$
   4080 g (i 3 ffigur ystyrlon)

iii Mae'r ateb ar gyfer 9 munud yn debygol o fod yn weddol ddibynadwy am fod 9 yn gorwedd yn y cyfwng y casglwyd y data ar ei gyfer (rhyngosod). Bydd yr ateb ar gyfer 30 munud yn llai dibynadwy am ei fod y tu allan i'r set ddata. Mae allosod yn tybio y bydd y berthynas linell syth yn parhau ond gallai'r casglwr ffrwythau flino ac arafu gydag amser.

Awgrym: Yn y ffurf $y = mx + c$, cofiwch fod m yn cynrychioli'r graddiant. Y graddiant yw'r cynnydd yn y am un uned o gynnydd yn x.

Wrth ddefnyddio model, nid yw'n briodol rhoi eich amser i lawr o leoedd degol; yn yr achos hwn, byddai nifer y gramau a fyddai'n cael eu casglu gan y casglwr mewn cyfnod penodol o amser yn fwy na thebyg yn amrywio cryn dipyn.

Camgymeriad cyffredin: Mae llinell ffit orau neu fodel arall yn aml yn cael ei ddefnyddio i ragfynegi, felly gallai fod rhywfaint o allosod; y pellaf y byddwch chi'n allosod, y mwyaf gofalus y dylech chi fod ynglŷn â'ch ateb.

Profi eich hun

1 Mae Fred yn ymarfer am 30 munud, yna'n arsylwi cyfradd ei bwls ar ôl stopio ymarfer. Mae'r data i'w gweld yn y tabl a'r diagram gwasgariad isod.

Amser ar ôl ymarfer (munud), x	Cyfradd pwls, y
½	133
1	127
1½	98
2	67
2½	68

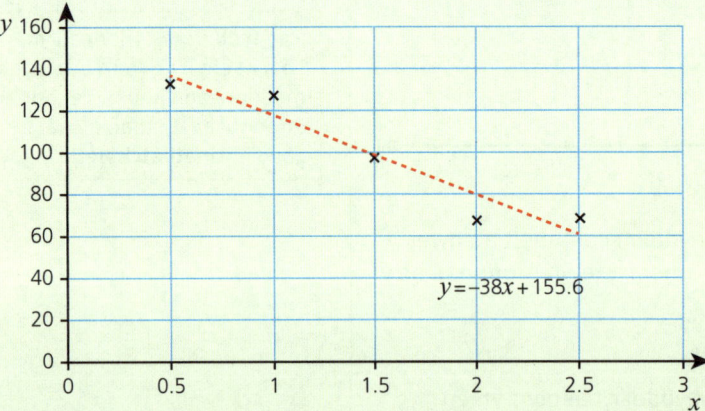

Ar gyfer pob gosodiad, penderfynwch a yw'n gywir neu'n anghywir.

i Byddai'n rhesymol defnyddio hafaliad y llinell atchwel i ddarganfod cyfradd pwls 4 munud ar ôl ymarfer am nad yw hyn yn bell o'r data yn y tabl.

ii Bydd hafaliad y llinell atchwel rydych chi wedi'i darganfod yn berthnasol i gyfradd pwls pob dyn sy'n ymarfer am 30 munud ac yna'n stopio.

iii Amser ar ôl ymarfer yw'r newidyn dibynnol a chyfradd pwls yw'r newidyn annibynnol.

iv 79.6 yw rhagfynegiad y model o gyfradd pwls 2 funud ar ôl i Fred stopio ymarfer.

2 Mae'r diagram gwasgariad isod yn dangos y berthynas rhwng dau newidyn, x ac y.

i Pa un o'r canlynol allai fod yn hafaliad y llinell atchwel?

A $y=-1.1x-3.3$ B $y=-1.1x+3.3$ C $y=1.1x-3.3$ Ch $y=1.1x+3.3$

ii Disgrifiwch y math o gydberthyniad sydd rhwng y newidynnau.

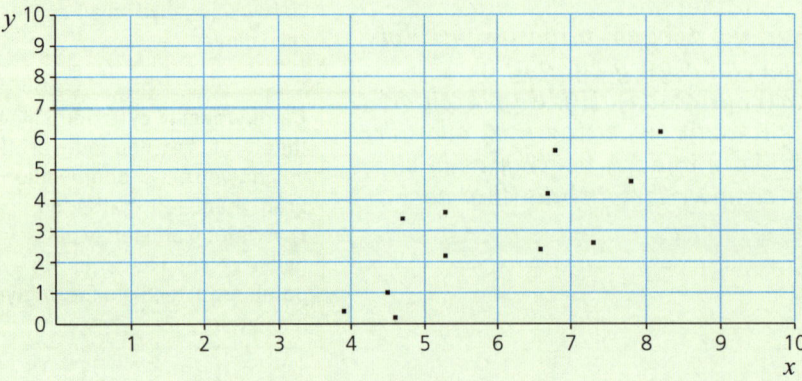

3 Mae'r graff isod yn dangos taldra ac oedran y bobl sy'n mynd i glwb gwyliau.
  Mae meddalwedd yn awgrymu gwerth positif ar gyfer cydberthyniad. Esboniwch pam na fyddai hyn yn briodol ar gyfer y wybodaeth hon.

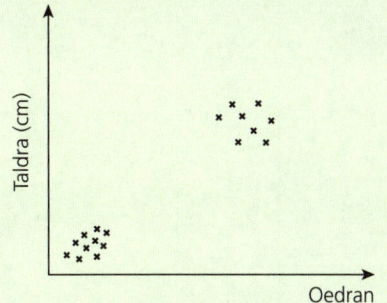

4 Mae'r diagram gwasgariad isod yn dangos cyfraddau diweithdra a disgwyliad oes adeg geni ar gyfer gwledydd Ewrop.

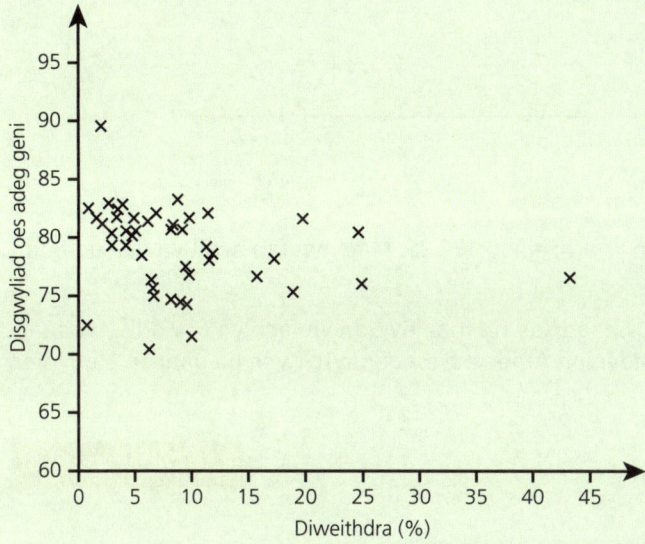

Ar gyfer pob gosodiad, penderfynwch a yw'n gywir neu'n anghywir.
  i   Mae byw mewn gwlad sydd â diweithdra uchel yn achosi disgwyliad oes is.
  ii Mae'r gyfradd diweithdra rhwng 40% a 45% yn allanolyn ac mae'n rhaid ei fod yn wall.
  iii Mae'r disgwyliad oes o 90 yn afrealistig o uchel, felly mae'n rhaid ei fod yn wall.

Atebion ar dudalen 217

GWIRIO ATEBION

Cwestiwn enghreifftiol

Mae'r diagram gwasgariad isod yn dangos y BMI (Indecs Màs y Corff) ar gyfer sampl o 89 o ddynion o America.

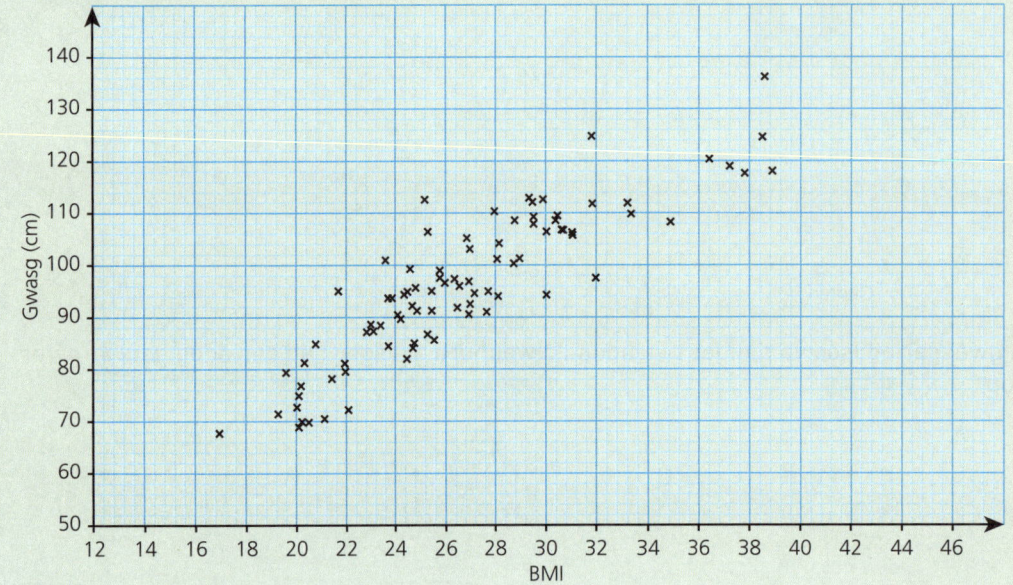

i   Disgrifiwch y cydberthyniad rhwng BMI a maint gwasg.

Mae gwefan yn dweud bod BMI iach i oedolion yn yr amrediad 19 i 25. Mae gwefan arall yn dweud bod maint gwasg o 94 cm neu lai yn iach i ddynion.

ii Ar fraslun, dangoswch ranbarth y diagram gwasgariad lle mae dynion yn iach yn ôl y ddwy wefan.
iii Gan dybio bod y sampl yn gynrychioliadol o ddynion America, amcangyfrifwch pa ganran o ddynion America sydd â BMI iach.

Atebion ar dudalen 217

GWIRIO ATEBION

Pennod 15 Tebygolrwydd

Ynglŷn â'r testun hwn

Er y gall syniadau sylfaenol tebygolrwydd ymddangos yn eithaf syml, mae'n bwysig meddwl yn glir er mwyn osgoi mynd o'i le. Mae tebygolrwydd yn cael ei ddefnyddio ym maes asesu risg, felly gall dealltwriaeth dda fod yn ddefnyddiol iawn mewn pob math o sefyllfaoedd.

Wrth ddefnyddio tebygolrwydd mewn sefyllfaoedd go iawn, gall tebygolrwyddau newid, yn dibynnu ar beth ddigwyddodd cynt – mae angen gofal yma er mwyn osgoi neidio i gasgliadau sy'n ymddangos yn reddfol ond sy'n anghywir.

Cyn dechrau, cofiwch ...

- syniadau sylfaenol tebygolrwydd a chyfrifiadau sy'n cynnwys ffracsiynau a degolion o'r cwrs TGAU
- sut i gyfrifo tebygolrwydd gan ddefnyddio canlyniadau sydd yr un mor debygol
- sut i amcangyfrif tebygolrwydd gan ddefnyddio amlder cymharol.

Gweithio â thebygolrwydd

ADOLYGU

Ffeithiau allweddol

1. Gall tebygolrwydd digwyddiad A yn aml gael ei ddarganfod gan ddefnyddio

$$P(A) = \frac{\text{Nifer y ffyrdd y gall } A \text{ ddigwydd}}{\text{Cyfanswm nifer y canlyniadau}}.$$

   Mae hyn ond yn gweithio pan fydd yr holl ganlyniadau yr un mor debygol.

2. **Amlder disgwyliedig** digwyddiad A mewn n treial yw $nP(A)$.
3. $P(A') = 1 - P(A)$ lle A' yw'r digwyddiad 'nid A'.
4. Mae tebygolrwydd o sero yn golygu na all digwyddiad ddigwydd; mae tebygolrwydd o 1 yn golygu ei fod yn sicr o ddigwydd.
5. Gall **diagramau Venn** gael eu defnyddio i ddangos naill ai nifer y canlyniadau neu'r tebygolrwyddau.
6. Mae'r **rheol adio** ar gyfer tebygolrwydd yn dweud bod
   $P(A \cup B) = P(A) + P(B) - P(A \cap B)$ lle $A \cup B$ yw uniad digwyddiadau A neu B, h.y. bod naill ai A neu B neu bod A a B hefyd, yn digwydd.
   $A \cap B$ yw croestoriad digwyddiadau A a B, h.y. bod A a B hefyd yn digwydd.
7. Ni all digwyddiadau **cydanghynhwysol** ddigwydd yr un pryd. Yn achos digwyddiadau cydanghynhwysol, $P(A \cup B) = P(A) + P(B)$.

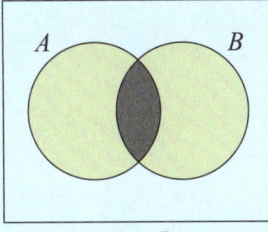

$A \cap B$

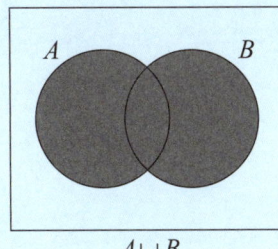

$A \cup B$

CBAC UG Mathemateg

8 Mae digwyddiadau'n **annibynnol** pan fydd tebygolrwydd un digwyddiad yr un peth pa un a yw'r digwyddiad arall yn digwydd neu beidio.

Yn achos digwyddiadau annibynnol, mae'r rheol lluosi ar gyfer tebygolrwydd yn dweud bod $P(A \cap B) = P(A) \times P(B)$.

9 Gall diagramau canghennog gael eu defnyddio i gyfrifo tebygolrwydd dau (neu ragor) o ddigwyddiadau.

10 Unwaith mae gennych chi'r tebygolrwyddau cywir ar ddiagram canghennog, rydych chi'n lluosi ar hyd y canghennau i ddarganfod y tebygolrwydd bod yr holl ddigwyddiadau perthnasol yn digwydd.

11 $P(A$ yn digwydd o leiaf unwaith$) = 1 - P(A$ byth yn digwydd$)$.

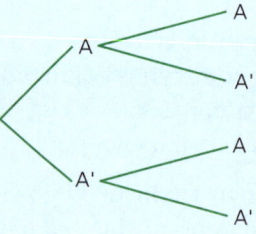

Enghraifft wedi'i hateb

1 Defnyddio diagramau Venn ar gyfer niferoedd o wrthrychau

Mae 21 o geir mewn ystafell arddangos, ac mae 13 ohonyn nhw'n lliw arian. Mae 4 o'r ceir lliw arian yn werth mwy nag £20 000. Mae dau o'r ceir heb fod yn lliw arian nac yn werth mwy nag £20 000. Mae un o'r ceir yn yr ystafell arddangos yn cael ei hapddewis fel gwobr mewn cystadleuaeth. Beth yw'r tebygolrwydd ei fod yn werth dros £20 000?

Datrysiad

Gadewch i S ddynodi'r set o geir arian, a V y set o geir sy'n werth mwy nag £20 000.

1 Rydych chi'n gwybod nifer y ceir yn y croestoriad, felly llenwch hwn yn gyntaf.

2 Cyfanswm nifer y ceir lliw arian yw 13, felly mae 9 car yn y rhanbarth hwn.

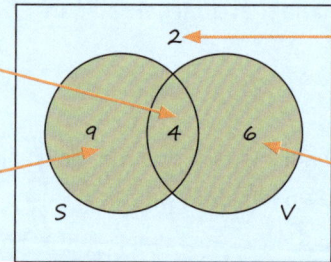

3 Mae 2 gar sydd heb fod yn lliw arian nac yn werth mwy nag £20 000.

4 Cyfanswm nifer y ceir yw 21 felly mae 6 o geir yn y rhanbarth hwn.

Nifer y ceir sy'n werth mwy nag £20 000 yw $4 + 6 = 10$.
$P(\text{gwerth mwy nag £20 000}) = \frac{10}{21}$.

Enghraifft wedi'i hateb

2 Digwyddiadau cydanghynhwysol

Mae A a B yn ddigwyddiadau cydanghynhwysol gyda'r tebygolrwyddau 0.3 a 0.5 yn ôl eu trefn.

i Cyfrifwch $P(A \cup B)'$.

ii Lluniadwch ddiagram Venn sy'n dangos y tebygolrwyddau hyn.

Datrysiad

i Mae A a B yn gydanghynhwysol, felly $P(A \cap B) = 0$.

Mae hyn yn rhoi $P(A \cup B) = P(A) + P(B) = 0.3 + 0.5 = 0.8$

Tebygolrwydd y cyflenwad
$P(A \cup B)' = 1 - 0.8 = 0.2$

ii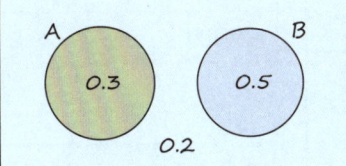

Enghraifft wedi'i hateb

3 Penderfynu a yw digwyddiadau yn annibynnol

Cafodd hapsampl o 200 o blanhigion o amrywiaeth benodol o flodyn eu harchwilio. Ar gyfer y planhigion hyn, A yw'r digwyddiad 'mae gan y planhigyn ddail tywyll' a B yw'r digwyddiad 'mae gan y planhigyn flodau coch'. Mae'r diagram Venn yn dangos niferoedd y planhigion sydd â'r nodweddion hyn. Darganfyddwch:

i $P(A)$

ii $P(B)$

iii $P(A \cap B)$.

iv Nodwch a yw digwyddiadau A a B yn annibynnol, gan roi rhesymau dros eich penderfyniad.

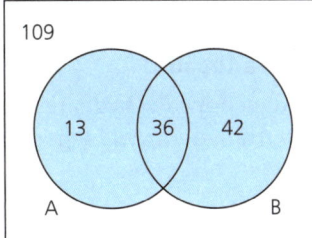

Camgymeriad cyffredin: Byddwch yn ofalus rhag i chi dybio mai $P(A \cap B)$ yw $P(A) \times P(B)$. Gallwch chi gyfrifo $P(A \cap B)$ yn uniongyrchol o'r diagram Venn.

Datrysiad

i $P(A) = \dfrac{13 + 36}{200} = 0.245$

ii $P(B) = \dfrac{36 + 42}{200} = 0.39$

iii $P(A \cap B) = \dfrac{36}{200} = 0.18$

iv Os yw'r digwyddiadau'n annibynnol, yna $P(A \cap B) = P(A) \times P(B)$.

$P(A) \times P(B) = 0.245 \times 0.39 = 0.09555$ ond $P(A \cap B) = 0.18$.

Nid yw'r rhain yn hafal, felly nid yw'r digwyddiadau'n annibynnol.

Awgrym: Os yw'r cwestiwn yn gofyn i chi esbonio a yw dau ddigwyddiad yn annibynnol, nid oes disgwyl i chi ysgrifennu paragraff ynglŷn â pham na ddylen nhw effeithio ar debygolrwydd ei gilydd o ddigwydd. Dylech chi ddefnyddio $P(A \cap B) = P(A) P(B)$ gan esbonio'n gryno beth rydych chi'n ei wneud, fel yn y datrysiad ar y chwith.

CBAC UG Mathemateg

Enghraifft wedi'i hateb

4 Defnyddio diagram canghennog gydag ailosod

Mae blwch yn cynnwys tri glain coch a dau lain aur. Ar wahân i'r lliw, mae'r gleiniau'n unfath. Mae cystadleuydd ar raglen deledu yn gwisgo gorchudd dros ei lygaid. Mae'n tynnu glain o'r blwch ac yna'n ei roi yn ôl. Yna, mae hi'n tynnu ail lain o'r blwch. Mae'n ennill gwobr os yw'n tynnu un glain aur yn union o'r blwch. Beth yw'r tebygolrwydd y bydd hi'n ennill gwobr?

Datrysiad

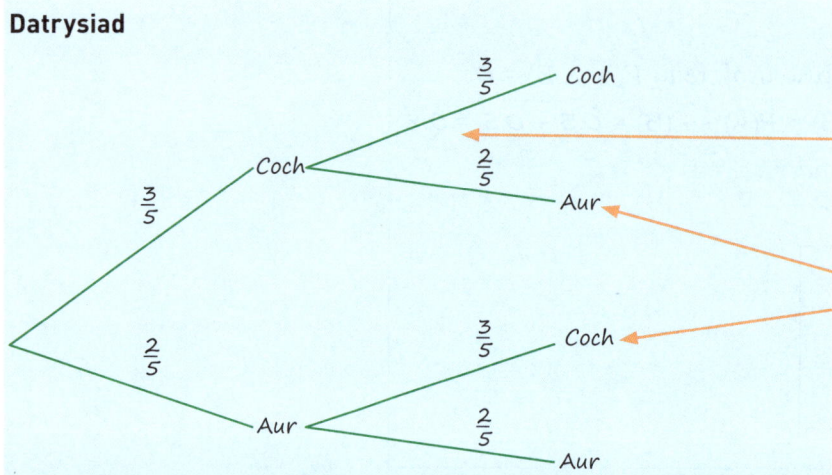

$P(ennill) = P(coch, aur\ NEU\ aur, coch) = P(coch, aur) + P(aur, coch)$

$P(ennill) = \frac{3}{5} \times \frac{2}{5} + \frac{2}{5} \times \frac{3}{5}$

$= \frac{6}{25} + \frac{6}{25} = \frac{12}{25}$

Mae'r tebygolrwyddau'n mynd ar y canghennau.
Ar bob set o ganghennau, mae'r tebygolrwyddau'n adio 1.

ENNILL

Camgymeriad cyffredin: Nid yw $P(A\ neu\ B)$ bob amser yr un peth â $P(A) + P(B)$. Mae hyn yn gweithio'n unig os yw'r digwyddiadau'n gydanghynhwysol.

Awgrym: Gan weithio ar hyd y canghennau, lluoswch y tebygolrwyddau i ddarganfod y tebygolrwydd bod aur a choch hefyd yn digwydd.

Enghraifft wedi'i hateb

5 Defnyddio diagram canghennog heb ailosod

Mae'r rheolau yn y gêm yn Enghraifft 4 yn newid ychydig fel nad yw'r glain cyntaf yn cael ei roi'n ôl. Beth yw'r tebygolrwydd o gael un glain aur yn union nawr?

Datrysiad

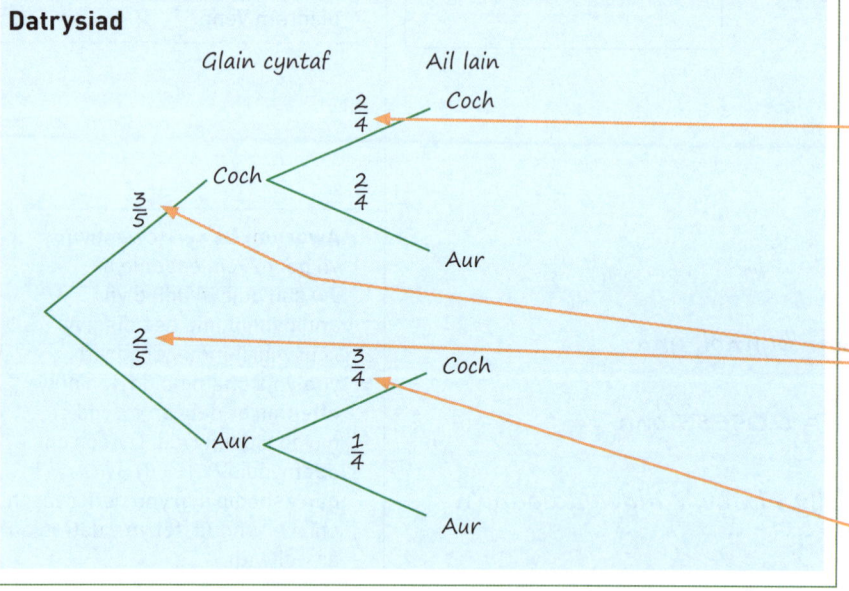

Os oes glain coch yn cael ei ddewis ar y cynnig cyntaf, mae 4 glain ar ôl ac mae 2 ohonyn nhw'n goch.

Mae'r tebygolrwyddau ar y pâr cyntaf o ganghennau yr un peth ag yn Enghraifft 4.

Os oes glain aur yn cael ei ddewis ar y cynnig cyntaf, mae 4 glain ar ôl ac mae 3 ohonyn nhw'n goch.

P(ennill) = P(coch, aur NEU aur, coch) = P(coch, aur) + P(aur, coch)

P(ennill) = $\frac{3}{5} \times \frac{2}{4} + \frac{2}{5} \times \frac{3}{4}$

= $\frac{6}{20} + \frac{6}{20} = \frac{12}{20} = \frac{6}{10}$

> Gan weithio ar hyd y canghennau, lluoswch y tebygolrwyddau i ddarganfod y tebygolrwydd bod aur a choch hefyd yn digwydd.

Profi eich hun

1. Mae rhai garddwyr wedi ffonio i mewn i ofyn a gaiff eu gardd nhw ymddangos ar y teledu. Mae nifer y gerddi hyn sydd â nodweddion penodol i'w weld yn y diagram Venn ar y dde. Bydd un o'r gerddi hyn yn cael ei hapddewis i fod ar y rhaglen deledu. Beth yw'r tebygolrwydd y bydd gardd sydd ag ardal lysiau a phwll yn cael ei dewis?

2. Mae blwch yn cynnwys 50 o siocledi. Mae 20 ohonyn nhw wedi'u gorchuddio â siocled tywyll, ac mae'r gweddill wedi'u gorchuddio â siocled gwyn. Mae canol taffi yn 28 o'r siocledi, ac mae cyffug (*fudge*) yn y gweddill. O blith y siocledi tywyll, mae gan 12 ganol taffi. Mae Alix yn hapddewis siocled. Ar gyfer pob gosodiad, penderfynwch a yw'n gywir neu'n anghywir.

    i   Y tebygolrwydd o ddewis un sydd â chanol taffi a gorchudd o siocled tywyll yw 0.6.

    ii Y tebygolrwydd o ddewis un sydd heb orchudd o siocled tywyll yw 0.6.

    iii Y tebygolrwydd o ddewis un sydd â chanol taffi neu orchudd o siocled tywyll yw 0.96.

    iv Y tebygolrwydd o ddewis un sydd heb ganol taffi na gorchudd o siocled tywyll yw 0.28.

    v   Mae gan fwy na hanner y siocledi gwyn ganol taffi.

3. Mae jar yn cynnwys chwe disg gwyn a phedwar disg du. Mae disg yn cael ei dynnu allan ar hap a'i osod yn ôl, yna mae'r broses yn cael ei hailadrodd. Beth yw'r tebygolrwydd o gael disg du o leiaf unwaith?

4. Mae darn arian teg yn cael ei daflu. Os yw'n glanio ar ben, mae pêl yn cael ei hapddewis o jar X. Os yw'n glanio ar gynffon, mae pêl yn cael ei hapddewis o jar Y. Mae 6 phêl werdd a 5 pêl las yn jar X. Mae 2 bêl werdd ac 8 pêl las yn jar Y. Ar gyfer pob gosodiad, penderfynwch a yw'n gywir neu'n anghywir.

    i   Y tebygolrwydd o ddewis pêl werdd yw $\frac{41}{110}$.

    ii Mae'r digwyddiadau 'y darn arian yn glanio ar gynffon' ac 'mae pêl werdd yn cael ei dewis' yn annibynnol oherwydd ni all y peli wybod pa ffordd y glaniodd y darn arian.

    iii Y tebygolrwydd y bydd y darn arian yn glanio ar ben ac yna y bydd pêl las yn cael ei dewis yw $\frac{5}{22}$.

    iv Mae pêl las yn fwy tebygol o gael ei dewis na phêl werdd.

5. Cewch wybod bod $P(A) = 0.5$ a $P(B) = 0.4$.

    i   O gael gwybod bod A a B yn gydanghynhwysol, darganfyddwch $P(A \cup B)$.

    ii O gael gwybod, yn hytrach, fod A a B yn annibynnol, darganfyddwch $P(A \cup B)$.

Atebion ar dudalen 217

Cwestiwn enghreifftiol

Mae myfyriwr yn cynnal arolwg o 100 o'i chyfoedion ynglŷn â faint o bynciau maen nhw wedi dechrau eu hadolygu. Mae'r canlyniadau i'w gweld yn y tabl isod.

	Nifer y pynciau			
	Dim (A)	Un (B)	Mwy nag un (C)	Cyfanswm
Gwryw (M)	12	12	36	60
Benyw (F)	5	8	27	40
Cyfanswm	17	20	63	100

Mae M ac F yn dynodi'r digwyddiadau bod myfyriwr sydd wedi'i hapddewis yn wryw a benyw yn ôl eu trefn. Mae A, B ac C yn dynodi'r digwyddiadau bod myfyriwr sydd wedi'i hapddewis wedi adolygu dim, un neu fwy nag un pwnc.

i Darganfyddwch
   a $P(M)$ **b** $P(M \cap B)$ **c** $P(M' \cup A)$.

ii Enwch ddau o'r digwyddiadau A, B ac C sy'n gydanghynhwysol.

iii Darganfyddwch a yw'r digwyddiadau M a B yn annibynnol. Dangoswch eich dadl yn glir.

Atebion ar dudalen 217

GWIRIO ATEBION

Pennod 16 Dosraniadau tebygolrwydd

Ynglŷn â'r testun hwn

Mae llawer o sefyllfaoedd ystadegol sy'n ymddangos yn wahanol ar yr olwg gyntaf yn arwain at debygolrwyddau sydd â strwythur tebyg.

- Mae rhai sefyllfaoedd yn rhoi set o ganlyniadau sydd yr un mor debygol ac fe allan nhw gael eu modelu gan ddosraniad unffurf.
- Mae rhai sefyllfaoedd yn cynnwys nifer o dreialon annibynnol sydd â'r un tebygolrwydd o lwyddiant – mae cyfrif nifer y llwyddiannau yn rhoi i ni ddosraniad binomaidd.
- Mae rhai sefyllfaoedd yn ymwneud â chyfrif nifer y digwyddiadau annibynnol mewn cyfwng penodol – mae hyn yn rhoi dosraniad Poisson i ni.

Mae'r bennod hon yn dangos sut i benderfynu pa un o'r rhain, os unrhyw un, sy'n briodol i'w ddefnyddio a sut i gyfrifo'r tebygolrwyddau.

Cyn dechrau, cofiwch ...

- diagramau tebygolrwydd canghennog
- sut i ddefnyddio'r ffwythiant esbonyddol ar eich cyfrifiannell.

Hapnewidynnau arwahanol

ADOLYGU

Ffeithiau allweddol

1. Mae priflythrennau yn cael eu defnyddio i gynrychioli hapnewidynnau arwahanol; e.e. gallai S gynrychioli 'cyfanswm y sgôr pan fydd dau ddis yn cael eu taflu'.
2. Mae llythrennau bach yn cael eu defnyddio i gynrychioli gwerthoedd yr hapnewidyn arwahanol; e.e. $s = 2, 3, 4, ..., 12$.
3. Gwerthoedd arwahanol yn unig a all fod i hapnewidynnau arwahanol. Mae gan bob gwerth posibl debygolrwydd o ddigwydd.
4. Os gall yr hapnewidyn X gymryd y gwerthoedd $r_1, r_2, r_3, ..., r_n$ sydd â'r tebygolrwyddau $p_1, p_2, p_3, ..., p_n$ yn ôl eu trefn, yna $\sum_{i=1}^{n} p_i = 1$, h.y. mae'r holl debygolrwyddau yn adio i 1.
5. Gall dosraniad tebygolrwydd hapnewidyn arwahanol fod yn dabl sy'n rhoi'r holl werthoedd a'u tebygolrwyddau, neu'n fformiwla sy'n rhoi'r tebygolrwydd ar gyfer pob gwerth.
6. Gall dosraniad tebygolrwydd arwahanol gael ei ddarlunio gan siart llinell fertigol.

Enghraifft wedi'i hateb

1 Diffinio dosraniad tebygolrwydd

Mae gan yr hapnewidyn X ddosraniad tebygolrwydd sy'n cael ei roi gan y fformiwla $P(X = r) = k(7 - 2r)$ ar gyfer $r = 1, 2, 3$. mae k yn gysonyn.

i Darganfyddwch werth k.
ii Lluniadwch graff addas i ddarlunio'r dosraniad tebygolrwydd.

Datrysiad

i

r	1	2	3
$P(X = r)$	$5k$	$3k$	k

Mae'r tebygolrwyddau'n adio i 1, felly $5k + 3k + k = 1$
$$9k = 1$$
$$k = \frac{1}{9}$$

ii Gan ddefnyddio graff llinell fertigol

r	1	2	3
$P(X = r)$	$\frac{5}{9}$	$\frac{3}{9}$	$\frac{1}{9}$

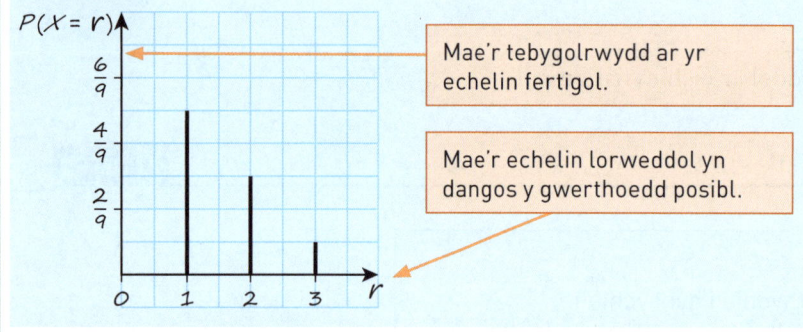

Mae'r tebygolrwydd ar yr echelin fertigol.

Mae'r echelin lorweddol yn dangos y gwerthoedd posibl.

- Ar gyfer pob gwerth yr hapnewidyn, mae ei debygolrwydd rhwng 0 ac 1.
- Os gall yr hapnewidyn X gymryd y gwerthoedd $r_1, r_2, r_3, \ldots r_n$ sydd â'r tebygolrwyddau $p_1, p_2, p_3, \ldots p_n$ yn ôl eu trefn, yna $\sum_{i=1}^{n} p_i = 1$, h.y. mae'r holl debygolrwyddau yn adio i 1.

Awgrym: Dechreuwch drwy roi gwerthoedd r i mewn i'r fformiwla ac ysgrifennu'r tebygolrwyddau mewn tabl.

Awgrym: Sylwch nad oes angen i'r raddfa fertigol fynd yn uwch nag 1. Weithiau bydd hi'n haws ei rhifo â ffracsiynau yn hytrach na degolion.

Enghraifft wedi'i hateb

2 Defnyddio dosraniad tebygolrwydd

Mae dosraniad tebygolrwydd yr hapnewidyn X yn cael ei roi gan

$$\begin{cases} P(X = r) = 0.2 \times 0.8^{r-1} & \text{ar gyfer } r = 1, 2, 3, 4, 5 \\ P(X = r) = k & \text{ar gyfer } r = 6 \text{ (mae } k \text{ yn gysonyn)} \\ P(X = r) = 0 & \text{fel arall} \end{cases}$$

Dyma ffordd o ddweud na all gwerthoedd ar wahân i 1, 2, 3, 4, 5, 6 ddigwydd.

i Darganfyddwch werth k.
ii Mae dau werth annibynnol X yn cael eu cynhyrchu, y naill ar ôl y llall. Darganfyddwch y tebygolrwydd bod eu cyfanswm yn fwy na 10.

Awgrym: Mae'r holl debygolrwyddau'n adio i 1.

Datrysiad

i Mae defnyddio'r fformiwla $P(X=r) = 0.2 \times 0.8^{r-1}$, ar gyfer gwerthoedd r o 1 i 5, yn rhoi:

r	1	2	3	4	5	6
$P(X = r)$	0.2	0.16	0.128	0.1024	0.08192	k

$0.2 + 0.16 + 0.128 + 0.1024 + 0.08192 + k = 1$
$0.67232 + k = 1$ felly $k = 0.32768$

Y tebygolrwydd ar gyfer 6 yw k.

Awgrym: Gallech chi luniadu diagram canghennog ar gyfer rhan **ii** gan ddefnyddio'r tebygolrwyddau o ran **i** ac fe ddylech wneud hynny os bydd yn eich helpu i weld sut i'w gyfrifo.

ii Gall cyfanswm sy'n fwy na 10 ddod o'r parau hyn o werthoedd: (5, 6) neu (6, 5) neu (6, 6).

P(cyfanswm > 10) = P(5, 6) + P(6, 5) + P(6, 6)

P(cyfanswm > 10) = 0.08192 × 0.32768 + 0.32768 × 0.08192 + 0.32768 × 0.32768 ≈ 0.161

Camgymeriad cyffredin: Mae 5 yna 6 yn wahanol i 6 yna 5, felly mae angen cynnwys y ddau.

Mae'r ddau werth yn annibynnol, felly i gyfrifo tebygolrwydd 5 a 6, rydych chi'n lluosi'r ddau debygolrwydd.

Enghraifft wedi'i hateb

3 Modelu â hapnewidyn arwahanol

Mae nifer y bobl sy'n teithio mewn car ar draffordd, X, yn cael ei fodelu gan y dosraniad tebygolrwydd $P(X = r) = k \times 0.4^r$ ar gyfer $r = 1, 2, 3, 4$. Mae k yn gysonyn.

i Darganfyddwch gyfran y ceir sydd, yn ôl y model, ag un person yn unig yn teithio ynddyn nhw.

ii A fyddech chi'n disgwyl i'r model fod yn addas ar gyfer nifer y bobl sy'n teithio mewn car ar ffordd sy'n arwain at gyrchfan wyliau yn yr haf? Esboniwch eich ateb.

Awgrym: Mae angen i chi gyfrifo gwerth k felly dechreuwch drwy roi gwerthoedd r i mewn i'r fformiwla ac ysgrifennu'r tebygolrwyddau mewn tabl.

Datrysiad

i

r	1	2	3	4
$P(X = r)$	0.4k	0.16k	0.064k	0.0256k

$0.4k + 0.16k + 0.064k + 0.0256k = 1$

$0.6496k = 1$

$k = 1 \div 0.6496 = 1.54$ (i 3 ffigur ystyrlon)

$P(X = 1) = 0.4k = 0.4 \times 1.54 = 0.616$ (i 3 ffigur ystyrlon).

Mae tua 62% o geir ag un person yn unig ynddyn nhw.

ii Na fyddwn, oherwydd byddai gan y rhan fwyaf o geir sy'n mynd i gyrchfan wyliau yn yr haf fwy nag un person ynddyn nhw.

Cofiwch fod pob tebygolrwydd yn adio i 1.

Awgrym: Gall yr ateb terfynol gael ei adael fel degolyn neu ei roi fel canran ond mae'n gwneud synnwyr ei dalgrynnu am nad oedd gwerth k yn union.

Profi eich hun

1 Ar gyfer pob tabl neu fformiwla, penderfynwch a allai fod yn ddosraniad tebygolrwydd.

i

r	0	1	2	3
$P(X = r)$	0.56	k	0.24	0.21

ii $\begin{cases} P(X = r) = k(r + 1) & \text{ar gyfer } r = 0, 1, 2 \\ P(X = r) = kr^2 & \text{ar gyfer } r = 4, 5 \\ P(X = r) = 0 & \text{fel arall} \end{cases}$

iii $P(X = r) = k(r^2 - 2r)$ ar gyfer $r = 1, 2, 3$

iv

r	2	3	4	5
$P(X = r)$	0.36	0.18	0.23	0.23

v $P(X = r) = \dfrac{kr}{r + 1}$ ar gyfer holl werthoedd r rhwng 1 a 5 (yn gynhwysol) h.y. $1 \leq r \leq 5$

2 Mae gan hapnewidyn arwahanol, X, y dosraniad tebygolrwydd:

$$\begin{cases} P(X=r)=k(2r^2+r) & \text{ar gyfer } r=1, 2, 3 \\ P(X=r)=3k & \text{ar gyfer } r=4 \\ P(X=r)=0 & \text{fel arall} \end{cases}$$

Darganfyddwch werth k.

3 Mae gan hapnewidyn arwahanol, X, y dosraniad tebygolrwydd sydd i'w weld yn y tabl.

r	0	1	2	3	4
$P(X=r)$	0.25	0.2	0.15	0.3	0.1

Darganfyddwch $P(1 \leq X < 3)$.

4 Peldroediwr yw Barry sydd â siawns 0.75 o sgorio gôl o gic o'r smotyn. Mae'n cymryd dau gic o'r smotyn. Tybiwch fod y rhain yn annibynnol ar ei gilydd. Darganfyddwch ddosraniad tebygolrwydd y nifer o goliau sy'n cael eu sgorio.

Atebion ar dudalen 217

GWIRIO ATEBION

Cwestiwn enghreifftiol

Mae pump o ferched yn prynu rhodd yr un. Mae'r rhoddion yn cael eu casglu ynghyd ac mae'r merched yn hapddewis un yr un. Mae'r dosraniad tebygolrwydd ar gyfer nifer y merched, X, sy'n dewis y rhodd a brynwyd ganddyn nhw'n wreiddiol i'w weld yn y tabl isod.

r	0	1	2	3	4	5
$P(X=r)$	p	$\frac{3}{8}$	$\frac{1}{6}$	$\frac{1}{12}$	0	$\frac{1}{120}$

i Darganfyddwch werth p.
ii Esboniwch pam ei bod yn amhosibl i X fod yn 4.
iii Dangoswch mai $P(X=5) = \frac{1}{120}$.

Atebion ar dudalen 217

GWIRIO ATEBION

Y dosraniad unffurf arwahanol

ADOLYGU

Ffeithiau allweddol

1 Mewn sefyllfa unffurf arwahanol:
  - mae nifer meidraidd o ganlyniadau posibl
  - mae pob canlyniad yr un mor debygol.
2 Lle mae n canlyniad posibl, mae gan bob un y tebygolrwydd
  $$P(X=r) = \frac{1}{n}$$
3 Yn y graff llinell fertigol sy'n darlunio'r dosraniad, mae pob llinell yr un uchder.

Enghraifft wedi'i hateb

1 Cyfrifo tebygolrwyddau

Mae dis sydd â 12 wyneb wedi'u labelu 1 i 12 yn cael ei daflu. X yw'r rhif sy'n dangos ar y dis.

i Esboniwch pam mae dosraniad unffurf arwahanol yn fodel da ar gyfer X.

ii Ysgrifennwch y tebygolrwydd bod X yn 6.

iii Cyfrifwch y tebygolrwydd bod X o leiaf yn 3.

iv Cyfrifwch y tebygolrwydd bod X ar y mwyaf yn 3.

v Cyfrifwch y tebygolrwydd bod X yn llwyr rhwng 4 a 10.

Camgymeriad cyffredin: Cofiwch ddarllen y cwestiwn yn ofalus a deall bod 'o leiaf 3' yn cynnwys y gwerth 3.

Camgymeriad cyffredin: Mae'r term 'yn llwyr rhwng' yn golygu nad yw'r gwerthoedd terfyn wedi'u cynnwys.

Datrysiad

i Mae X yn cymryd y set feidraidd o werthoedd 1, 2, ... 12 ac mae pob un yr un mor debygol, felly mae dosraniad unffurf arwahanol yn fodel da.

ii $P(X = 6) = \dfrac{1}{12}$

iii $P(X \geq 3) = P(X = 3, 4, \ldots 12) = \dfrac{10}{12} = \dfrac{5}{6}$

iv $P(X \leq 3) = P(X = 1, 2, 3) = \dfrac{3}{12} = \dfrac{1}{4}$

v $P(4 < X < 10) = P(X = 5, 6, 7, 8, 9) = \dfrac{5}{12}$

Camgymeriad cyffredin: Mae'n bwysig esbonio pam mae X yn hapnewidyn arwahanol yn ogystal ag yn hapnewidyn unffurf.

Awgrym: Efallai mai'r peth hawsaf fyddai rhestru gwerthoedd X sy'n bodloni'r amod a chyfrif sawl gwerth sydd wedi'i gynnwys.

Enghraifft wedi'i hateb

2 Defnyddio'r fformiwla ar gyfer tebygolrwyddau

Mae hapnewidyn unffurf arwahanol yn cymryd y gwerthoedd cyfanrifol 1 i n lle mae $n \geq 7$. Yn nhermau n, darganfyddwch:

i $P(X = n)$

ii $P(4 \leq X < 7)$.

Datrysiad

i $P(X = n) = \dfrac{1}{n}$

ii $P(4 \leq X < 7) = P(X = 4, 5, 6) = \dfrac{3}{n}$

Awgrym: Rhestrwch y canlyniadau, gan gymryd gofal ychwanegol â'r gwerthoedd terfyn. Yma, mae 4 wedi'i gynnwys ond nid yw 7 wedi'i gynnwys.

Enghraifft wedi'i hateb

3 Darganfod nifer y canlyniadau

Mae hapnewidyn unffurf arwahanol yn cymryd y gwerthoedd cyfanrifol 1 i n. Tebygolrwydd pob canlyniad yw 0.04.

i Cyfrifwch werth n.

ii Darganfyddwch y tebygolrwydd bod yr hapnewidyn yn fwy na 21.

Datrysiad

i Tebygolrwydd pob canlyniad yw $\dfrac{1}{n} = 0.04$

Felly $n = \dfrac{1}{0.04} = 25$

ii $P(X > 21) = P(X = 22, 23, 24, 25) = 4 \times 0.04 = 0.16$

Awgrym: Pan fydd y cwestiwn yn cyfeirio at 'yn fwy na', nid yw'r gwerth terfyn wedi'i gynnwys.

CBAC UG Mathemateg

Profi eich hun

1 Ar gyfer pob un o'r sefyllfaoedd hyn, penderfynwch a all X gael ei fodelu'n dda gan hapnewidyn unffurf arwahanol.
   i   Mae dis teg yn cael ei daflu. X yw'r sgôr ar y dis.
   ii Mae dau ddis teg yn cael eu taflu. X yw cyfanswm y sgoriau.
   iii Mae gofyn i blentyn luniadu llinell o unrhyw hyd, cyhyd â'i bod yn fyrrach na llinell sy'n cael ei rhoi. X yw hyd y llinell.
   iv Mae tîm pêl-droed yn gwisgo crysau sydd â'r rhifau 1 i 11 arnyn nhw. X yw'r rhif ar grys chwaraewr sy'n cael ei hapddewis o blith y tîm.
   v   Mae darn arian yn cael ei daflu nes ei fod yn glanio ar y Pen. X yw nifer y tafliadau sydd ei angen i gael Pen.

2 Mae 500 o docynnau raffl yn cael eu gwerthu ac mae un tocyn buddugol yn cael ei hapddewis. Cyfrifwch y tebygolrwydd bod Jen yn ennill os yw'n prynu
   i   un tocyn
   ii pum tocyn.

3 Mae X yn hapnewidyn unffurf arwahanol sy'n cymryd y gwerthoedd 1, 2, 3 ... 23. Cyfrifwch y tebygolrwydd bod
   i $P(X=1)$
   ii $P(X \leq 4)$
   iii $P(X>20)$
   iv $P(3<X \leq 10)$
   v $P(X>24)$.

4 Mae dis sydd ag 20 o wynebau wedi'u rhifo 1 i 20 yn cael ei daflu ac X yw'r rhif sy'n dangos ar y dis. Cyfrifwch y tebygolrwydd bod
   i X yn 20
   ii X ar y mwyaf yn 5
   iii X o leiaf yn 14
   iv X o leiaf yn 3 ond nid yn fwy na 10
   v X yn eilrif.

Atebion ar dudalen 217

GWIRIO ATEBION

Cwestiwn enghreifftiol

Mae Sinita yn prynu stoc ar gyfer ei boutique. Ar gyfer pob dyluniad ffrog, mae'n prynu un o bob un o feintiau 8, 10, 12, 14, 16, 18, 20 a 22. X yw maint y ffrog gyntaf ym mhob dyluniad mae'n ei gwerthu.

Tybiwch fod gan X ddosraniad unffurf arwahanol.
i   Lluniadwch fraslun o graff y dosraniad hwn.
ii Cyfrifwch y tebygolrwydd mai'r ffrog gyntaf i gael ei gwerthu mewn dyluniad penodol yw un maint 20.
iii Y maint ffrog cyfartalog yng Nghymru yw 16. Cyfrifwch y tebygolrwydd bod y ffrog gyntaf i gael ei gwerthu mewn dyluniad penodol yn llai na'r maint cyfartalog.
iv Pa dybiaethau modelu mae angen eu gwneud er mwyn i X fod yn ddosraniad unffurf arwahanol?
v   Mae profiad Sinita yn dweud wrthi fod y ffrog gyntaf i gael ei gwerthu fel arfer yn llai na maint 16. Gwnewch sylw ar ba mor ddilys yw'r tybiaethau modelu a roddwyd yn rhan **iv**.

Atebion ar dudalen 218

GWIRIO ATEBION

Y dosraniad binomaidd

ADOLYGU

Ffeithiau allweddol

1. Mewn sefyllfa finomaidd:
   - Rydych chi'n cynnal arbrawf neu dreial n o weithiau (nifer sefydlog) e.e. taflu darn arian wyth o weithiau.
   - Mae dau ganlyniad, y gallwch chi eu hystyried yn 'llwyddiant' ac yn 'fethiant', e.e. pen a chynffon.
   - Mae'r tebygolrwydd o 'lwyddiant' yr un peth bob amser (symbol p). Y tebygolrwydd o 'fethiant' yw $q = 1 - p$.
   - Mae'r tebygolrwydd o 'lwyddiant' mewn unrhyw dreial yn annibynnol ar yr hyn a ddigwyddodd mewn treialon blaenorol.
   - Yr hapnewidyn, X, yw 'nifer y llwyddiannau'.

2. Rydych chi'n ysgrifennu $X \sim B(n, p)$ i ddangos bod gan X ddosraniad binomaidd. Mae gwerthoedd n a p yn cael eu galw'n **baramedrau** y dosraniad binomaidd.

3. $P(X = r) = \binom{n}{r} q^{n-r} p^r$ lle mae $q = 1 - p$. $r = 0, 1, 2, ..., n$.

   $\binom{n}{r} = {}^nC_r = \dfrac{n!}{r!(n-r)!}$.

4. Gwnewch yn siŵr eich bod chi'n gwybod sut i roi gwerthoedd ar gyfer n, p ac r i mewn i'ch cyfrifiannell i'w defnyddio i ddarganfod $P(X = x)$ gan ddefnyddio'r dosraniad binomaidd.

5. Gwnewch yn siŵr eich bod chi'n gwybod a yw eich cyfrifiannell yn cyfrifo $P(X \leq x)$ neu $P(a \leq X \leq b)$ a'ch bod chi'n gallu ei ddefnyddio i ateb unrhyw gwestiwn sy'n ymwneud â thebygolrwydd amrediad o werthoedd hapnewidyn binomaidd.

6. Gwnewch yn siŵr eich bod chi'n darllen y cwestiwn yn ofalus i wybod pa werthoedd mae angen i chi eu defnyddio wrth gyfrifo tebygolrwydd.

Awgrym: Efallai y bydd yn ddefnyddiol i chi ysgrifennu'r gwerthoedd posibl rydych chi'n ceisio darganfod eu tebygolrwydd er mwyn eich helpu i weld sut i roi'r wybodaeth i mewn i'ch cyfrifiannell.

Camgymeriad cyffredin: Byddwch yn ofalus wrth ysgrifennu'r tebygolrwydd sydd ei angen arnoch chi fel anhafaledd. Mae rhai ymadroddion cyffredin, a sut maen nhw'n trosi i symbolau, wedi'u rhestru yn y tabl isod.

Ymadrodd	Llai na 3	Dim mwy na 3	Hyd at 3	Mwy na 3	Dim llai na 3	O leiaf 3
Symbolau	$X < 3$	$X \leq 3$	$X \leq 3$	$X > 3$	$X \geq 3$	$X \geq 3$
Gwerthoedd cyfanrifol	0, 1, 2	0, 1, 2, 3	0, 1, 2, 3	4, 5, ...	3, 4, ...	3, 4, ...

Enghraifft wedi'i hateb

1 Adnabod sefyllfaoedd binomaidd

Math o losin blas ffrwythau yw Frooties; maen nhw'n cael eu gwerthu mewn tiwbiau o 14 o losin. Mae Anya'n hoffi'r rhai coch. Mae 20% o'r Frooties sy'n cael eu cynhyrchu yn rhai coch. A yw nifer y losin coch mewn tiwb yn ffitio dosraniad binomaidd? Pa dybiaethau wnaethoch chi wrth ateb y cwestiwn hwn?

Datrysiad

X = nifer y losin coch mewn tiwb

$n = 14$ ← *n yw nifer y treialon. Mae 14 o losin mewn tiwb ac mae gwirio un losinen yn 'dreial'.*

$p = 0.2$ ← *Cyfran y losin coch yw 0.2.*

Felly $X \sim B(14, 0.2)$ ← *Dyma sut rydych chi'n ysgrifennu bod gan X ddosraniad binomaidd gydag $n = 14$ a $p = 0.2$.*

Tybiaethau: Y tebygolrwydd bod unrhyw losinen yn goch yw 0.2. Mae'r tebygolrwydd hwn yn annibynnol ar y ffaith bod y losin eraill yn y tiwb yn goch neu beidio.

Efallai nad dyma'r achos; mae'n dibynnu pa mor dda mae'r losin wedi'u cymysgu cyn iddyn nhw gael eu rhoi yn y pecyn.

Enghraifft wedi'i hateb

2 Adnabod sefyllfaoedd nad ydyn nhw'n finomaidd

Mae hanner y disgyblion mewn dosbarth o 30 yn ferched. Mae'r athro yn hapddewis disgyblion i ateb cwestiynau, ond nid yw'n gofyn i'r un disgybl ddwywaith mewn gwers. Mae'n gofyn 12 o gwestiynau mewn gwers. Esboniwch pam na allech chi ddefnyddio dosraniad binomaidd i ddarganfod y tebygolrwydd bod chwech o ferched a chwech o fechgyn wedi cael eu holi.

Datrysiad

Y tebygolrwydd bod y disgybl cyntaf yn ferch yw $\frac{15}{30} = 0.5$, ond unwaith mae'r disgybl cyntaf wedi cael ei holi, bydd y tebygolrwydd bod yr ail ddisgybl yn ferch yn wahanol oherwydd dim ond 29 o ddisgyblion sydd i ddewis o'u plith, a dim ond 14 o ferched sydd ar ôl. I gael dosraniad binomaidd, mae'n rhaid i'r tebygolrwydd fod yr un peth bob tro.

Camgymeriad cyffredin: Cadwch olwg ofalus iawn i weld a yw'r tebygolrwydd o 'lwyddiant' yr un peth bob tro, a'i fod yn annibynnol ar yr hyn ddigwyddodd mewn treialon blaenorol.

Enghraifft wedi'i hateb

3 Defnyddio'r fformiwla finomaidd

Mae gan ddarn arian tueddol debygolrwydd o 0.4 o lanio â'r pen i fyny. Mae'n cael ei daflu dair gwaith. Beth yw'r tebygolrwydd ei fod yn glanio â'r pen i fyny ddwy waith?

Gallech chi luniadu diagram canghennog yma i ddangos yr holl ganlyniadau posibl.

Datrysiad

X = nifer y pennau.
Gan ddefnyddio fformiwla tebygolrwydd binomaidd gydag $n = 3$ a $p = 0.4$

$q = 1 - 0.4 = 0.6$

$$P(X = r) = \binom{n}{r} q^{n-r} p^r \quad \text{lle mae} \quad q = 1 - p$$

Mae'r rhan hon o'r fformiwla yn dweud wrthoch chi sawl llwybr perthnasol a fyddai drwy ddiagram canghennog.

$$P(X = 2) = \binom{3}{2} \times 0.6^{3-2} \times 0.4^2$$
$$= 3 \times 0.6 \times 0.4^2$$
$$P(X = 2) = 0.288$$

Mae 0.6×0.4^2 yn dweud wrthoch chi beth fyddai'r tebygolrwydd ar gyfer pob llwybr perthnasol pe baech chi'n defnyddio diagram canghennog.

Awgrym: Wrth ddefnyddio fformiwla tebygolrwydd binomaidd, dechreuwch drwy ysgrifennu beth mae X, n, p a q yn ei gynrychioli. Ysgrifennwch y fformiwla ac amnewidiwch y rhifau cywir i mewn iddi. Yna defnyddiwch eich cyfrifiannell i ddarganfod yr ateb.

Enghraifft wedi'i hateb

4 Defnyddio'r gyfrifiannell ar gyfer gwerth unigol

Mae Adam yn taflu deg dis ac yn cael sgôr o 6 saith gwaith. Mae'n ei holi ei hun a oes rhywbeth o'i le ar y disiau. Beth yw'r tebygolrwydd o gael saith 6 wrth daflu deg o ddisiau teg?

Datrysiad

X = sawl 6 sy'n cael ei daflu

$X \sim B\left(10, \frac{1}{6}\right)$ felly rhowch $x = 7$, $n = 10$, $p = \frac{1}{6}$ i mewn i'r gyfrifiannell, sy'n rhoi

$P(X = 7) = 0.000248$ (i 3 ffigur ystyrlon)

> Mae gennych chi ddiddordeb mewn sawl 6 sydd.

> Mae 10 dis yn cael eu taflu; n yw nifer y treialon.

> Os yw disiau'n deg, y tebygolrwydd o gael 6 unrhyw dro yw $\frac{1}{6}$.

> Mae llawer o gyfrifianellau'n defnyddio **Bpd** i ddarganfod y tebygolrwydd o gael gwerth unigol.

Enghraifft wedi'i hateb

5 Darganfod y tebygolrwydd o o leiaf 1

Mae pum cwestiwn mewn prawf amlddewis, ac mae pedwar ateb posibl i bob cwestiwn. Mae myfyriwr yn dyfalu'r holl atebion. Beth yw'r tebygolrwydd ei fod yn cael o leiaf un yn gywir?

Datrysiad

X = nifer yr atebion cywir

$n = 5$, $p = \frac{1}{4}$, $q = \frac{3}{4}$

$P(X = r) = \binom{n}{r} q^{n-r} p^r$

$P(X = 0) = \binom{5}{0} \left(\frac{3}{4}\right)^5 \left(\frac{1}{4}\right)^0 = 0.237\,304\,...$

P(o leiaf un yn gywir) = $1 - 0.237\,304\,... = 0.762\,695\,...$
= 0.763 (i 3 ffigur ystyrlon)

> **Awgrym:** Os oes gofyn i chi ddarganfod y tebygolrwydd o gael o leiaf un 'llwyddiant', y ffordd gyflymaf fel arfer yw darganfod y tebygolrwydd o beidio â chael unrhyw lwyddiant a thynnu hynny o 1. Naill ai nid oes unrhyw lwyddiant o gwbl, neu mae o leiaf un, felly mae'r tebygolrwyddau hyn yn adio i 1.

> **Awgrym:** Gallwch chi ddefnyddio'r gyfrifiannell yma, ond ysgrifennwch y dosraniad $X \sim B\left(5, \frac{1}{4}\right)$ a $P(X = 0)$ yn dystiolaeth o'ch gwaith cyfrifo.

> **Camgymeriad cyffredin:** Mae'n llawer haws darllen ateb wedi'i roi i ryw 3 ffigur ystyrlon. Er bod y tebygolrwydd â mwy o leoedd degol yn fwy manwl gywir, mae'n ddefnyddiol ei dalgrynnu yn ogystal â rhoi'r ateb llawn.

Enghraifft wedi'i hateb

6 Y tebygolrwydd o fwy na gwerth penodol

Mae 18 dis teg yn cael eu taflu. Beth yw'r tebygolrwydd o gael mwy na chwe chwech?

Datrysiad

X = sawl 6 sydd

$X \sim B\left(18, \frac{1}{6}\right)$.

Mae $P(X > 6)$ yn golygu mai'r gwerthoedd posibl yw 7, 8, 9, 10, ..., 18. Felly, nid 0, 1, 2, ..., 6
$P(X > 6) = 1 - P(X \leq 6)$.
= $1 - 0.9794 = 0.0206$

Os yw eich cyfrifiannell yn gofyn am werthoedd isaf ac uchaf, defnyddiwch 7 yn werth isaf ac 18 yn werth uchaf, sy'n rhoi $P(X > 6) = 0.0206$ yn uniongyrchol.

> **Awgrym:** Mae llawer o gyfrifianellau'n defnyddio **Bcd** ar gyfer tebygolrwydd cronnus. Gwnewch yn siŵr eich bod chi'n gwybod a yw eich cyfrifiannell yn rhoi $P(X \leq x)$ neu'r tebygolrwydd rhwng gwerthoedd uchaf ac isaf.

> **Awgrym:** Ysgrifennwch y gwerthoedd posibl rydych chi'n ceisio darganfod eu tebygolrwydd er mwyn eich helpu i weld sut i roi'r wybodaeth i mewn i'ch cyfrifiannell.

> Defnyddiwch hyn os yw eich cyfrifiannell yn rhoi $P(X \leq x)$ yn unig.

Enghraifft wedi'i hateb

7 Darganfod y tebygolrwydd mewn cyfwng

Ar gyfer yr hapnewidyn, X, yn Enghraifft 6, darganfyddwch $P(3 \leq X < 7)$.

Awgrym: Y gwerthoedd posibl yw 3, 4, 5, 6.

Datrysiad

$P(3 \leq X < 7) = P(3 \leq X \leq 6)$

$P(3 \leq X \leq 6) = P(X \leq 6) - P(X \leq 2)$

$\qquad = 0.9794 - 0.4027 = 0.5767$

Defnyddiwch hwn os yw eich cyfrifiannell yn rhoi $P(X \leq x)$ yn unig.

Awgrym: Tynnwch bob gwerth nad ydych chi ei eisiau.

Os yw eich cyfrifiannell yn gofyn am werthoedd isaf ac uchaf, defnyddiwch 3 yn werth isaf a 6 yn werth uchaf sy'n rhoi $P(3 \leq X \leq 6) = 0.5767$ yn uniongyrchol.

Profi eich hun

1. Ar gyfer pob sefyllfa sy'n cael ei disgrifio isod, penderfynwch a yw'n creu dosraniad binomaidd neu beidio.
   i. Mae pum dis teg yn cael eu taflu. Yr hapnewidyn yw cyfanswm y sgôr ar y disiau.
   ii. Mae bag yn cynnwys nifer sefydlog o beli. Mae rhai'n ddu a'r gweddill yn wyn. Mae pêl yn cael ei chymryd o'r bag heb edrych ac mae lliw'r bêl yn cael ei nodi. Mae'n cael ei rhoi'n ôl yn y bag ac mae'r peli'n cael eu cymysgu. Mae'r broses hon yn digwydd bum gwaith. Yr hapnewidyn yw nifer y troeon mae pêl wen yn cael ei gweld.
   iii. Mae darn arian teg yn cael ei daflu nes ei fod yn glanio ar ben. Yr hapnewidyn yw nifer y tafliadau.
   iv. Mae myfyrwyr yn sefyll prawf dewis lluosog 40 cwestiwn y maen nhw wedi adolygu ar ei gyfer. Mae 5 ateb posibl i bob cwestiwn. Yr hapnewidyn yw nifer y cwestiynau mae myfyriwr yn eu cael yn gywir.
   v. Mae Rose yn agor blwch o siocledi ac yn eu bwyta ar hap. Mae 14 o siocledi yn y blwch. Mae 4 ohonyn nhw'n siocled plaen a'r gweddill yn siocled llaeth. Mae Rose yn bwyta 8 siocled. Yr hapnewidyn yw nifer y siocledi plaen mae hi'n eu bwyta.

2. Mae rhaglen ffonio-i-mewn yn cael ei darlledu ar orsaf radio. Maen nhw'n rhoi sicrwydd y bydd yn union 70% o alwadau, wedi'u hapddewis, yn cael eu hateb. Mae pump o ffrindiau yn ffonio. Beth yw'r tebygolrwydd bod dau ohonyn nhw'n union yn cael eu galwad wedi'i ateb?

3. 'Mae un o bob pump o'r holl farrau siocled yn cynnwys tocyn buddugol' medd yr hysbyseb. Mae Mark yn benderfynol o gael tocyn buddugol. Mae'n prynu deg bar siocled. Beth yw'r tebygolrwydd y bydd yn cael un neu ddau docyn buddugol? (Dylech chi dybio bod yr hysbyseb yn wir a bod pob bar siocled yr un mor debygol o gynnwys tocyn buddugol.)

4. Mae dau ddil mewn siop. Mae un o'r cynorthwywyr yn meddwl bod pob cwsmer yr un mor debygol o fynd i'r naill ddil neu'r llall. Os yw hi'n gywir, beth yw'r tebygolrwydd, ar gyfer y deg cwsmer nesaf, fod pump yn mynd i'r naill ddil a phump yn mynd i'r llall?

5. Dyma bum gosodiad am hapnewidyn X. Penderfynwch a yw pob gosodiad yn gywir neu'n anghywir.
   i. $P(X$ heb fod yn fwy na $6) = P(X \leq 6)$.
   ii. $P(X$ yn o leiaf $5) = P(X \geq 5)$.
   iii. $P(X \geq 4) = 1 - P(X \leq 4)$
   iv. $P(3 < X < 8) = P(X \leq 7) - P(X \leq 3)$
   v. $P(2 \leq X \leq 6) = P(X \leq 6) - P(X \leq 2)$

6. Yn y Deyrnas Unedig, mae gan 20% o blant 2–15 oed asthma. Mae dau oedolyn yn bwriadu cymryd 12 o blant o'r grŵp oedran hwn ar drip. Gan dybio bod y plant yn hapsampl o'r boblogaeth, beth yw'r tebygolrwydd na fydd mwy na 2 o'r 12 o blant yn dioddef o asthma?

7. Mae deg o glwydi mewn ras. Mae gan ryw redwr siawns o 65% o glirio unrhyw un o'r clwydi. Nid yw a yw hi wedi clirio'r clwydi blaenorol yn effeithio ar y tebygolrwydd hwn. Beth yw'r tebygolrwydd y bydd hi'n clirio mwy na hanner y clwydi, ond nid y cyfan?

Atebion ar dudalen 218

Cwestiwn enghreifftiol

Mae cyfrifiadur yn hapddewis 12 digid. Gall unrhyw ddigid fod naill ai'n 0 neu'n 1 ac mae'r un mor debygol o fod y naill neu'r llall o'r rhain. Yna, mae'r cyfrifiadur yn adio'r 12 digid i roi cyfanswm.

i Esboniwch pam mae cyfanswm y digidau hyn, X, wedi'i ddosrannu'n finomaidd, $X \sim B(n, p)$, gydag $n = 12$ a $p = \frac{1}{2}$.

ii Esboniwch unrhyw dybiaethau modelu a wnaethoch chi.

iii Darganfyddwch y tebygolrwydd mai'r cyfanswm yw 6.

iv Darganfyddwch y tebygolrwydd bod y cyfanswm yn 9 o leiaf.

v Darganfyddwch y tebygolrwydd bod y cyfanswm yn fwy na 3 ond heb fod yn fwy nag 8.

Atebion ar dudalen 218

GWIRIO ATEBION

Y dosraniad Poisson

ADOLYGU

Ffeithiau allweddol

1. Mewn sefyllfa Poisson:
   - Rydych chi'n cyfrif sawl gwaith mae digwyddiad yn digwydd mewn cyfwng penodol.
   - Mae'r digwyddiadau'n digwydd ar hap.
   - Mae'r digwyddiadau'n digwydd yn annibynnol.
   - Mae'r digwyddiadau'n digwydd ar gyfradd gymedrig unffurf, wedi'i dynodi â μ fel arfer.
   - Yr hapnewidyn X yw nifer y digwyddiadau yn y cyfwng hwnnw.

2. Ysgrifennwch $X \sim Po(\mu)$ i ddangos bod gan X ddosraniad Poisson sydd â chyfradd unffurf μ.

3. Gall tebygolrwyddau gael eu cyfrifo gan ddefnyddio'r fformiwla
   $P(X = r) = e^{-\mu} \frac{\mu^r}{r!}$ ar gyfer $X = 0, 1, 2...$

4. Gwnewch yn siŵr eich bod chi'n gwybod sut i roi gwerth ar gyfer μ i mewn i'ch cyfrifiannell er mwyn darganfod $P(X = r)$ gan ddefnyddio'r dosraniad Poisson.

5. Gwnewch yn siŵr eich bod chi'n gwybod a yw eich cyfrifiannell yn cyfrifo $P(X \leq r)$ neu $P(a \leq X \leq b)$, a'ch bod chi'n gallu ei defnyddio i ateb unrhyw gwestiwn sy'n ymwneud â thebygolrwydd amrediad o werthoedd yr hapnewidyn Poisson.

6. Os oes angen ystyried cyfwng gwahanol mewn cwestiwn, rhaid defnyddio hapnewidyn Poisson arall sydd â gwerth newydd ar gyfer μ.

Enghraifft wedi'i hateb

1 Adnabod sefyllfaoedd sydd wedi'u modelu gan y dosraniad Poisson

Ar gyfartaledd, mae siop yn derbyn 5 galwad ffôn y dydd. Nodwch y tybiaethau modelu sy'n awgrymu bod gan X, nifer y galwadau a dderbynnir ar ddiwrnod penodol, ddosraniad Poisson. Nodwch y gwerth ar gyfer μ.

Datrysiad

X = nifer y galwadau y dydd.

Tybiwch fod y galwadau'n digwydd ar hap, yn annibynnol, ac ar gyfradd gymedrig unffurf o 5 galwad y dydd.

Felly $\mu = 5$.

Camgymeriad cyffredin: Byddwch yn fanwl gywir â'ch dewis o eiriau yma – mae'n hawdd iawn peidio â chael hyn yn gywir.

Enghraifft wedi'i hateb

2 Cyfrifo tebygolrwydd gwerth unigol

Ar gyfartaledd, mae meddygfa'n derbyn 2 lythyr cwyno yr wythnos. Gan dybio bod y llythyrau yn annibynnol ac yn digwydd ar hap, defnyddiwch y fformiwla ar gyfer y dosraniad Poisson i gyfrifo'r tebygolrwydd o gael 3 llythyr yr wythnos hon.

Datrysiad

X = nifer y llythyrau sy'n cael eu derbyn yr wythnos

$X \sim Po(2)$

$P(X = 3) = e^{-2} \times \dfrac{2^3}{3!} = 0.1804$ (i 4 lle degol)

Awgrym: Cofiwch bob amser ddiffinio beth yw X a'r cyfwng mae'n cyfeirio ato.

Mae'n rhaid i chi nodi'r dosraniad rydych chi'n ei ddefnyddio yn dystiolaeth o'ch ateb.

Gallwch chi hefyd ddarganfod hyn yn uniongyrchol â'ch cyfrifiannell. Mae llawer o gyfrifianellau'n defnyddio **Ppd**.

Awgrym: Os yw cwestiwn yn gofyn am fwy nag un tebygolrwydd, gallai fod yn haws creu rhestr o werthoedd a'u tebygolrwyddau.

Enghraifft wedi'i hateb

3 Defnyddio'r gyfrifiannell ar gyfer tebygolrwyddau cronnus

Gall nifer y bobl sy'n hwyr i'r gwaith mewn swyddfa ar ddiwrnod penodol gael ei fodelu gan ddosraniad Poisson â pharamedr o 12 o bobl y dydd.

i Cyfrifwch y tebygolrwydd bod o leiaf 15 o bobl yn hwyr i'r gwaith.

ii Cyfrifwch y tebygolrwydd bod o leiaf 5 o bobl ond llai na 10 o bobl yn hwyr.

Datrysiad

i X = nifer y bobl sy'n hwyr y dydd

$X \sim Po(12)$

$P(X \geq 15) = 1 - P(X \leq 14)$

$= 1 - 0.77202 = 0.22798$

ii $P(5 \leq X < 10) = P(X = 5, 6, 7, 8, 9)$

$= P(5 \leq X \leq 9) = 0.2348$ i 4 lle degol

$= P(X \leq 9) - P(X \leq 4) = 0.24239 - 0.00760 = 0.23479$

(0.2348 i 4 lle degol)

Awgrym: Os yw eich cyfrifiannell yn cyfrifo $P(X \leq x)$, tynnwch debygolrwydd yr holl werthoedd nad ydych chi eu heisiau.

Camgymeriad cyffredin: Cymerwch ofal i weld a oes disgwyl cynnwys y gwerthoedd terfyn neu beidio.

Awgrym: Ailysgrifennwch y tebygolrwydd sydd ei angen gan ddefnyddio 'mae 'X' yn llai na neu'n hafal i...' am mai dyma beth fydd eich cyfrifiannell yn ei ddarganfod.

Awgrym: Mae llawer o gyfrifianellau'n defnyddio **Bcd** ar gyfer tebygolrwydd cronnus. Gwnewch yn siŵr eich bod chi'n gwybod a yw eich cyfrifiannell yn cyfrifo $P(X \leq x)$ neu $P(a \leq X \leq b)$. Dewiswch $x = 14$, neu dewiswch $a = 0, b = 14$ fel sydd ei angen.

Awgrym: Os yw eich cyfrifiannell yn defnyddio gwerthoedd isaf ac uchaf, gosodwch y gwerth isaf i 5 a'r gwerth uchaf i 9.

Enghraifft wedi'i hateb

4 Defnyddio newid cyfwng

Ar gyfartaledd, mae 1.5 coeden y flwyddyn yn cael eu taro â mellt mewn coedwig fawr. Tybiwch fod mellt yn taro ar hap, a bod y trawiadau'n annibynnol ac yn digwydd ar gyfradd gymedrig unffurf.

i Darganfyddwch y tebygolrwydd bod 1 goeden yn cael ei tharo mewn blwyddyn.

ii Darganfyddwch y tebygolrwydd bod 1 goeden y flwyddyn yn cael ei tharo mewn dwy flynedd olynol.

iii Darganfyddwch y tebygolrwydd bod 2 goeden yn cael eu taro mewn cyfnod o 2 flynedd.

iv Esboniwch pam nad yw'r atebion i rannau ii a iii yr un peth.

Datrysiad

i X_1 = nifer y coed sy'n cael eu taro y flwyddyn, felly
$X_1 \sim Po(1.5)$
$P(X_1 = 1) = 0.3347$ (i 4 lle degol)

ii Y tebygolrwydd ar gyfer pob blwyddyn yw 0.3347 ac mae'r rhain yn annibynnol.
Felly'r tebygolrwydd ar gyfer 1 goeden y naill flwyddyn a'r llall yw $0.3347^2 = 0.1120$ (i 4 lle degol)

iii X_2 = nifer y coed sy'n cael eu taro mewn cyfnod o 2 flynedd, felly $X_2 \sim Po(3)$
$P(X_2 = 2) = 0.2240$ (i 4 lle degol)

iv Mae'r ateb yn rhan iii yn cynnwys un goeden y flwyddyn, a hefyd yn cynnwys dwy goeden un flwyddyn a dim un y flwyddyn arall, felly nid yw'r tebygolrwyddau ar gyfer yr un digwyddiad.

Profi eich hun

1. Ar gyfer pob sefyllfa sy'n cael ei disgrifio isod, penderfynwch a yw'n creu dosraniad Poisson neu beidio.
   i Mae peiriant yn gwneud rhaff sydd â diffygion ynddi. X yw'r pellter rhwng y naill ddiffyg a'r nesaf.
   ii Mae pobl yn cyrraedd y til mewn archfarchnad yn annibynnol ac ar gyfradd gymedrig unffurf. X yw nifer y bobl sy'n cyrraedd mewn cyfnod o bum munud.
   iii Mae pobl yn cyrraedd bwyty ar ochr y ffordd sy'n darparu ar gyfer teithwyr bysiau moethus yn bennaf. X yw nifer y bobl sy'n cyrraedd mewn cyfnod o ddeng munud.
   iv Mae ceir yn cyrraedd y maes parcio'n annibynnol ac ar gyfradd gymedrig unffurf. X yw nifer y ceir sy'n cyrraedd yr awr.
   v Mae damweiniau ar ddarn penodol o heol yn digwydd yn annibynnol ac ar y gyfradd o 5 damwain y flwyddyn. X yw nifer y damweiniau ar y darn hwn o heol mewn mis.

2. Mae gan hapnewidyn X ddosraniad Poisson â pharamedr 1.5. Defnyddiwch y fformiwla i gyfrifo $P(X = 3)$.

3. Mae dringwyr yn cyrraedd lloches ar y mynydd ar gyfradd o 2.5 dringwr y dydd. Tybiwch eu bod nhw'n cyrraedd yn annibynnol. Cyfrifwch y tebygolrwydd nad oes yr un dringwr yn cyrraedd ar ddiwrnod penodol.

4. Mae achosion o gamargraffu mewn papur newydd yn digwydd ar hap ar gyfradd unffurf o 0.8 gwall y dudalen. Gan dybio eu bod nhw'n digwydd yn annibynnol, darganfyddwch y tebygolrwydd bod gan dudalen sydd wedi'i dewis o leiaf 3 achos o gamargraffu.

5. Gall nifer y goliau sy'n cael eu sgorio mewn gêm bêl-droed yn yr uwch gynghrair gael ei fodelu gan ddosraniad Poisson. Mewn un tymor, roedd 329 gôl yn y 119 gêm gyntaf.
   i Darganfyddwch nifer cymedrig y goliau fesul gêm.
   ii Defnyddiwch y dosraniad Poisson i gyfrifo'r tebygolrwydd o gael gêm gyfartal 0–0.
   iii Y tymor hwnnw, roedd 11 o'r 119 gêm yn gemau cyfartal 0–0. Gwnewch sylw ar ddilysrwydd defnyddio'r dosraniad Poisson.

6. Mae peiriannydd yn archwilio ffyrdd ac yn darganfod bod tyllau yn y ffordd yn digwydd mewn strydoedd preswyl ar gyfradd gymedrig unffurf o 0.3 twll y filltir.
   i Darganfyddwch gyfradd gymedrig tyllau fesul deng milltir o ffordd.
   ii Darganfyddwch y tebygolrwydd bod ar y mwyaf 2 dwll yn y deng milltir o ffordd sy'n cael eu harchwilio.

Atebion ar dudalen 218

Cwestiwn enghreifftiol

Mae ysbyty yn derbyn cleifion sydd â chlefyd penodol ar gyfradd gymedrig unffurf o un claf yr wythnos. Defnyddiwch ddosraniad Poisson i gyfrifo'r tebygolrwydd bod yr ysbyty
 i   yn derbyn dim un claf mewn wythnos
 ii yn derbyn tri neu ragor o gleifion mewn wythnos
 iii yn derbyn pedwar claf mewn cyfnod o bedair wythnos
 iv Gwnewch sylw ar ddilysrwydd y tybiaethau modelu os yw'n hysbys bod y clefyd yn heintus iawn.

Atebion ar dudalen 218

GWIRIO ATEBION

Pennod 17 Profi rhagdybiaethau ystadegol gan ddefnyddio'r dosraniad binomaidd

Ynglŷn â'r testun hwn

Dull ystadegol cyffredin yw cymryd sampl a'i defnyddio i ddod i gasgliadau posibl ynglŷn â'r boblogaeth mae'r sampl yn dod ohoni. Mae prawf rhagdybiaeth yn defnyddio tebygolrwydd i asesu a yw model sy'n cael ei gynnig yn gyson â data'r sampl.

Mewn prawf ungynffon, rydych chi'n edrych am dystiolaeth o wahaniaeth mewn cyfeiriad penodol. Mewn prawf dwygynffon, rydych chi'n edrych am dystiolaeth o wahaniaeth mewn unrhyw gyfeiriad.

Cyn dechrau, cofiwch ...

- Tebygolrwydd binomaidd, yn cynnwys defnyddio cyfrifianellau (mae hyn yn cael ei adolygu ym Mhennod 16).

Profi rhagdybiaethau ystadegol gan ddefnyddio'r dosraniad binomaidd (profion ungynffon)

ADOLYGU ☐

Ffeithiau allweddol

1. Wrth brofi rhagdybiaeth ar gyfer dosraniad binomaidd, rydych chi'n defnyddio tystiolaeth o sampl i wneud penderfyniad ynglŷn â'r tebygolrwydd o 'lwyddiant' ar gyfer y boblogaeth gyfan. Mae nifer y 'llwyddiannau', X, yn y sampl yn cael ei alw'n **ystadegyn prawf**.
2. Yn achos prawf rhagdybiaeth sy'n defnyddio'r dosraniad binomaidd, mae'r **rhagdybiaeth nwl** yn cael ei ysgrifennu yn y ffurf $H_0 : p = 0.3$ (neu ryw werth penodol arall).
3. Dylai fod gosodiad yn diffinio beth mae p yn ei gynrychioli, e.e. p = y tebygolrwydd bod bwlb golau yn para llai na 100 awr.
4. Yn achos prawf ungynffon, y **rhagdybiaeth arall** sy'n mynd gydag enghraifft y rhagdybiaeth nwl uchod fyddai NAILL AI $H_1 : p > 0.3$ NEU $H_1 : p < 0.3$.
5. Ni allwch chi byth fod yn siŵr ynglŷn â'r canlyniad a ddaw o brawf rhagdybiaeth ond fe allwch chi ddweud ei bod hi'n annhebygol iawn bod y rhagdybiaeth nwl yn gywir. Y **lefel arwyddocâd** yw'r tebygolrwydd eich bod chi'n gwrthod y rhagdybiaeth nwl er ei bod hi'n gywir. Yn aml, mae'n cael ei gosod ar 5% neu 1%.
6. Mae'r gwir debygolrwydd o wrthod y rhagdybiaeth nwl mewn prawf sy'n seiliedig ar y dosraniad binomaidd fel arfer yn llai na'r lefel arwyddocâd sydd wedi'i nodi.
7. Mae dwy brif ffordd o wneud penderfyniad mewn prawf rhagdybiaeth.
   - Defnyddio'r **rhanbarth critigol**. Y rhanbarth critigol yw set o werthoedd X lle mae'r tebygolrwydd o ganlyniad eithafol yn llai na'r lefel arwyddocâd. Os yw'r gwerth a arsylwir yn gorwedd yn y rhanbarth critigol, bydd H_0 yn cael ei wrthod. Mae gwerthoedd eraill X yn ffurfio'r **rhanbarth derbyn**, sef y set o werthoedd lle byddai'r rhagdybiaeth nwl yn cael ei derbyn.
   - Defnyddio **tebygolrwydd**. Mae tebygolrwydd y canlyniad a arsylwir neu ganlyniad mwy eithafol yn cael ei gymharu â'r lefel arwyddocâd. Y **gwerth-p** yw'r enw ar y tebygolrwydd hwn; os yw'n llai na'r lefel arwyddocâd, bydd H_0 yn cael ei wrthod, fel arall bydd yn cael ei derbyn.
     - Os yw $p < 0.01$ mae tystiolaeth **gref iawn** dros wrthod H_0.
     - Os yw $0.01 < p < 0.05$ mae tystiolaeth **gref** dros wrthod H_0.
     - Os yw $p > 0.05$ mae tystiolaeth **annigonol** dros wrthod H_0.
8. Dylai'r prawf rhagdybiaeth ddod i ben â chasgliad amhendant mewn cyd-destun.
9. Mae **gwall math I** yn digwydd pan fydd y rhagdybiaeth nwl yn cael ei gwrthod er ei bod yn gywir.
10. Mae **gwall math II** yn digwydd pan fydd y rhagdybiaeth nwl yn cael ei derbyn er ei bod yn anghywir. Mae'r tebygolrwydd o wall math II fel arfer yn lleihau wrth i'r lefel arwyddocâd gynyddu, neu wrth i'r nifer yn y sampl gynyddu.

Enghraifft wedi'i hateb

1 Defnyddio gwerth-p

Mae peiriant creu losin wedi bod yn cynhyrchu 20% o losin di-siâp. Ar ôl i'r peiriant gael ei wasanaethu, mae sampl o 30 o losin yn cael ei gymryd ac mae 2 ohonyn nhw'n ddi-siâp. A oes tystiolaeth, ar lefel arwyddocâd 5%, fod y peiriant yn cynhyrchu llai o losin di-siâp?

Datrysiad

$H_0 : p = 0.2$ ⎱ lle p yw cyfran y losin di-siâp sy'n
$H_1 : p < 0.2$ ⎰ cael eu cynhyrchu gan y peiriant.

> Roedd y cwestiwn yn gofyn i chi edrych am dystiolaeth bod y peiriant yn cynhyrchu llai o losin di-siâp.

X = nifer y losin di-siâp yn y sampl o 30.

Os yw'r rhagdybiaeth nwl yn gywir, mae gan X ddosraniad binomaidd gydag $n = 30$, $p = 0.2$.

$X \sim B(30, 0.2)$

Mae angen darganfod $P(X \leq 2)$.

Gan ddefnyddio cyfrifiannell,
$P(X \leq 2) = 0.04418 = 4.42\%$.
Mae hyn yn llai na 5%, felly gwrthod H_0.

Mae tystiolaeth gref, ar lefel arwyddocâd 5%, i awgrymu bod y peiriant yn cynhyrchu llai o losin di-siâp.

> **Awgrym:** Yn aml, chi fydd yn penderfynu a ydych chi'n defnyddio gwerth-p neu ranbarth critigol wrth gynnal prawf rhagdybiaeth, ond gallai rhai cwestiynau ofyn i chi wneud un o'r rhain yn hytrach na'r llall, felly mae angen i chi fod yn gyfarwydd â'r ddau ddull.

> Cofiwch fod y rhagdybiaeth nwl yn cychwyn â $p = ...$.

> Cofiwch ddweud beth mae'r llythrennau'n ei gynrychioli.

> Ysgrifennwch pa ddosraniad fyddai gan X pe bai H_0 yn wir.

> $X = 2$ yw'r hyn a ddigwyddodd. Byddai gwerth llai o X yn gwneud i chi gredu'r rhagdybiaeth arall, bod $p < 0.2$, hyd yn oed yn fwy.

> Nodwch y casgliad mewn ffordd amhendant yng nghyd-destun y cwestiwn gwreiddiol.

Camgymeriadau cyffredin:

- Rydych chi'n gwybod bod 2 o'r 30 o losin yn y sampl yn ddi-siâp. Mae hynny'n 6.7% o'r sampl, ond rydych chi eisiau gwybod am ganran y losin di-siâp o blith yr holl losin mae'r peiriant yn eu cynhyrchu. A yw'n debygol o fod yn llai nag 20%, neu ai cael sampl da drwy siawns wnaethoch chi?
- Nid yw profi rhagdybiaeth ystadegol yn caniatáu i chi fod yn siŵr a yw'r peiriant yn cynhyrchu llai o losin di-siâp neu beidio; mae'n darparu tystiolaeth i'ch helpu chi i wneud penderfyniad.

Enghraifft wedi'i hateb

2 Defnyddio rhanbarth critigol

Mae cwmni ffôn yn gwybod bod ei gwsmeriaid yn anfodlon â'r llinell gymorth, felly mae'n penderfynu hyfforddi ei staff. Yn gyntaf, mae'r cwmni'n cynnal arolwg o'i gwsmeriaid ac yn darganfod bod 30% ohonyn nhw'n anfodlon â'r llinell gymorth. Yn dilyn hyfforddiant i'r staff ar y llinell gymorth, mae'r cwmni'n cynnal arolwg o hapsampl o 100 o gwsmeriaid ac yn darganfod bod 19 ohonyn nhw'n anfodlon â'r llinell gymorth. Mae'n cynnal prawf rhagdybiaeth addas.

- **i** Nodwch y rhagdybiaeth nwl a'r rhagdybiaeth arall.
- **ii** Darganfyddwch y rhanbarth critigol ar gyfer y prawf perthnasol ar lefel arwyddocâd 1%.
- **iii** Defnyddiwch y rhanbarth critigol i benderfynu a oes tystiolaeth bod llai o gwsmeriaid yn anfodlon â'r llinell gymorth.
- **iv** Cyfrifwch y tebygolrwydd o wall math I ar gyfer y prawf hwn.

Datrysiad

i Y rhagdybiaethau yw:

$H_0 : p = 0.3$
$H_1 : p < 0.3$

Mae'r cwmni'n edrych am dystiolaeth bod llai o gwsmeriaid yn anfodlon.

p = cyfran y cwsmeriaid sy'n anfodlon â'r llinell gymorth.
X = nifer y cwsmeriaid anfodlon mewn sampl o 100.

Cofiwch ddweud beth mae'r llythrennau'n ei gynrychioli.

ii Os yw'r rhagdybiaeth nwl yn gywir, bydd gan X ddosraniad binomaidd gydag $n = 100$ a $p = 0.3$.

Caiff hyn ei ysgrifennu fel hyn: $X \sim B(100, 0.3)$.

I ddarganfod y rhanbarth critigol, mae'n ddefnyddiol cael darlun llawn yn y meddwl o'r dosraniad tebygolrwydd.

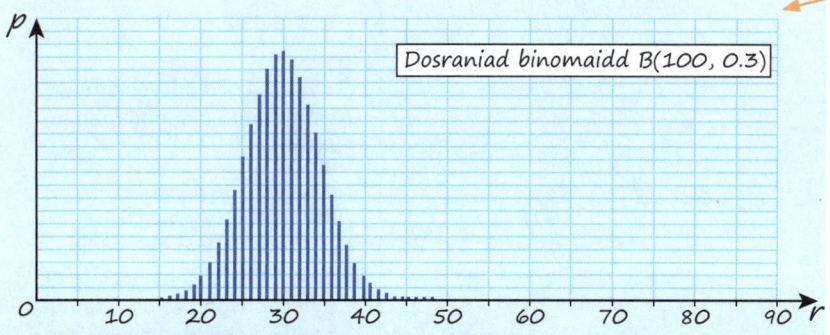

Dosraniad binomaidd B(100, 0.3)

Awgrym: Efallai fod ar eich cyfrifiannell ffwythiant binomaidd gwrthdro a fydd yn rhoi gwerth terfyn i chi sy'n agos i 1%. Fel arall, efallai y bydd yn ddefnyddiol i chi ddefnyddio eich cyfrifiannell i wneud rhestr o debygolrwyddau cronnus a chwilio am y man lle mae'n newid o fod yn is nag 1% i fod yn uwch nag 1%.

$P(X \leq 19) = 0.00889 < 1\%$
$P(X \leq 20) = 0.01646 > 1\%$

Nid yw'n bosibl cael 1% yn union, felly ewch am 0.889%.
Y rhanbarth critigol yw
$X \leq 19$

Os yw'r rhagdybiaeth nwl yn gywir, y gwir debygolrwydd o'i gwrthod ar gyfer y rhanbarth critigol hwn yw 0.889%.

Awgrym: Mae angen i chi ysgrifennu'r ddau debygolrwydd hyn, bob ochr i 1%, fel ei bod hi'n glir sut dewisoch chi eich rhanbarth critigol. Efallai y bydd yn rhaid i chi gyfrifo tebygolrwyddau eraill cyn i chi gyrraedd dau werth olynol, bob ochr i 1%, ond nid oes angen i chi eu hysgrifennu nhw i lawr.

Camgymeriad cyffredin: Nid yw bron byth yn bosibl cael 1% yn union (neu beth bynnag yw'r lefel arwyddocâd) wrth ddarganfod rhanbarth critigol ar gyfer prawf rhagdybiaeth binomaidd. Dylech chi bob amser fynd am debygolrwydd is na'r lefel arwyddocâd, nid yr un agosaf ati.

iii Nifer y cwsmeriaid anfodlon yn y sampl o 100 oedd 19, felly $X = 19$. Mae hyn yn y rhanbarth critigol, felly rydych chi'n gwrthod y rhagdybiaeth nwl. Mae hyn yn dystiolaeth gref iawn ar lefel arwyddocâd 1% i ddangos bod gostyngiad wedi bod yn nifer y cwsmeriaid anfodlon.

Mae'r ymadrodd 'tystiolaeth gref iawn' yn cael ei ddefnyddio pan fydd y lefel arwyddocâd yn 1%.

iv Mae gwall math I yn digwydd pan fydd y rhagdybiaeth nwl yn cael ei gwrthod ond ei bod mewn gwirionedd yn gywir.

Mae hyn yr un peth â'r lefel arwyddocâd.

$P(X \leq 19) = 0.00889$ felly'r tebygolrwydd o wall math I yw 0.889%.

Enghraifft wedi'i hateb

3 Prawf rhagdybiaeth gyda'r rhanbarth critigol ar y pen uchaf

i Mae gan ysgol yr un nifer o fechgyn a merched ond ar y cyngor ysgol mae 10 o ferched a 4 o fechgyn. A oes unrhyw dystiolaeth ar lefel o 5% o duedd tuag at ferched yn y broses o ddethol i'r cyngor ysgol?

ii Cyfrifwch y tebygolrwydd o wall math I yn y prawf rhagdybiaeth hwn.

iii Mae tuedd yn cael ei darganfod yn y weithdrefn ddethol ac mewn gwirionedd y tebygolrwydd o ferch yn cael ei dewis yw 0.6. Cyfrifwch y tebygolrwydd o wall math II yn y prawf rhagdybiaeth gwreiddiol.

Datrysiad

i Gadewch i X = nifer y merched ar y cyngor a p fod y tebygolrwydd bod aelod yn ferch.

$H_0: p = 0.5$ ← *Mae'r rhagdybiaeth nwl yn dweud nad oes tuedd.*

$H_1: p > 0.5$ ← *Rydych chi'n edrych am dystiolaeth o duedd tuag at ferched.*

O dan y rhagdybiaeth nwl, $X \sim B(14, 0.5)$

Dull 1: Defnyddio'r dull-p

Mae angen i ni ddarganfod $P(X \geq 10)$

$P(X \geq 10) = 0.0898$

$0.0898 > 5\%$ felly rydyn ni'n derbyn H_0

Nid oes tystiolaeth ddigonol o duedd tuag at ferched.

Awgrym: Os yw eich cyfrifiannell yn defnyddio gwerthoedd uchaf ac isaf ar gyfer tebygolrwydd cronnus, gallwch chi ddod o hyd i'r gwerth hwn drwy ddefnyddio $P(10 \leq X \leq 14)$. Fel arall, dewch o hyd i $1 - P(X \leq 9)$.

Dull 2: Defnyddio'r rhanbarth critigol

Os yw eich cyfrifiannell yn defnyddio gwerthoedd uchaf ac isaf ar gyfer tebygolrwyddau cronnus, darganfyddwch debygolrwyddau y gynffon uchaf bob ochr i 5%.

$P(10 \leq X \leq 14) = 0.0898 > 5\%$

$P(11 \leq X \leq 14) = 0.0286 < 5\%$

Felly'r rhanbarth critigol yw $11 \leq X \leq 14$.

Camgymeriad cyffredin: Peidiwch â chyfrifo tebygolrwydd un gwerth yn unig, $P(X = 10)$, oherwydd gall tebygolrwydd unrhyw werth penodol o X fod yn fach iawn (yn arbennig os yw n yn fawr). Dylech chi bob amser gyfrifo'r gwerth-p drwy ddarganfod tebygolrwydd y canlyniad a arsylwir yn ogystal â'r rhai sy'n taflu hyd yn oed mwy o amheuaeth ar y rhagdybiaeth nwl.

Awgrym: Gallai hyn fod wedi'i ysgrifennu fel $X \geq 11$ hefyd.

Os yw eich cyfrifiannell yn defnyddio $P(X \leq x)$ ar gyfer tebygolrwyddau cronnus, darganfyddwch debygolrwyddau bob ochr i 95%.

$P(X \leq 9) = 0.9102 < 95\%$

$P(X \leq 10) = 0.9713 > 95\%$

$P(X > 9) = 1 - 0.9102 = 0.0898 > 5\%$

$P(X > 10) = 1 - 0.9713 = 0.0286 < 5\%$

Felly'r rhanbarth critigol yw $X > 10$

Sylwch mai ffordd arall yw hyn o ysgrifennu'r un rhanbarth critigol a ddarganfuwyd uchod.

Y gwir werth yw $X = 10$ sydd y tu allan i'r rhanbarth critigol.

Felly rydyn ni'n derbyn y rhagdybiaeth nwl.

Nid oes tystiolaeth ddigonol o duedd tuag at ferched.

ii $P(11 \leq X \leq 14) = 0.0286$, felly'r tebygolrwydd o wall math I yw 2.86%.

iii Y rhanbarth derbyn oedd $0 \leq X \leq 10$

Nifer y merched yw $Y \sim B(14, 0.6)$.
$P(0 \leq Y \leq 10) = 0.8757$, felly'r tebygolrwydd o wall math II yw 87.57%

Awgrym: Mae gwallau math I yn digwydd pan fydd H_0 yn gywir ond yn cael ei gwrthod. Dyma debygolrwydd y rhanbarth critigol.

Awgrym: Mae gwall math II yn digwydd pan fydd X yn disgyn y tu mewn i'r rhanbarth derbyn ar gyfer H_0 pan fydd H_0 mewn gwirionedd yn anghywir.

Enghraifft wedi'i hateb

4 Rhanbarth critigol gwag

Mae deg y cant o boblogaeth gwlad yn dioddef o glefyd cronig penodol. Yn dilyn ymgyrch iechyd y cyhoedd yn lleol i leihau lefelau'r clefyd, mae gweithiwr iechyd eisiau gwybod a fu'r ymgyrch yn llwyddiannus. Mae'n penderfynu cymryd hapsampl o 20 o bobl a chynnal prawf y clefyd arnyn nhw i weld a oes tystiolaeth, ar lefel o 5%, fod cyfran y bobl sydd â'r clefyd wedi disgyn. Darganfyddwch y rhanbarth critigol.

Datrysiad

Y rhagdybiaethau yw:

$H_0 : p = 0.1$
$H_1 : p < 0.1$

lle p yw cyfran y bobl yn yr ardal sydd â'r clefyd
X = nifer y bobl sydd â'r clefyd mewn sampl o 20

Os yw'r rhagdybiaeth nwl, H_0, yn gywir, mae gan X ddosraniad binomaidd gydag $n = 20$ a $p = 0.1$ a all gael ei ysgrifennu fel hyn: $X \sim B(20, 0.1)$.

O gyfrifiannell,

$P(X = 0) = 0.1216 = 12.16\%$

Mae hyn yn fwy na 5%, felly mae'r rhanbarth critigol yn wag.

Mae hi'n edrych am dystiolaeth bod y gyfran wedi disgyn o dan 10%.

Awgrym: Mae'r rhanbarth critigol gwag yn golygu na allwch chi gael digon o dystiolaeth i wrthod H_0, ar lefel y 5% o sampl o 20 o bobl. Mae angen sampl mwy arnoch chi ar gyfer y prawf hwn.

Profi eich hun

1. Mae awdurdod lleol yn honni bod dau draean o aelwydydd yr ardal yn ailgylchu gwydr. Mae amgylcheddwr o'r farn bod hyn yn seiliedig ar hen ddata a bod mwy o aelwydydd bellach yn ailgylchu gwydr. Mae'n cymryd hapsampl o 20 o aelwydydd ac yn darganfod bod 16 yn ailgylchu gwydr. Mae'n awyddus i brofi, ar lefel arwyddocâd 5%, a oes tystiolaeth bod mwy na dau draean o'r aelwydydd yn yr ardal yn ailgylchu gwydr.
   - i Ysgrifennwch y rhagdybiaeth nwl a'r rhagdybiaeth arall ar gyfer y prawf hwn.
   - ii X = nifer yr aelwydydd yn y sampl sy'n ailgylchu gwydr. Pa un o'r tebygolrwyddau canlynol fydd yn rhoi'r gwerth-p ar gyfer y prawf rhagdybiaeth?

     A $P(X>16)$ B $P(X=16)$ C $P(X\geq 16)$ Ch $P(X<16)$ D $P(X\leq 16)$
   - iii A ddylai'r amgylcheddwr dderbyn neu wrthod y rhagdybiaeth nwl? Rhowch reswm dros eich ateb.
   - iv Mewn cyd-destun, ysgrifennwch i ba gasgliad y dylai'r amgylcheddwr ddod.

2. Mae prawf rhagdybiaeth yn cael ei gynnal ar lefel arwyddocâd 5%. Mae'r rhagdybiaeth nwl a'r rhagdybiaeth arall yn cael eu rhoi gan $H_0: p = 0.7$
   $$H_1: p > 0.7.$$
   - i Darganfyddwch y rhanbarth critigol ar gyfer prawf rhagdybiaeth sydd â sampl o faint 10.
   - ii Cyfrifwch y tebygolrwydd o wall math I yn y prawf hwn.
   - iii Y gwir werth ar gyfer p yw 0.8. Cyfrifwch y tebygolrwydd o wall math II yn y prawf gwreiddiol.
   - iv Ailadroddwch rannau i i iii ar gyfer sampl o faint 50.

3. Mae prawf rhagdybiaeth binomaidd yn cael ei gynnal â sampl o faint n, lefel arwyddocâd 5% a'r rhagdybiaethau:
   $H_0: p = \frac{1}{3}$
   $H_1: p < \frac{1}{3}$

   X yw nifer y llwyddiannau.

   Ar gyfer pob gosodiad, penderfynwch a yw'n gywir neu'n anghywir.
   - i Dim ond un gwerth sydd yn y rhanbarth critigol ar gyfer $n = 13$.
   - ii Os yw $n = 18$, mae'r rhanbarth critigol yr un peth ag y byddai ar gyfer lefel arwyddocâd 10%.
   - iii $n = 8$ yw'r gwerth lleiaf o n lle nad yw'r rhanbarth critigol yn wag.
   - iv Ar gyfer $n = 16$, y rhanbarth critigol yw $X \leq 2$.
   - v Mae'r rhanbarth critigol yr un peth ar gyfer pob un o'r rhain: $n = 8, 9, 10, 11, 12$.

Atebion ar dudalen 218

Cwestiwn enghreifftiol

Yn ôl adroddiad a luniwyd rai blynyddoedd yn ôl, mae gan 90% o blant (11–16 oed) mewn ardal ffonau symudol. Mae ymchwilydd yn amau bod y ganran sydd â ffôn symudol bellach yn uwch. Mae'n gofyn i hapsampl o 200 o blant 11–16 oed o'r ardal ac mae'n darganfod bod gan 193 ffôn symudol. Mae prawf ystadegol addas yn cael ei gynnal i weld a oes tystiolaeth bod y gyfran sydd â ffôn symudol wedi cynyddu.
- i Ysgrifennwch ragdybiaeth nwl a rhagdybiaeth arall addas.
- ii Cynhaliwch y prawf ar lefel arwyddocâd 5%, gan nodi eich casgliadau'n glir.
- iii A fyddai eich casgliadau'n wahanol ar lefel arwyddocâd 1%? Esboniwch eich ymresymu.

Atebion ar dudalen 218

Profion dwygynffon

ADOLYGU

Ffeithiau allweddol

1. Ar gyfer prawf rhagdybiaeth sy'n defnyddio'r dosraniad binomaidd, mae'r **rhagdybiaeth nwl** yn cael ei ysgrifennu yn y ffurf $H_0: p = 0.3$ (neu ryw werth penodol arall).
2. Yn achos prawf dwygynffon, y **rhagdybiaeth arall** sy'n cyd-fynd â'r rhagdybiaeth nwl yn yr enghraifft uchod yw $H_1: p \neq 0.3$ (mae hyn yn cynnwys y ddau bosibilrwydd: $p > 0.3$ a $p < 0.3$).
3. Gall profion dwygynffon gael eu cynnal gan ddefnyddio naill ai tebygolrwydd neu ranbarthau critigol.
4. Mewn prawf dwygynffon, mae'r **lefel arwyddocâd** yn cael ei hollti'n ddau hanner: un hanner ar gyfer y naill gynffon a'r llall.
5. Os yw'r dosraniad yn **anghymesur**, gallai nifer y gwerthoedd yn nwy ran y rhanbarthau critigol fod yn wahanol iawn er bod i'r ddau yr un cyfanswm tebygolrwydd.

Enghraifft wedi'i hateb

1 Rhanbarth critigol ar gyfer prawf dwygynffon

Fel rhan o broject peirianneg, mae Alicia yn dyfeisio peiriant â'r bwriad o'i ddefnyddio yn lle taflu darn arian ar ddechrau gêm chwaraeon. Dylai'r peiriant ddangos 'pen' neu 'gynffon' â'r un tebygolrwydd. Er mwyn ei brofi i weld a yw'n ddiduedd, bydd yn ei redeg 20 o weithiau.

i   Ar gyfer pa nifer o 'bennau' y dylai ddod i'r casgliad bod y peiriant â thuedd, ar lefel arwyddocâd 5%?
ii Cyfrifwch y tebygolrwydd o wall math I ar gyfer y prawf hwn.
iii Yna, mae Alicia'n darganfod bod ei pheiriant â thuedd fel mai tebygolrwydd 'pen' yw 0.55. Cyfrifwch y tebygolrwydd o wall math II yn ei phrawf gwreiddiol.

Datrysiad

i $H_0: p = 0.5$
    $H_1: p \neq 0.5$

lle p yw'r tebygolrwydd o 'ben' mewn rhediad.

Os yw H_0 yn gywir, $X \sim B(20, 0.5)$, lle X yw nifer y 'pennau' mewn 20 rhediad.

Ar gyfer rhanbarth critigol dwygynffon ar lefel arwyddocâd 5%, mae angen 2.5% yn y naill gynffon a'r llall.

> Os yw'r peiriant yn ddiduedd, y tebygolrwydd o gael 'pen' mewn rhediad yw 0.5.

> Mae'n edrych am dystiolaeth o duedd i'r naill gyfeiriad neu'r llall.

Awgrymiadau:
- Os H_0 yw $p = 0.5$, mae'r rhanbarthau critigol ar gyfer y gynffon uchaf a'r gynffon isaf yn gymesur.
- Ar gyfer rhanbarth critigol dwygynffon, cyfrifwch hanner y lefel arwyddocâd ac yna ewch yn eich blaen fel pe baech chi'n cyfrifo dau ranbarth critigol ar wahân: un ar gyfer $H_1: p < 0.5$ ac un ar gyfer $H_1: p > 0.5$.

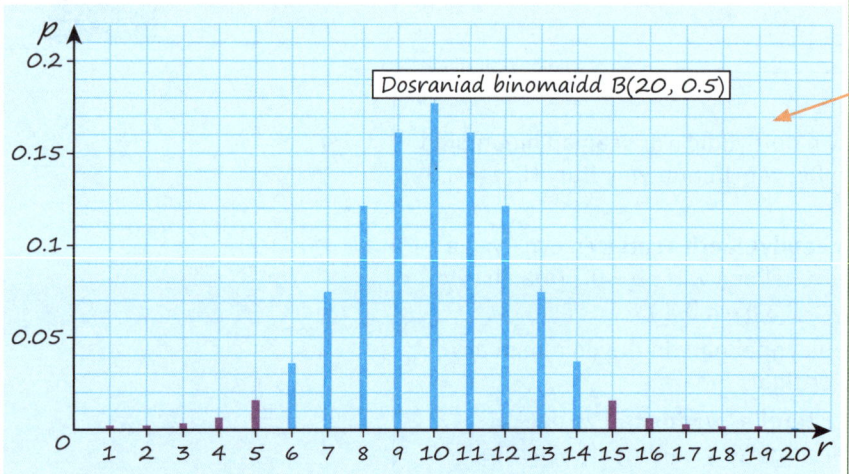

Dosraniad binomaidd B(20, 0.5)

Mae'n ddefnyddiol cael llun o'r dosraniad yn eich meddwl.

Ar gyfer y gynffon isaf, mae defnyddio tebygolrwyddau binomaidd cronnus ar gyfrifiannell yn rhoi'r canlynol:

$P(X \leq 5) = 0.0207 = 2.07\%$
$P(X \leq 6) = 0.0577 = 5.77\%$

Awgrym: Mae angen i chi ysgrifennu'r ddau debygolrwydd hyn i lawr fel ei bod hi'n glir sut dewisoch chi eich rhanbarth critigol.

Awgrym: Dewiswch yr un sydd â thebygolrwydd o dan 2.5% yn hytrach na'r un â thebygolrwydd uwchben 2.5%.

Y rhanbarth critigol ar gyfer y gynffon isaf yw $X \leq 5$.

Ar gyfer y gynffon uchaf:

$P(X \geq 16) = 0.0059$
$P(X \geq 15) = 0.0207$
$P(X \geq 14) = 0.0577$

Awgrym: Bydd angen i chi ddefnyddio naill ai $P(X \geq x) = 1 - P(X \leq (x-1))$ neu roi'r terfannau isaf ac uchaf. Cofiwch: $n = 20$, $p = 0.5$.

Y rhanbarth critigol ar gyfer y gynffon uchaf yw $X \geq 15$.

Mae'r gynffon uchaf yn cynnwys y gwerthoedd uchel sydd â chyfanswm tebygolrwydd o 2.5%, neu lai.

Defnyddiwch debygolrwydd binomaidd cronnus i edrych am debygolrwyddau yn y ffurf $P(X \geq x)$ sy'n agos i 2.5%.

Mae'r peiriant â thuedd os yw $X \leq 5$ neu $X \geq 15$, lle X yw nifer y 'pennau' ar 20 rhediad.

ii Gwall math I yw'r tebygolrwydd bod X yn y rhanbarth critigol.

$P(X \leq 5) + P(X \geq 15) = 0.0207 + 0.0207 = 0.0414$

iii Y rhanbarth derbyn yw $6 \leq Y \leq 14$.

Nifer y pennau mewn gwirionedd yw $Y \sim B(20, 0.55)$.

$P(6 \leq Y \leq 14) = 0.9382$ felly'r tebygolrwydd o wall math II yw 93.82%.

Efallai y bydd angen i chi ddefnyddio $P(X \leq 14) - P(X \leq 5)$ ar eich cyfrifiannell.

Profi eich hun

Yng nghwestiynau 1 a 2, X yw nifer y llwyddiannau ar gyfer hapnewidyn binomaidd a p yw'r tebygolrwydd o lwyddiant ar unrhyw un treial.

1. Mae sampl o faint 19 yn cael ei chymryd i brofi'r rhagdybiaethau.

    $H_0: p = 0.5$

    $H_1: p \neq 0.5$

    ar lefel arwyddocâd 1%. Darganfyddwch y rhanbarth critigol ar gyfer y prawf.

2. Mae sampl o faint 14 yn cael ei chymryd i brofi'r rhagdybiaethau

    $H_0: p = 0.6$

    $H_1: p \neq 0.6$

    ar lefel arwyddocâd 10%. Darganfyddwch y rhanbarth critigol ar gyfer y prawf.

3. Yn hanesyddol, mae'n well gan 45% o bobl fara brown na bara gwyn. Mae Alwyn yn dymuno darganfod a yw ymgyrch wybodaeth ynglŷn â bwyta'n iach wedi gwneud unrhyw wahaniaeth o ran dewis pobl. Mae Alwyn yn casglu sampl o 25 o bobl, ac mae 16 ohonyn nhw'n dweud bod yn well ganddyn nhw fara brown.

    i   Ysgrifennwch y rhagdybiaeth nwl a'r rhagdybiaeth arall ar gyfer y prawf.

    ii Cyfrifwch y gwerth-p ar gyfer yr ystadegyn prawf $X = 16$.

    iii Mae Alwyn yn defnyddio lefel arwyddocâd 5%. Ysgrifennwch y casgliad y dylai ddod iddo o'r prawf.

4. Mae athrawes yn darllen erthygl sy'n dweud bod 15% o'r boblogaeth yn llaw chwith. Mae hi'n ei holi ei hun a yw'r gyfran yr un peth ymysg myfyrwyr sy'n astudio Mathemateg Safon Uwch.
    Mae'n arsylwi 19 o fyfyrwyr sy'n sefyll arholiad mathemateg ac yn nodi sawl un ohonyn nhw sy'n llaw chwith (X). Gan dybio bod yr 19 o fyfyrwyr hyn yn hapsampl o'r boblogaeth o fyfyrwyr Mathemateg Safon Uwch, beth yw'r rhanbarth critigol ar gyfer y prawf ar lefel arwyddocâd 5%?

5. Fel rhan o arbrawf seicoleg, gofynnwyd i hapsampl o 18 o bobl ddewis un o ddau bos: naill ai sudoku arferol, yn defnyddio rhifau, neu bos sy'n defnyddio llythrennau yn lle rhifau, ond sydd fel arall yr un peth yn union â'r pos cyntaf. Mae'r arbrofwr eisiau profi a oes tuedd tuag at ddewis llythrennau neu rifau. p yw cyfran y bobl yn y boblogaeth a fyddai'n dewis y pos â'r rhifau. Fe wnaeth 13 o bobl yn y sampl ddewis y pos â'r rhifau. Mae'r prawf yn cael ei gynnal ar lefel arwyddocâd 5%.

    i   Ysgrifennwch y rhagdybiaeth nwl a'r rhagdybiaeth arall ar gyfer y prawf hwn.

    ii Cynhaliwch y prawf rhagdybiaeth, gan nodi eich casgliadau'n glir.

Atebion ar dudalennau 218–219

Cwestiwn enghreifftiol

Yn hanesyddol, roedd 5% o'r platiau a gynhyrchwyd mewn ffatri blatiau yn ddiffygiol. Yn dilyn newidiadau i'r dulliau cynhyrchu, mae'r rheolwyr eisiau ymchwilio i weld a yw cyfran y platiau diffygiol wedi newid. Mae hapsampl o 40 o blatiau yn cynnwys 1 plât diffygiol.

i   Ysgrifennwch ragdybiaethau addas.

ii Beth yw'r rhanbarth critigol ar gyfer prawf rhagdybiaeth addas, ar lefel o 5%?

iii Cynhaliwch y prawf, gan nodi eich casgliadau'n glir.

iv Cyfrifwch y tebygolrwydd o wall math I ar gyfer y prawf hwn.

v   Y gwir werth ar gyfer p ar ôl y newid yw 8%. Cyfrifwch y tebygolrwydd o wall math II ar gyfer y prawf hwn.

Atebion ar dudalen 219

CBAC UG Mathemateg

Cwestiynau adolygu (Penodau 13–17)

1. Mae ymchwilydd eisiau gwybod sawl gwers yrru mae dysgwyr gyrru yn eu cael cyn llwyddo yn eu prawf gyrru.

   i Mae'r tabl canlynol yn rhoi'r data a gasglwyd gan yr ymchwilydd. Gofynnwyd i'r gyrwyr ddewis y grŵp sy'n cynnwys nifer y gwersi a gawson nhw.

Nifer y gwersi	Amlder
0–9	0
10–30	5
31–40	8
41–50	16
51–60	14
61–100	10

   Darganfyddwch amcangyfrif o'r nifer cymedrig o wersi a gymerwyd.

   ii Mae rhywun yn awgrymu y dylai'r ymchwilydd fod wedi gofyn am union nifer y gwersi yn hytrach na gofyn i'r gyrwyr ddewis grŵp. Rhowch un rheswm pam gallai'r ymchwilydd fod wedi gofyn i'r gyrwyr ddewis grŵp yn hytrach na rhoi union nifer y gwersi.

2. Mae'r histogramau isod yn dangos y tymheredd cyfartalog misol mewn °C yn Coventry ym mis Ionawr a Chwefror yn agos at droad yr 20fed ganrif a'r 21ain ganrif.

   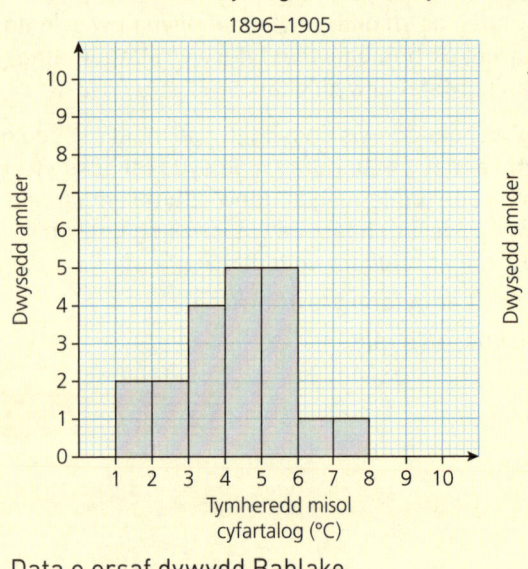
   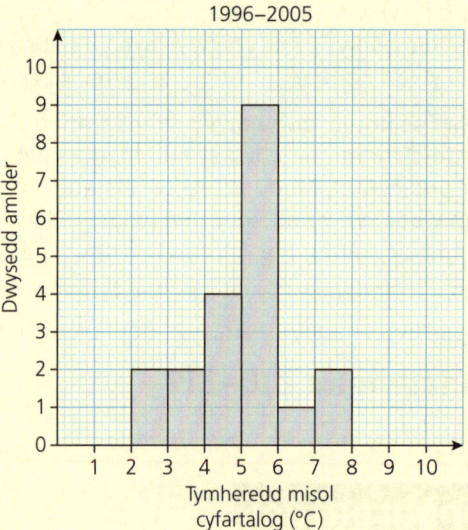

   Data o orsaf dywydd Bablake

   i Heb wneud unrhyw waith cyfrifo, gwnewch ddau sylw yn disgrifio ac yn cymharu'r ddau ddosraniad.

   ii Ar gyfer 1896–1905, y canolrif oedd 4.3°C a'r amrediad rhyngchwartel oedd 1.9°C.

   Amcangyfrifwch y ffigurau cyfatebol ar gyfer 1996–2005.

   iii Penderfynwch a yw'r data yn darparu tystiolaeth o gynhesu byd-eang.

3. Mae ymddiriedolwyr elusen am benodi rheolwr amser llawn. Maen nhw'n penderfynu talu'r rheolwr yr un faint â chyfartaledd enillion yr ymddiriedolwyr. Mae incwm blynyddol yr ymddiriedolwyr yn cael ei roi yn y rhestr isod (mewn punnoedd):
   44 000   39 600   17 600   77 000   26 400   110 000   90 000   31 080   28 600
   Cyfrifwch:

   i a y cymedr

   b y canolrif.

ii Mae ymddiriedolwr ychwanegol yn cael ei phenodi; mae ei hincwm hi yn is nag incwm unrhyw un o'r ymddiriedolwyr eraill. Esboniwch sut mae'r eitem ddata ychwanegol hon yn effeithio ar y ddau gyfartaledd a gyfrifwyd gennych chi yn rhan **i**.

iii Pa un o'r cyfartaleddau hyn y byddai fwyaf priodol ei ddefnyddio wrth benderfynu ar incwm y rheolwr? Dylech chi gyfiawnhau eich dewis.

4 Mae myfyrwyr mewn coleg mawr wedi cymryd prawf Saesneg a phrawf mathemateg. Llwyddodd 70% o'r myfyrwyr yn y prawf Saesneg; llwyddodd 80% o'r myfyrwyr yn y prawf mathemateg. Ni lwyddodd 15% yn y naill brawf na'r llall.
Mae myfyriwr yn cael ei hapddewis o'r coleg. Beth yw'r tebygolrwydd bod y myfyriwr wedi llwyddo yn y prawf Saesneg a'r prawf mathemateg?

5 Mae tri dis yn cael eu taflu. Beth yw'r tebygolrwydd mai'r sgôr uchaf yw 2?

6 Mae preswylydd yn cofnodi sawl ambiwlans sy'n mynd drwy'r pentref bob dydd.

  i Nodwch y tybiaethau modelu sy'n caniatáu iddi ddefnyddio'r dosraniad Poisson i fodelu sawl ambiwlans mae'n ei weld bob dydd.
  Ar gyfartaledd, mae 3.5 ambiwlans yn mynd drwy'r pentref.

  ii Darganfyddwch y tebygolrwydd nad oes un ambiwlans yn cael ei weld drwy'r dydd.

  iii Cyfrifwch y tebygolrwydd bod o leiaf 5 ambiwlans yn cael eu gweld mewn diwrnod.

7 Mae Tanya wedi creu troellwr a fydd yn dangos cyfanrifau yn yr amrediad 1 i 8 (yn gynhwysol). Mae hi'n meddwl y gallai'r troellwr fod â thuedd yn erbyn y rhif 4 ac mae eisiau profi i weld ai dyma'r achos mewn gwirionedd. Mae'n ei droelli 30 o weithiau. Mae ei chanlyniadau i'w gweld ar y plot dotiau isod.

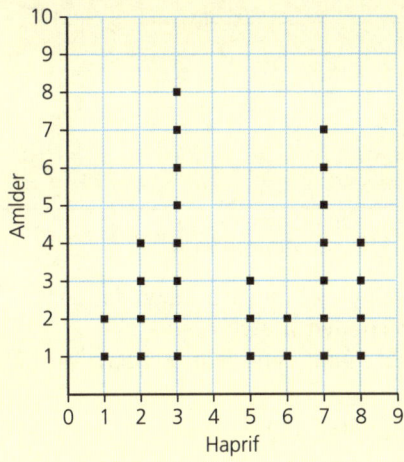

  i Tybiwch fod pob cyfanrif yr un mor debygol. Darganfyddwch y tebygolrwydd o beidio â chael yr un pedwar mewn 30 troelliad.

  ii Cynhaliwch brawf rhagdybiaeth ar lefel arwyddocâd 5% ar gyfer y rhagdybiaethau canlynol.

  $H_0: p = \frac{1}{8}$
  $H_1: p < \frac{1}{8}$
  lle p yw'r tebygolrwydd o gael 4.

8 Mae ymchwilydd i'r farchnad eisiau gwybod pa ganran o'r boblogaeth o oedolion sy'n llysieuwyr. Mae'n darganfod gwefan sy'n dweud bod 8% o boblogaeth oedolion y Deyrnas Unedig yn llysieuwyr. Mae'n meddwl bod y ganran yn wahanol i hyn yn ei ardal ef o'r wlad.

  i Nodwch ragdybiaethau addas ar gyfer prawf rhagdybiaeth ystadegol.

  Bydd yr ymchwilydd i'r farchnad yn cyfweld â hapsampl o 100 o oedolion o'r ardal.

  ii Darganfyddwch y rhanbarth critigol ar gyfer y prawf rhagdybiaeth ar lefel o 5%.

Atebion ar dudalen 219

ADRAN 5
UNED 2 MECANEG

Targedu wrth adolygu (Penodau 18–21)

1 Lluniadu graff dadleoliad–amser
Mae plentyn yn rhedeg 100 m o A i B ar gyflymder cyson o 4 m s^{-1}. Mae'n aros am 5 s yn B ac yna'n rhedeg yn ôl i A ar 5 m s^{-1}.
 i Darganfyddwch gyfanswm yr amser mae'r plentyn yn ei gymryd rhwng gadael A a dychwelyd yno.
 ii Lluniadwch graff dadleoliad–amser ar gyfer y plentyn.
(gweler tudalen 163)

2 Dehongli graddiant graff safle–amser
Mae Hamish a'i fam yn gadael eu cartref gyda'i gilydd ac yn mynd i gae pêl-droed. Mae Hamish yn rhedeg yn ei flaen ac yn aros am ei fam pan fydd yn cyrraedd yno. Mae eu teithiau i'w gweld ar y graff pellter–amser yn y ffigur isod.

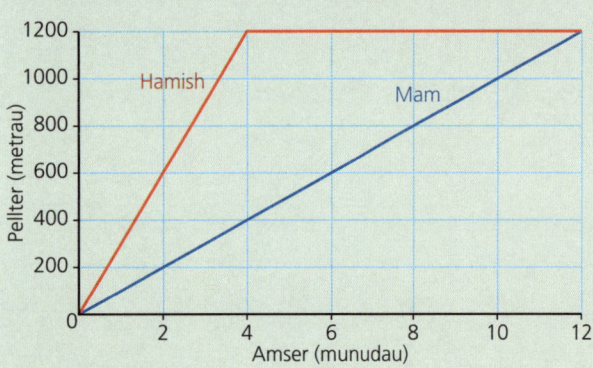

Beth yw'r gwahaniaeth yn eu buanedd wrth iddyn nhw deithio? Rhowch eich ateb mewn m s^{-1} yn gywir i 2 ffigur ystyrlon.
(gweler tudalen 163)

3 Dehongli'r arwynebedd o dan graff cyflymder–amser
Mae Elizabeth yn cymryd 35.6 s i nofio un hyd mewn pwll 50 m. Mae'r braslun o graff yn y ffigur isod yn darlunio ei mudiant; nid yw wedi'i luniadu i raddfa ond mae'r segmentau o linell yn syth ac mae'r llinell sy'n edrych yn llorweddol wir yn llorweddol. Mae Elizabeth yn cynnal buanedd o 1.80 m s^{-1} am T s. Darganfyddwch werth T.

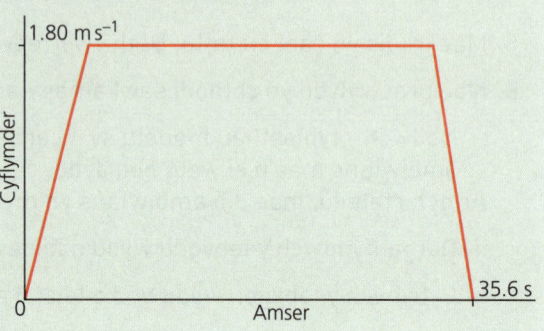

(gweler tudalen 163)

4 Dehongli graddiant graff buanedd–amser

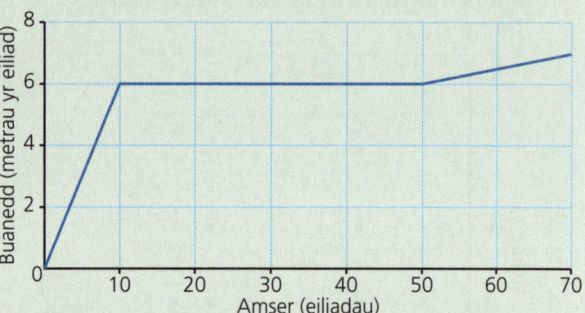

Mae'r graff yn y ffigur uchod yn dangos buanedd rhedwr mewn ras.
Beth oedd maint cyflymiad y rhedwr ar bob cyfnod?
(gweler tudalen 163)

5 Defnyddio fformiwla cyflymiad cyson i ddarganfod cyflymiad a'r pellter a deithiwyd
I ddechrau, mae car yn teithio ar 10 m s^{-1}. Mae'r gyrrwr yn tynnu ei throed oddi ar y sbardun (*accelerator*) ac mae'n dod i ddisymudedd mewn 8 s. Gan dybio bod cyflymiad y car yn gyson, cyfrifwch:
 i y cyflymiad
 ii y pellter mae'r car yn ei deithio wrth iddo ddod i ddisymudedd.
(gweler tudalen 169)

6 **Defnyddio fformiwla cyflymiad cyson i ddarganfod amser**
Mae sled yn cael ei thynnu â chyflymiad o 1.5 m s^2. Y buanedd cychwynnol yw 2 m s^{-1}. Cyfrifwch yr amser mae'n ei gymryd i deithio 20 m.
(gweler tudalen 169)

7 **Darganfod yr amser mae'n ei gymryd a'r cyflymder terfynol ar gyfer mudiant fertigol o dan ddisgyrchiant**
Mae Freddie yn gollwng wy ar y llawr o silff sydd 1.2 m uwchben y llawr. Darganfyddwch:
i   yr amser mae'n ei gymryd i'r wy gyrraedd y llawr
ii cyflymder yr wy pan fydd yn taro'r llawr.
(gweler tudalen 172)

8 **Darganfod y cyflymder cychwynnol ar gyfer mudiant fertigol o dan ddisgyrchiant**
Mae Diego yn taflu pêl i'r awyr. Mae'n cyrraedd uchder o 8 m uwchben y pwynt taflu. Cyfrifwch gyflymder cychwynnol y bêl.
(gweler tudalen 172)

9 **Defnyddio trydedd ddeddf Newton**

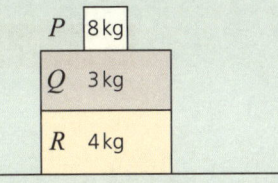

Mae'r diagram yn dangos pentwr o 3 bloc P, Q ac R mewn ecwilibriwm ar fwrdd llorweddol garw. Eu masau yw 8 kg, 3 kg a 4 kg. Mae'r bloc R yn rhoi grym N ar y bloc Q. Nodwch faint a chyfeiriad N.
(gweler tudalen 175)

10 **Nodi grymoedd**
Mae planc o bren yn gorwedd ar silindr llyfn sefydlog gydag un pen ar lawr llorweddol garw fel sydd i'w weld yn y diagram. Dangoswch yr holl rymoedd sy'n gweithredu ar y planc o bren.

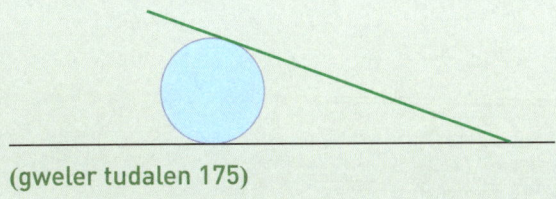

(gweler tudalen 175)

11 **Defnyddio deddf gyntaf Newton ar gyfer grymoedd mewn ecwilibriwm**

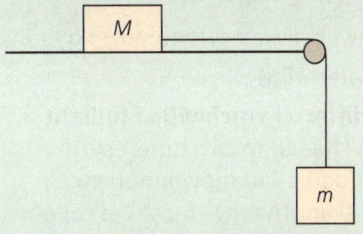

Mae'r diagram yn dangos bloc, màs M kg, ar fwrdd llorweddol garw. Mae llinyn ysgafn yn ei gysylltu â bloc, màs m kg. Mae'r llinyn yn mynd dros bwli llyfn ysgafn. Mae'r system mewn ecwilibriwm ac yn ddisymud. Ysgrifennwch fynegiad ar gyfer y grym ffrithiannol sy'n gweithredu ar y bloc o fàs ar y bwrdd.
(gweler tudalen 175)

12 **Defnyddio ail ddeddf Newton i ddarganfod cyflymiad**
Màs llong ofod pan fydd yn cael ei lansio yw 50 tunnell. Mae'r uned wthio yn cynhyrchu grym tuag i fyny o D N.
i   Darganfyddwch werth mwyaf D fel na fydd y llong ofod yn codi.
ii Mewn gwirionedd, gwerth cychwynnol D yw 800 000 N. Cyfrifwch gyflymiad y llong ofod.
(gweler tudalen 179)

13 **Defnyddio ail ddeddf Newton i ddarganfod grym**
Mae Lena yn gwthio trên tegan, màs 0.8 kg, ar hyd trac â grym llorweddol am 0.7 s. Y gwrthiant i fudiant yw 4 N. Mae'r trac yn syth ac yn llorweddol ac mae'r trên yn cyflymu o fuanedd cychwynnol o 0.5 m s^{-1} ac yn teithio 98 cm.
Cyfrifwch y grym gwthio mae Lena yn ei roi.
(gweler tudalen 179)

14 **Gronynnau cysylltiedig**
Mae bloc, màs 2 kg, yn cael ei roi ar fwrdd llorweddol llyfn â'i gysylltu â gwrthrychau, màs 0.5 kg ac 1.5 kg, ar ochrau dirgroes i'w gilydd fel sydd i'w weld yn y diagram. Mae'r llinynnau'n ysgafn ac yn anestynadwy ac yn mynd dros bwlïau llyfn. Mae'r system yn cael ei rhyddhau o ddisymudedd.

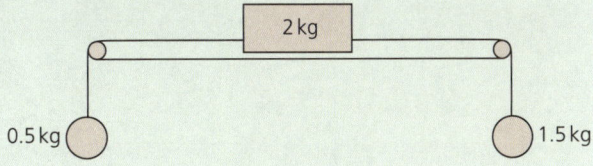

Ysgrifennwch yr hafaliadau mudiant ar gyfer y bloc a'r naill wrthrych a'r llall.
(gweler tudalen 181)

Targedu wrth adolygu (Penodau 18–21)

15. **Defnyddio differu i ddarganfod cyflymiad**
    Mae dadleoliad gronyn ar amser t s yn cael ei roi gan $s = 0.02t^3 - 0.8t^2 + 10t$ m.
    Darganfyddwch a yw'r cyflymiad yn gyson.
    (gweler tudalen 185)

16. **Defnyddio differu i ymchwilio i fudiant**
    Mae Max yn rhedeg mewn llinell syth ac mae ei ddadleoliad mewn metrau o'r tarddbwynt O ar amser t yn cael ei roi gan $s = 10 + 0.72t^2 - 0.03t^3$ ar gyfer $0 \leq t \leq 20$ lle t yw'r amser mewn eiliadau ar ôl dechrau rhedeg.
    Darganfyddwch a yw Max yn newid cyfeiriad yn ystod ei rediad 20 s.
    (gweler tudalen 185)

17. **Mudiant â chyflymiad amrywiol: integru**
    Mae gronyn yn teithio mewn llinell syth ac ar amser t s mae ei gyflymiad mewn m s^{-2} yn cael ei roi gan $a = 2t - 5$. Pan fydd $t = 0$, mae'r gronyn yn y tarddbwynt gyda chyflymder o 4 m s^{-1} yn y cyfeiriad positif. Darganfyddwch bellter y gronyn o'r tarddbwynt pan fydd $t = 6$.
    (gweler tudalen 185)

18. **Darganfod maint a chyfeiriad fector**
    Darganfyddwch faint a chyfeiriad y fector $-3\mathbf{i} + 14\mathbf{j}$.
    (gweler tudalen 189)

19. **Defnyddio deddf gyntaf Newton ar gyfer grymoedd mewn dau gyfeiriad mewn ecwilibriwm**
    Yn y cwestiwn hwn, $\mathbf{i}$ yw'r fector uned llorweddol a $\mathbf{j}$ yw'r fector uned fertigol tuag i fyny. Mae gronyn, màs 5 kg, mewn ecwilibriwm o dan weithred tri grym: ei bwysau, W, a'r tyniant (mewn Newtonau) mewn dau linyn sydd wedi'u cysylltu ag ef, $\mathbf{T}_1 = 3\mathbf{i} + y\mathbf{j}$ a $\mathbf{T}_2 = x\mathbf{i} + 15\mathbf{j}$.
    Darganfyddwch werthoedd x ac y.
    (gweler tudalen 189)

Atebion ar dudalennau 219–220

GWIRIO ATEBION

Pennod 18 Cinemateg

Ynglŷn â'r testun hwn

Mae cinemateg yn ymwneud ag astudio mudiant. Mae'r iaith sy'n gysylltiedig â'r testun yn fanwl gywir, ac mae'n bwysig gallu lluniadu a dehongli graffiau'r mudiant.

Mewn bywyd go iawn, mae mudiant yn aml yn gymhleth, felly rydyn ni'n defnyddio model sy'n symleiddio'r sefyllfa. Model cyffredin iawn yw trin gwrthrych fel gronyn sy'n symud ar hyd llinell syth â chyflymiad cyson. Gall y model hwn hefyd gael ei ddefnyddio ar gyfer gwrthrych mawr pan fydd ei ddimensiynau ac unrhyw droadau yn ei lwybr yn ddibwys yn nhermau'r mudiant cyffredinol.

Byddwch chi'n aml yn gweld pethau'n disgyn, yn arbennig ar ôl iddyn nhw gael eu taflu i fyny i'r awyr. Mae'r sefyllfa gyffredin hon yn cael ei modelu fel mudiant mewn llinell fertigol syth â chyflymiad cyson disgyrchiant, g, tuag i lawr.

Cyn dechrau, cofiwch ...

- graddiant llinell
- y fformiwla i gyfrifo arwynebedd trapesiwm
- sut i ddatrys hafaliadau gan gynnwys hafaliadau cydamserol a chwadratig.

Defnyddio graffiau i ddadansoddi mudiant   ADOLYGU ☐

Ffeithiau allweddol

1 Fectorau a sgalarau

FECTORAU (mae ganddyn nhw faint a chyfeiriad)	SGALARAU (maint yn unig sydd ganddyn nhw)
Dadleoliad	Pellter
Safle—dadleoliad o darddbwynt sefydlog	
Cyflymder – cyfradd newid safle	Buanedd – maint cyflymiad
Cyflymiad – cyfradd newid cyflymder	
	Amser

Rhybudd: er mai fector yw cyflymiad mewn gwirionedd, mae'n aml yn cael ei ddefnyddio fel sgalar. Y term sgalar go iawn yw maint y cyflymiad.

2 Diffiniadau

- Buanedd cyfartalog = $\dfrac{\text{cyfanswm y pellter a deithiwyd}}{\text{cyfanswm yr amser a gymerwyd}}$ (mesur sgalar)

- Cyflymder cyfartalog = $\dfrac{\text{dadleoliad}}{\text{amser a gymerwyd}}$ (mesur fector)

- Cyflymiad cyfartalog = $\dfrac{\text{newid mewn cyflymder}}{\text{amser}}$ (mesur fector)

- Dadleoliad – pellter a chyfeiriad un pwynt o bwynt arall (fector)
- Safle – dadleoliad o'r tarddbwynt (fector)
- Pellter a deithiwyd – hyd y llwybr a deithiwyd, beth bynnag yw'r cyfeiriad (sgalar)

CBAC UG Mathemateg

3 Graffiau

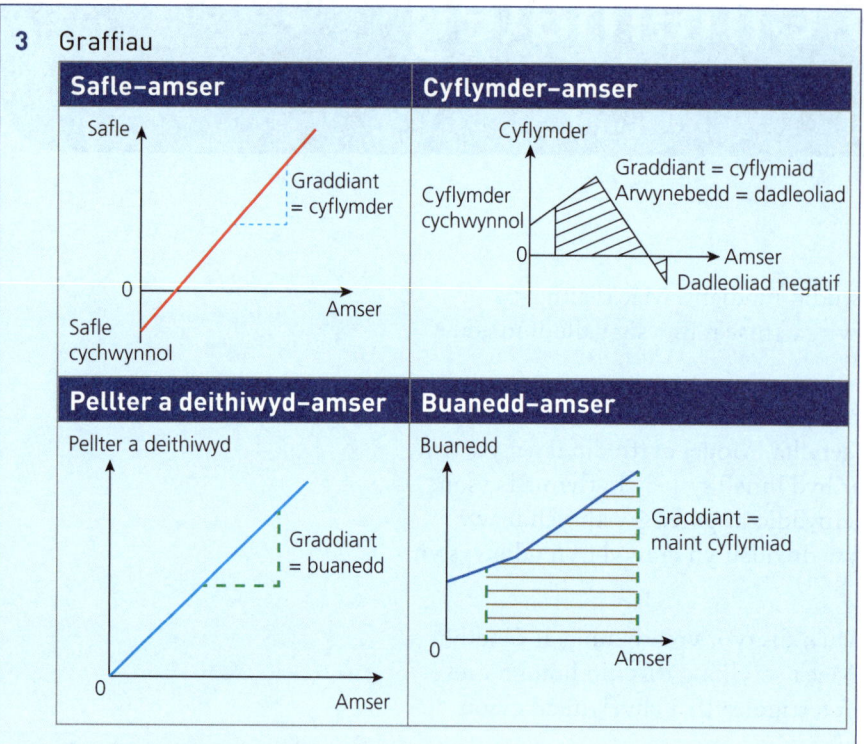

Enghraifft wedi'i hateb

1 Buanedd, cyflymder, pellter a dadleoliad

Mae Gilbert yn cerdded i'r gogledd am 40 s ar 3.5 m s^{-1} ac yna i'r de am 80 s ar 2.5 m s^{-1}. Brasluniwch:

i y graff buanedd–amser
ii y graff cyflymder–amser
iii y graff pellter a deithiwyd–amser
iv y graff safle–amser.

Datrysiad

Dewiswch y tarddbwynt fel pwynt cychwyn Gilbert ac i'r gogledd yn gyfeiriad positif.

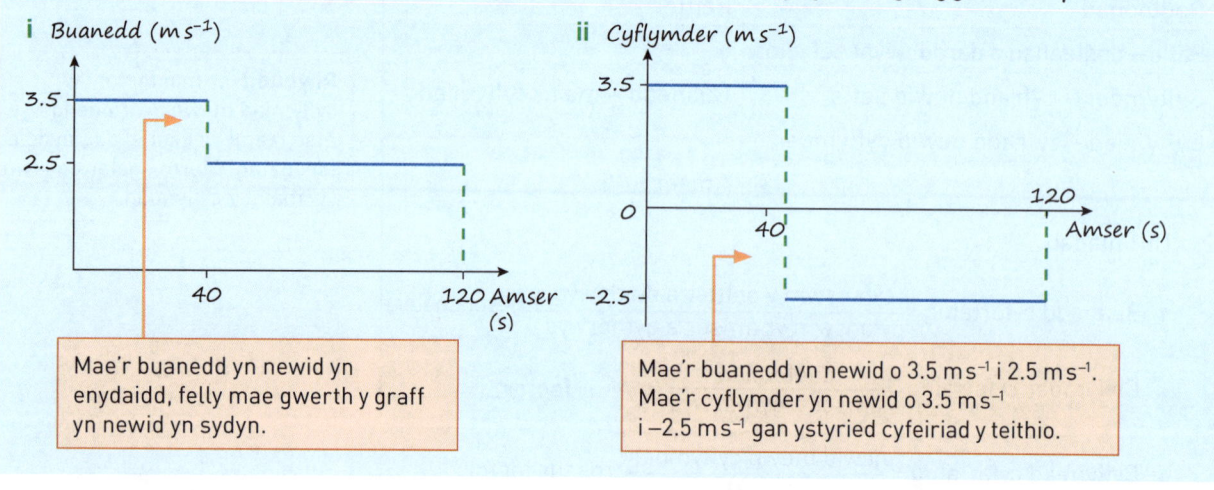

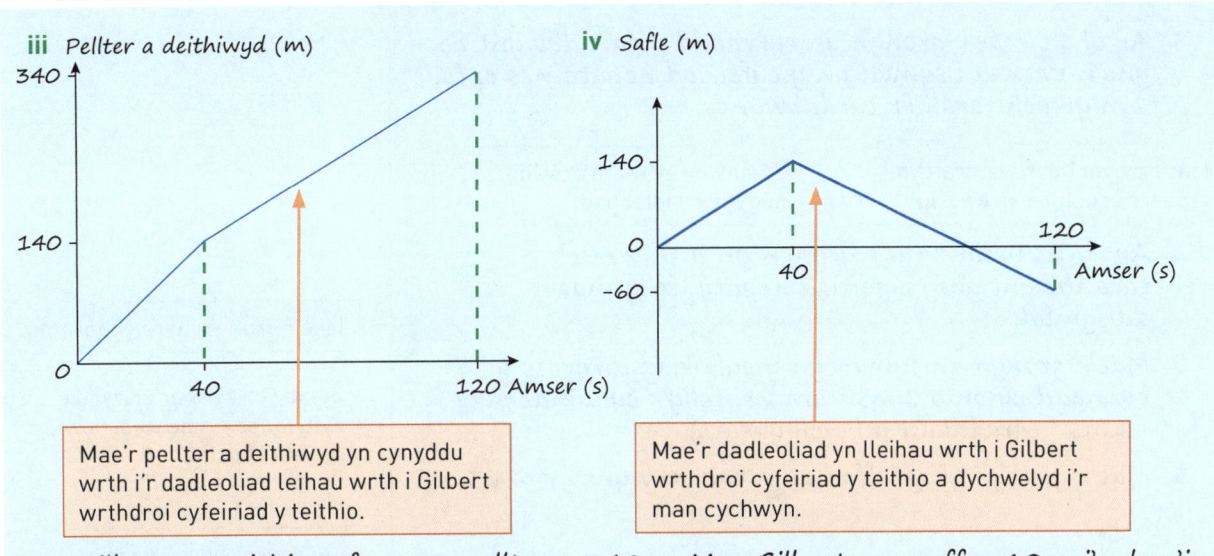

iii Pellter a deithiwyd (m)

Mae'r pellter a deithiwyd yn cynyddu wrth i'r dadleoliad leihau wrth i Gilbert wrthdroi cyfeiriad y teithio.

iv Safle (m)

Mae'r dadleoliad yn lleihau wrth i Gilbert wrthdroi cyfeiriad y teithio a dychwelyd i'r man cychwyn.

Mae Gilbert yn teithio cyfanswm pellter o 340m. Mae Gilbert yn gorffen 60m i'r de o'i fan cychwyn.

Awgrym: Y pwynt allweddol yn yr achos hwn yw nad yw'r pellter a deithiwyd yn rhoi ystyriaeth i gyfeiriad y teithio, ac felly mae'n cynyddu hyd yn oed pan fydd Gilbert yn dychwelyd tuag at y tarddbwynt.

Enghraifft wedi'i hateb

2 Dehongli graff safle–amser

Mae mudiant gronyn yn cael ei ddarlunio gan y graff safle–amser isod.

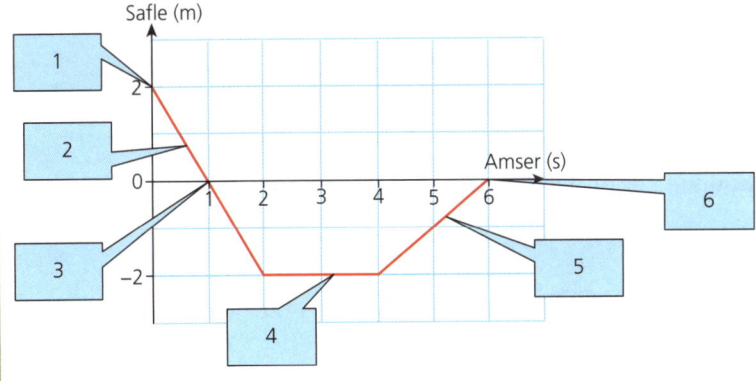

i Disgrifiwch beth sy'n digwydd yn ystod y 6 eiliad hyn.

ii Brasluniwch graff cyflymder yn erbyn amser.

Datrysiad

i Chwe elfen allweddol y mudiant yn ystod y 6 eiliad hyn yw:

1 Mae'r gronyn yn cychwyn 2m o'r tarddbwynt.

2 Mae'r gronyn yn symud o'r tarddbwynt â chyflymder cyson ('cyson' am fod y llinell yn syth) o $-2\,\text{ms}^{-1}$ (graddiant y llinell yw -2). Y buanedd yw $2\,\text{ms}^{-1}$ ac mae cyfeiriad y teithio yn negatif.

Y pwynt cychwynnol, lle mae'r graff yn torri'r echelin-y.

Mae'r ffaith bod y graff yn syth yn arwyddocaol yma.

Gwnewch sylw am y ffaith bod y graddiant yn negatif yma.

3 Ar ôl 1s mae'r gronyn yn cyrraedd y tarddbwynt ac yna'n parhau i symud yn y cyfeiriad negatif nes ei fod 2m yr ochr arall i'r tarddbwynt.

Mae'r pwynt lle mae'r graff yn croesi'r echelin-x yn bwysig.

Gwnewch sylw am arwydd negatif y dadleoliad.

4 Am y 2s nesaf, mae'r gronyn yn aros 2m o'r tarddbwynt yn y cyfeiriad negatif, felly mae'n ddisymud.

Mae'r graff yn llorweddol yma.

5 Mae'r gronyn yn symud yn y cyfeiriad dirgroes â buanedd cyson o $1\,ms^{-1}$ am 2s, felly'r cyflymder yw $+1\,ms^{-1}$ (graddiant y llinell yw +1).

Gwnewch sylw ar arwydd y cyflymder – mae wedi newid o negatif i bositif.

6 Mae'r gronyn yn gorffen yn y tarddbwynt ar ôl 6s.

Gwnewch sylw ar y safle terfynol.

ii

Enghraifft wedi'i hateb

3 Dehongli graff cyflymder–amser

Mae'r graff cyflymder–amser yn dangos mudiant car ar hyd ffordd syth yn ystod cyfnod o 2 funud.

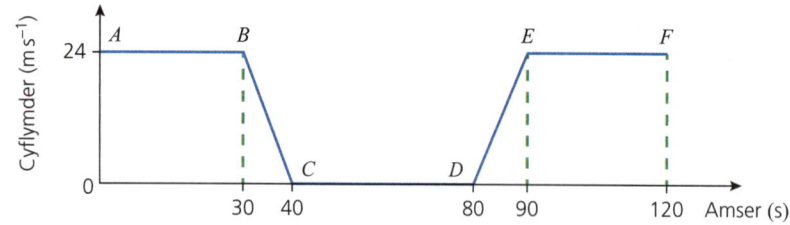

i Disgrifiwch daith y car.
ii Lluniadwch y graff cyflymiad–amser.
iii Pa mor bell mae'r car yn teithio?

Datrysiad

i AB: mae'r car yn teithio ar gyflymder cyson o $24\,ms^{-1}$ am 30s.

BC: mae'r car yn arafu'n unffurf i stop mewn 10s.

CD: mae'r car yn ddisymud am 40s.

DE: mae'r car yn cyflymu'n unffurf am 10s gan gyrraedd cyflymder o $24\,ms^{-1}$.

EF: mae'r car yn teithio ar gyflymder cyson o $24\,ms^{-1}$ am 30s.

ii Yn AB, CD ac EF y cyflymiad yw $0\,\text{m s}^{-2}$.

Yn BC y cyflymiad yw $\frac{-24}{10} = -2.4\,\text{m s}^{-2}$.

Yn DE y cyflymiad yw $\frac{24}{10} = 2.4\,\text{m s}^{-2}$.

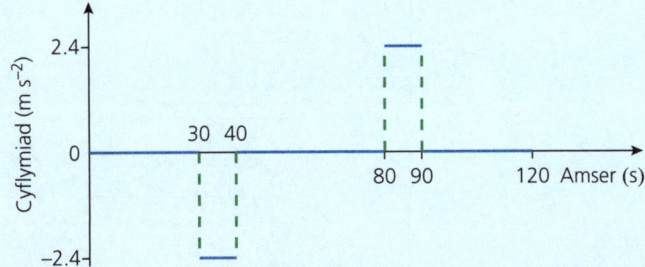

iii Mae dadleoliad y car yr un peth â'r gwir bellter mae'n ei deithio am nad yw'r cyflymder yn negatif ar unrhyw gam yn y cyfnod o 2 funud. Mae'n cael ei ddarganfod drwy gyfrifo'r arwynebedd o dan y graff cyflymder–amser.

Mae'r graff cyflymder–amser yn gymesur, felly'r arwynebedd

$= \frac{1}{2}(30 + 40) \times 24 \times 2 = 1680$.

Y pellter a deithiwyd yw $1680\,\text{m}$.

Enghraifft wedi'i hateb

4 Datrys problem gan ddefnyddio graff

Mae trên yn teithio rhwng dwy orsaf sydd 8.4 km oddi wrth ei gilydd. Mae'r trên yn cyflymu am 40 s cyn cyrraedd ei fuanedd mwyaf. Yna, mae'n teithio ar y buanedd hwn am 5 munud cyn dod i ddisymudedd mewn 60 s ag arafiad cyson. Beth yw buanedd mwyaf y trên?

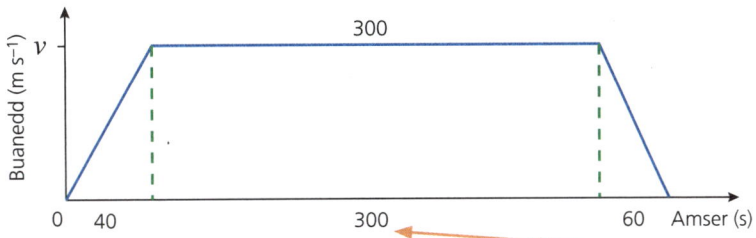

Cofiwch newid munudau yn eiliadau.

Datrysiad

Mae braslun graff buanedd–amser y daith yn dangos y wybodaeth sy'n cael ei rhoi, gydag unedau addas.

Y buanedd mwyaf yw $v\,\text{m s}^{-1}$.

Yr arwynebedd yw $\frac{1}{2}(400 + 300)v = 8400$.

Mynegwch y pellter fel 8400 m.

Defnyddiwch arwynebedd y trapesiwm i gynrychioli cyfanswm y pellter a deithiwyd.

$\Rightarrow v = \frac{8400}{350} = 24$.

Buanedd mwyaf y trên yw $24\,\text{m s}^{-1}$.

Profi eich hun

1. Mae gyrrwr car, sydd wedi'i stopio wrth oleuadau traffig, yn darganfod ei bod hi wedyn yn cael ei stopio wrth y goleuadau traffig nesaf. Pa un o'r graffiau canlynol a allai gynrychioli graff cyflymder–amser y car wrth iddo deithio rhwng y ddwy set o oleuadau traffig?

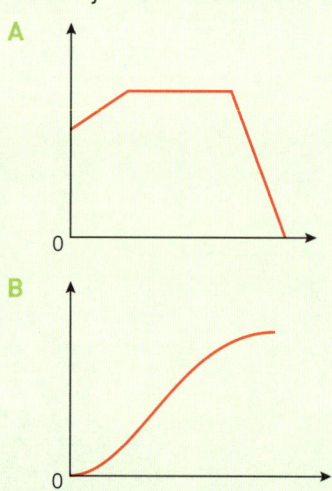
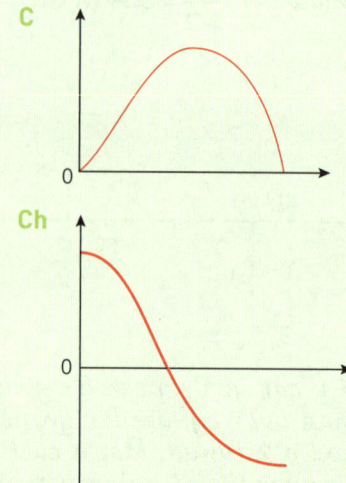

2. Mae gronyn yn symud mewn llinell syth o A i C, gan fynd drwy B. Mae'n cychwyn o ddisymudedd yn A ac yn cyflymu'n unffurf ar $1\,\text{m s}^{-2}$ am 5 eiliad cyn cyrraedd B. Rhwng B ac C mae'n cyflymu'n unffurf ar $2\,\text{m s}^{-2}$ am 5 s arall. Lluniadwch y graff buanedd–amser ar gyfer y mudiant hwn. Beth yw buanedd cyfartalog y gronyn ar ei daith o A i C?

3. Mae gwrthrych yn symud mewn llinell syth. Mae'n cyflymu'n unffurf o ddisymudedd ar $0.4\,\text{m s}^{-2}$, yna mae'n teithio ar fuanedd cyson o $8\,\text{m s}^{-1}$ am T eiliad, ac ar ôl hynny mae'n dod i ddisymudedd ag arafiad cyson. Mae'n teithio cyfanswm o 600 m mewn 100 s.
   i Lluniadwch graff cyflymder–amser ar gyfer y daith hon.
   ii Cyfrifwch ar ba amser mae'r graff yn cyrraedd buanedd o $8\,\text{m s}^{-2}$.
   iii Cyfrifwch werth T.

Atebion ar dudalen 220

Cwestiwn enghreifftiol

Mae P a Q yn ddau bwynt sydd 800 m oddi wrth ei gilydd ar ffordd syth. Mae car yn pasio'r pwynt P â buanedd o $11\,\text{m s}^{-1}$ ac ar unwaith yn cyflymu'n unffurf, gan gyrraedd buanedd mwyaf o $25\,\text{m s}^{-1}$ mewn 5 s. Mae'r gyrrwr yn parhau ar y buanedd hwn am 20 s arall cyn arafu'n unffurf am T eiliad ar $1.25\,\text{m s}^{-2}$ nes cyrraedd Q. Pan fydd y car yn mynd heibio i Q, ei fuanedd yw $V\,\text{m s}^{-1}$.
i Brasluniwch y graff buanedd–amser ar gyfer y daith rhwng P a Q.
ii Darganfyddwch:
   a y cyflymiad
   b y pellter a deithiwyd o P i gyrraedd y buanedd uchaf.
iii Darganfyddwch werthoedd T a V.
iv Darganfyddwch fuanedd cyfartalog y daith rhwng P a Q.
v Lluniadwch graff cyflymiad–amser y daith rhwng P a Q.

Atebion ar dudalen 220

Defnyddio fformiwlâu cyflymiad cyson

ADOLYGU

Ffeithiau allweddol

1 Hafaliadau suvat ar gyfer mudiant â chyflymiad cyson yw

$s = \frac{1}{2}(u+v)t$

$v = u + at$

$s = ut + \frac{1}{2}at^2$

$v^2 = u^2 + 2as$

$s = vt - \frac{1}{2}at^2$

s yw'r dadleoliad o'r safle cychwynnol ar amser t.
v yw'r cyflymder ar amser t.
u yw'r cyflymder cychwynnol (pan fydd $t = 0$).
a yw'r cyflymiad cyson.

> Mae s a v yn amrywio wrth i t amrywio.

> Mae gan a ac u yr un gwerth drwy gydol y mudiant.

Enghraifft wedi'i hateb

1 Deillio'r fformiwlâu

i Defnyddiwch graff cyflymder–amser gronyn sy'n symud â chyflymiad cyson a i ddeillio'r hafaliadau $s = \frac{1}{2}(u+v)t$ a $v = u + at$.

ii Trwy hyn, deilliwch yr hafaliadau $s = ut + \frac{1}{2}at^2$ a $v^2 = u^2 + 2as$.

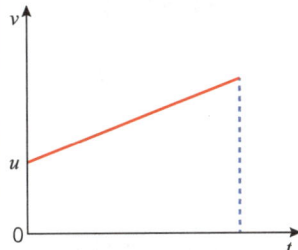

Mae cyflymiad cyson yn golygu bod y graff cyflymiad–amser yn llinell syth.

Datrysiad

i Mae dadleoliad yn cael ei gynrychioli gan arwynebedd o dan y graff,

felly $s = \frac{1}{2}(u+v)t$.

Cyflymiad yw graddiant y graff,

$a = \frac{v-u}{t}$ sy'n aildrefnu i roi $v = u + at$.

ii Amnewidiwch $v = u + at$ i $s = \frac{1}{2}(u+v)t$ i roi

$s = \frac{1}{2}(u + u + at)t = \frac{1}{2}(2u + at)t = ut + \frac{1}{2}at^2$.

Mae amnewid yn rhoi $v - u = at$ a $(u+v) = \frac{2s}{t}$.

Gan luosi $(v+u)(v-u) = \frac{2s}{t}(at) = 2as$.

Gan roi $v^2 - u^2 = 2as$ felly $v^2 = u^2 + 2as$.

> Mae arwynebedd trapesiwm yn cael ei roi gan $A = \frac{1}{2}(a+b)h$.

> Defnyddiwch y fformiwla $\frac{y_2 - y_1}{x_2 - x_1}$ a'r pwyntiau $(0, u)$ a (t, v).

> Mae angen dileu v i roi hafaliad sy'n cysylltu s, u, a a t.

> Dyma dric da gan ddefnyddio algebra!

CBAC UG Mathemateg

Enghraifft wedi'i hateb

2 Dau gyfnod o fudiant

Mae lorri'n cyflymu o ddisymudedd i $12\,\text{m}\,\text{s}^{-1}$ mewn $7\,\text{s}$. Yna, mae'n teithio ar fuanedd cyson am $20\,\text{s}$. Cyfrifwch gyfanswm y pellter a deithiwyd.

Datrysiad

Yn y cyfnod cyntaf, $u = 0$, $v = 12$ a $t = 7$.
Mae angen i ni ddarganfod s.

Dewiswch $s = \frac{1}{2}(u+v)t$

$s = \frac{1}{2}(0+12) \times 7 = 42$

Yn yr ail gyfnod o fudiant, mae'r cyflymder yn gyson.
$s = 12 \times 20 = 240$

Cyfanswm y pellter a deithiwyd yw $42 + 240 = 282\,\text{m}$.

> Mae'n rhaid i'r pellter gael ei ddarganfod ar wahân ar gyfer dau gyfnod y mudiant.

> Yn gyntaf, dewiswch pa hafaliad i'w ddefnyddio.

Enghraifft wedi'i hateb

3 Arafiad

Gan gychwyn ar $25\,\text{m}\,\text{s}^{-1}$, mae car yn arafu ar $2\,\text{m}\,\text{s}^{-2}$.
i   Pa mor bell y teithiodd y car erbyn iddo ddod i ddisymudedd?
ii Faint o amser mae'n ei gymryd i deithio $100\,\text{m}$ o'r man cychwyn?

Datrysiad

i   Mae arafiad o $2\,\text{m}\,\text{s}^{-2}$ yn gyflymiad o $-2\,\text{m}\,\text{s}^{-2}$.

Rydych chi'n gwybod bod $u = 25$, $v = 0$, $a = -2$ ac mae angen i chi ddarganfod s.

Dewiswch $v^2 = u^2 + 2as$

$0^2 = 25^2 + 2 \times (-2)s$

$s = \frac{625}{4} = 156.25$

Y pellter a deithiwyd yw $156\,\text{m}$ (yn gywir i 3 ffigur ystyrlon).

> Yn y cwestiwn hwn, nid yw t yn cael ei roi ac nid oes ei angen, felly dewiswch yr hafaliad sydd heb t ynddo.

ii Nawr, rydych chi'n gwybod bod $u=25$, $a=-2$ ac $s=100$, ac mae angen i chi ddarganfod t.

Dewiswch $\quad s = ut + \frac{1}{2}at^2$
Sy'n rhoi $\quad 100 = 25t - 1t^2$

$\quad\quad\quad t^2 - 25t + 100 = 0$
Gan ffactorio $\quad (t - 5)(t - 20) = 0$
$\quad\quad\quad t = 5$ neu $t = 20$

> Fel arall, gallwch chi ddefnyddio eich cyfrifiannell i ddatrys yr hafaliad hwn.

Mae'r car wedi stopio ar ôl $12.5\,\text{s}$, felly mae $t=20$ yn cael ei wrthod.

Yr ateb yw bod y car yn cymryd $5\,\text{s}$ i deithio $100\,\text{m}$.

Enghraifft wedi'i hateb

4 Dau anhysbysyn

Mae gyrrwr car yn teithio ar hyd ffordd syth. Mae ei mudiant yn cael ei fodelu gan ddefnyddio'r dybiaeth bod ei chyflymiad yn gyson. Mae hi'n teithio o A i B mewn 4 s ac o B i C yn y 4 s nesaf. Mae AB yn 44 m ac mae BC yn 84 m.

i Cyfrifwch ei buanedd yn A a'i chyflymiad.

ii Cyfrifwch fuanedd gyrrwr y car 12 s ar ôl gadael A. Gwnewch sylw ar ba mor addas yw'r model.

Datrysiad

i Defnyddiwch u ar gyfer y buanedd cychwynnol yn A. Edrychwch ar y teithiau o A i B ac o A i C.

O A i B $s = ut + \frac{1}{2}at^2$

$$44 = 4u + \frac{1}{2}a \times 4^2 \text{ neu } 4u + 8a = 44$$

O A i C $s = ut + \frac{1}{2}at^2$

$$44 + 84 = 8u + \frac{1}{2}a \times 8^2 \text{ neu } 8u + 32a = 128$$

Mae datrys yr hafaliadau cydamserol yn rhoi $u = 6$ ac $a = 2.5$

ii Ar ddiwedd y 12 s, buanedd gyrrwr y car yw

$$v = u + at = 6 + 2.5 \times 12 = 36.$$

36 m s⁻¹ yw 129.6 km h⁻¹ (tua 80 mya). Erbyn hyn, byddai hi'n teithio'n gyflym iawn ac felly mae'n fwy tebygol nad yw hi wedi cynnal yr un cyflymiad cyson.

> **Camgymeriad cyffredin:** Ni allwch chi ddefnyddio'r un llythyren ar gyfer buanedd cychwynnol AB ac ar gyfer buanedd cychwynnol BC.

> Mae dau anhysbysyn, felly gosodwch bâr o hafaliadau cydamserol.

> Defnyddiwch y cyfleuster datrys ar eich cyfrifiannell os yw yno, neu lluoswch yr hafaliad cyntaf â 2 a'i dynnu o'r ail hafaliad.

> **Camgymeriad cyffredin:** Dylech chi gynnwys gwerth o'ch gwaith cyfrifo blaenorol neu gyfrifiad newydd i gefnogi eich ateb. Peidiwch â rhoi ateb amwys fel 'byddai hi'n mynd yn rhy gyflym'.

Profi eich hun

1 Ar gyfer pob un o'r canlynol, penderfynwch pa hafaliad *unigol* yw'r mwyaf priodol.

A $v = u + at$ B $s = \frac{1}{2}(u+v)t$ C $s = ut + \frac{1}{2}at^2$ Ch $v^2 = u^2 + 2as$

i Mae fan sy'n teithio ar 12 m s⁻¹ yn stopio mewn 4 s. Pa mor bell mae'n ei deithio yn yr amser yma?

ii Mae bws yn stopio mewn pellter o 100 m o fuanedd o 10 m s⁻¹. Beth yw ei gyflymiad?

iii Mae pêl yn cael ei gollwng o ffenestr ar uchder o 15 m ac yn cyflymu 9.8 m s⁻². Pa mor hir mae'n ei gymryd i gyrraedd y llawr?

iv Beth yw cyflymder y bêl yn iii wedi iddi ddisgyn 10 m?

2 Mae awyren ysgafn yn glanio â buanedd o 30 m s⁻¹ ac mae'n cymryd 20 s i ddod i ddisymudedd. Tybiwch fod y cyflymiad yn gyson.

i Cyfrifwch gyflymiad yr awyren.

ii Cyfrifwch y pellter a deithiwyd ar hyd y rhedfa.

3 Mae trên yn cyflymu o ddisymudedd ar 0.2 m s⁻² am 4000 m. Pa mor hir mae'n ei gymryd a pha mor gyflym mae'n teithio?

4 Mae car yn cychwyn o ddisymudedd ac yn cyflymu ar $2\,\text{m s}^{-2}$ am 4 s. Yna, mae'n teithio ar fuanedd cyson am 10 munud. Pa mor bell y teithiodd y car yn yr amser hwn?

5 Mae Jonathan a Kirsty yn cael ras. Mae Jonathan yn cychwyn 15 m cyn Kirsty. Pan fydd y ras yn cychwyn, mae Kirsty yn rhedeg ar fuanedd cyson o $8\,\text{m s}^{-1}$. Mae Jonathan yn cychwyn o ddisymudedd ac mae ganddo gyflymiad cyson o $1\,\text{m s}^{-2}$. Darganfyddwch yr amser pan fydd Kirsty yn dal i fyny â Jonathan. Esboniwch beth sy'n digwydd ar ôl hynny.

Atebion ar dudalen 220

GWIRIO ATEBION

Cwestiwn enghreifftiol

Mae beic modur yn teithio ar hyd ffordd syth â buanedd cychwynnol o $12\,\text{m s}^{-1}$ ac yna mae'n dechrau arafu wrth olau traffig. Mae ei arafiad yn gyson. Mae'r beic modur yn stopio ar ôl 3 s, yn aros am 10 s ac yna'n cyflymu'n unffurf i'w fuanedd gwreiddiol o $12\,\text{m s}^{-1}$ mewn 5 s.

i Cyfrifwch y pellter a deithiwyd gan y beic modur yn ystod yr 18 s hyn.
ii Faint yn llai o amser byddai'r beic modur wedi'i gymryd i deithio'r pellter hwn pe bai wedi cynnal y buanedd o $12\,\text{m s}^{-1}$ drwy gydol yr amser?

Atebion ar dudalen 220

GWIRIO ATEBION

Mudiant fertigol o dan effaith disgyrchiant

ADOLYGU

Ffeithiau allweddol

1 Mae **cyflymiad disgyrchiant**, $g\,\text{m s}^{-2}$, yn amrywio o amgylch y byd. Yn y llyfr hwn, rydyn ni'n tybio bod pob cwestiwn yn codi mewn man lle ei werth yw $9.80\,\text{m s}^{-2}$ yn fertigol tuag i lawr; mae hyn fel arfer yn cael ei ysgrifennu fel $9.8\,\text{m s}^{-2}$.

2 Ar bwynt uchaf y mudiant, $v = 0$

3 Dylech chi bob amser luniadu diagram a phenderfynu ymlaen llaw lle mae eich tarddbwynt a pha ffordd sy'n bositif. $s = 0$ yw'r tarddbwynt. Beth bynnag yw'r safle, mae v yn bositif yn y cyfeiriad positif. Mae a yn $+9.8$ pan fydd i lawr yn bositif, ac yn -9.8 pan fydd i fyny yn bositif.

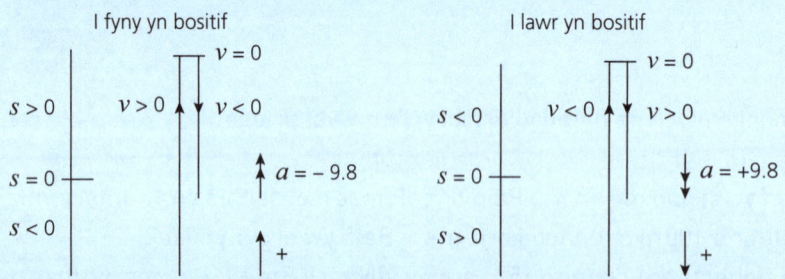

4 Mewn problemau lle nad yw'r mudiant yn dechrau yn y tarddbwynt fel bod $s = s_0$ pan fydd $t = 0$, rhowch $(s - s_0)$ yn lle s ym mhob hafaliad.

Enghraifft wedi'i hateb

1 Uchder mwyaf

Mae pêl yn cael ei thaflu i fyny ar $19.6\,\text{m}\,\text{s}^{-1}$.

i   Darganfyddwch yr amser mae'n ei gymryd i gyrraedd ei uchder mwyaf.

ii Darganfyddwch yr uchder mwyaf.

Datrysiad

i   Cymerwch tuag i fyny yn bositif a $t = 0$ pan fydd y bêl yn cael ei thaflu.
    Rydyn ni'n gwybod bod $u = 19.6$, $a = -9.8$ a $v = 0$ ac mae angen i ni ddarganfod t.

    Dewiswch $v = u + at$

    $0 = 19.6 + (-9.8)t$

    $t = \dfrac{19.6}{9.8} = 2$

    > Mae'r bêl yn cyrraedd ei huchder mwyaf pan fydd ei chyflymder yn sero.

ii Nawr cymerwch $s = 0$ pan fydd $t = 0$.
    I ddarganfod yr uchder mwyaf, darganfyddwch s pan fydd $t = 2$, $u = 19.6$, $a = -9.8$

    Dewiswch $s = ut + \dfrac{1}{2}at^2$

    $s = 19.6 \times 2 + \dfrac{1}{2}(-9.8) \times 2^2 = 19.6\,\text{m}$

    Yr uchder mwyaf yw $19.6\,\text{m}$.

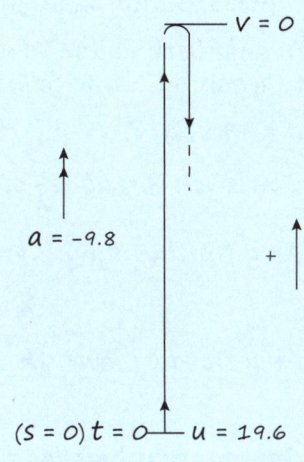

Enghraifft wedi'i hateb

2 Darganfod y cyflymder cychwynnol

Mae pêl yn cael ei thaflu'n fertigol tuag i fyny o uchder o $1\,\text{m}$ ac mae hi'n cyrraedd ei huchder mwyaf ar ôl $0.5\,\text{s}$. Darganfyddwch y canlynol:

i   cyflymder cychwynnol y bêl

ii ei chyflymder pan fydd hi'n taro'r llawr.

Datrysiad

i   Rydyn ni'n gwybod bod $v = 0$ pan fydd $t = 0.5$ ac $a = -9.8$ ac mae gofyn i ni ddarganfod u.

    > Gan gymryd i fyny i fod yn bositif.

    Dewiswch $v = u + at$

    $0 = u - 9.8 \times 0.5$

    $u = 4.9$

    Y cyflymder cychwynnol yw $4.9\,\text{m}\,\text{s}^{-1}$ tuag i fyny.

    > **Camgymeriad cyffredin:**
    > Mae gofyn i chi ddarganfod y cyflymder, felly mae angen i chi roi'r buanedd ($4.9\,\text{m}\,\text{s}^{-1}$) a'r cyfeiriad (i fyny).

ii I ddarganfod y cyflymder pan fydd y bêl yn taro'r llawr, mae angen i chi ddarganfod v pan fydd $s = -1$ gan dybio bod $s = 0$ pan fydd $t = 0$.

    Dewiswch $v^2 = u^2 + 2as$

    > Mae hefyd angen i chi ddefnyddio gwerth u rydych chi newydd ei ddarganfod.

    $v^2 = 4.9^2 + 2 \times (-9.8) \times (-1)$

    $v^2 = 43.61$

    $v = \pm 6.60$

    > Mae'r bêl yn symud tuag i lawr, felly mae angen gwerth negatif v.

    Pan fydd y bêl yn taro'r llawr, mae ganddi gyflymder o $6.60\,\text{m}\,\text{s}^{-1}$ tuag i lawr.

Enghraifft wedi'i hateb

3 Dau anhysbysyn

Mae pêl yn cael ei tharo tuag i fyny ac mae'n mynd heibio i frig tŵr eglwys ar ôl 2 s ac unwaith eto ar ôl 3 s. Darganfyddwch ei buanedd cychwynnol, u m s^{-1} ac uchder y tŵr, h m, uwchben y pwynt lle mae'r bêl yn cael ei tharo.

Datrysiad

Cymerwch mai man cychwyn y bêl yw'r tarddbwynt a bod tuag i fyny yn bositif.

Yr unig beth rydyn ni'n ei wybod yw a, a dau werth ar gyfer t, ac mae gofyn i ni ddarganfod u a h, felly bydd angen dau hafaliad arnom ni sy'n cynnwys u a h.

$a = -9.8$, $u = ?$, $s = h$.

Dewiswch $s = ut + \frac{1}{2}at^2$

Ar y ffordd i fyny: $h = 2u + \frac{1}{2} \times (-9.8) \times 2^2$ — $t = 2$ ar y ffordd i fyny.

$\qquad\qquad\qquad h = 2u - 19.6 \qquad (1)$

Ar y ffordd i lawr: $h = 3u + \frac{1}{2} \times (-9.8) \times 3^2$ — $t = 3$ ar y ffordd i lawr.

$\qquad\qquad\qquad h = 3u - 44.1 \qquad (2)$

Gan ddatrys hafaliadau (1) a (2) yn gydamserol:

$u = 24.5$
$h = 29.4$

Y buanedd cychwynnol yw 24.5 m s^{-1} ac uchder tŵr yr eglwys yw 29.4 m.

Profi eich hun

Mae'r wybodaeth hon yn berthnasol i Gwestiynau 1 i 3

Mae pêl yn cael ei thaflu tuag i fyny o ffenestr â buanedd o 3 m s^{-1} ac mae'n glanio ar y ddaear 15 m islaw. Cymerwch tuag i lawr yn bositif a chymerwch mai'r lefel y tu allan i'r ffenestr lle caiff y bêl ei thaflu yw'r tarddbwynt.

1 Darganfyddwch uchder mwyaf y bêl uwchben y ffenestr.
2 Cyfrifwch gyfanswm y pellter mae'r bêl wedi ei deithio erbyn iddi gyrraedd y ddaear.
3 Cyfrifwch yr amser mae'n ei gymryd i'r bêl gyrraedd y ddaear.

Mae'r wybodaeth hon yn berthnasol i Gwestiynau 4 a 5

Gan gychwyn o ddisymudedd, mae roced yn cael ei thanio'n fertigol tuag i fyny â chyflymiad o 25 m s^{-2}. Ar ôl 0.8 eiliad, nid oes tanwydd ar ôl, felly mae'n parhau i symud yn rhydd o dan effaith disgyrchiant.

4 Ar yr ennyd mae'r tanwydd yn dod i ben, cyfrifwch gyflymder ac uchder y roced.
5 Cyfrifwch gyflymder y roced pan fydd yn glanio ar y ddaear.

Atebion ar dudalen 220

Cwestiwn enghreifftiol

Mae gronyn, P, yn cael ei daflu'n fertigol tuag i fyny ar 28 m s^{-1} o bwynt O ar y ddaear.
i Cyfrifwch uchder mwyaf P.
Pan fydd gronyn P ar ei uchder mwyaf, mae ail ronyn, Q, yn cael ei daflu tuag i fyny o O ar 25 m s^{-1}.
ii Mae P a Q yn gwrthdaro 1.6 s yn ddiweddarach. Darganfyddwch ar ba uchder uwchben y ddaear mae hyn yn digwydd.

Atebion ar dudalen 220

Pennod 19 Grymoedd a deddfau mudiant Newton

Ynglŷn â'r testun hwn

Mae grymoedd yn gwbl hanfodol i Fecaneg. Mae'n hanfodol gwybod pa rai ohonyn nhw sy'n gweithredu mewn unrhyw sefyllfa a gallu eu cynrychioli ar ddiagram, gan ddangos eu meintiau a'u cyfeiriadau.

Mae effeithiau grymoedd yn cael eu mynegi fel deddfau mudiant Newton. Mae trydedd ddeddf Newton, sy'n ymwneud ag arwaith ac adwaith, yn cael ei defnyddio pan fydd dau wrthrych yn cyffwrdd. Mae deddf gyntaf ac ail ddeddf Newton yn ymwneud â'r berthynas rhwng grym a mudiant.

Cyn dechrau, cofiwch ...

- mae dadleoliad, cyflymder, cyflymiad a grym yn fectorau, felly mae gan bob un faint a chyfeiriad
- mae màs, hyd, buanedd ac amser yn sgalarau, a maint yn unig sydd ganddyn nhw
- gall fectorau gael eu hadio a'u tynnu a'u lluosi â sgalar
- hafaliadau *suvat* ar gyfer mudiant â chyflymiad cyson.

Grymoedd a deddf gyntaf Newton

ADOLYGU

Ffeithiau allweddol

1 **Mathau o rymoedd**
   i Grymoedd ar wrthrych am ei fod yn cyffwrdd ag arwyneb gwrthrych arall.
      o Mae **ffrithiant** *bob amser* yn gwrthwynebu unrhyw duedd i lithro.
      o Mae'r **adwaith normal** bob amser yn berpendicwlar i'r arwynebau ac i unrhyw ffrithiant.

   ii **Grymoedd mewn rhoden neu linyn sy'n cysylltu:**

   Mae'r grymoedd tyniant a chywasgiad sy'n cael eu dangos yn gweithredu ar y gwrthrychau sydd ynghlwm wrth bob pen

   iii Mae gan y **tyniant mewn llinyn** yr un maint bob ochr i bwli ysgafn llyfn, ond cyfeiriad gwahanol.

   iv Mae'r grymoedd llorweddol ar gerbyd olwynog fel arfer yn cael eu lleihau i dri grym posibl: gwrthiant, grym gyrru a grym brecio.

   v **Pwysau** gwrthrych yw grym disgyrchiant. Pwysau = mg yn fertigol tuag i lawr.

2 Termau modelu cyffredin

anestynadwy	heb amrywio yn ei hyd
ysgafn	màs dibwys
dibwys	digon bach i'w anwybyddu
gronyn	dimensiynau dibwys
llyfn	ffrithiant dibwys
unffurf	yr un peth drwyddo

3 Deddf mudiant cyntaf Newton

Mae pob gwrthrych yn parhau mewn cyflwr o ddisymudedd neu fudiant unffurf mewn llinell syth oni bai bod grym cydeffaith yn gweithredu arno.

4 Ecwilibriwm

Mae gronyn mewn ecwilibriwm pan fydd yn llonydd neu'n teithio mewn llinell syth ar fuanedd cyson. Mae'r grym cydeffaith ar y gronyn yn sero.

Enghraifft wedi'i hateb

1 Lluniadu diagram grymoedd

Lluniadwch ddiagramau sy'n dangos y grymoedd sy'n gweithredu ar:
i llygoden cyfrifiadur sy'n cael ei symud ar hyd bwrdd gan rym llorweddol P
ii y bwrdd oherwydd presenoldeb y llygoden.

Datrysiad

i Grymoedd ar y llygoden

ii Grymoedd y llygoden ar y bwrdd

Mae grymoedd y ffrithiant a'r adwaith normal sy'n gweithredu ar y bwrdd yn hafal a dirgroes i rymoedd y bwrdd ar y llygoden.

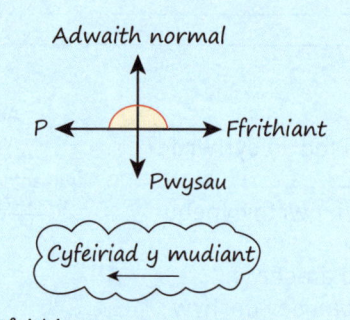

Camgymeriad cyffredin: Sylwch mai yn y diagram ar gyfer y llygoden yn unig mae pwysau'r llygoden a'r grym P sy'n ei gwthio yn bresennol.

Am fod y llygoden yn symud yn llorweddol, mae'r adwaith normal rhyngddi hi a'r bwrdd yn hafal i'w phwysau. Serch hynny, nid yw'r adwaith fertigol rhwng unrhyw ddau wrthrych *o reidrwydd* yn hafal i bwysau'r un ar y pen uchaf.

Enghraifft wedi'i hateb

2 Nodi ecwilibriwm

Ym mhob un o'r achosion canlynol, nodwch a yw'r grymoedd ar y gwrthrych mewn ecwilibriwm.
i Mae car yn teithio ar fuanedd cyson ar draffordd syth ar 60 mya.
ii Mae car cebl ar wifren syth yn tynnu i mewn i'r terminws.
iii Mae'r bys munudau ar fy oriawr yn cylchdroi ar fuanedd cyson.
iv Mae llygad cudyll coch yn sefydlog wrth iddo hofran dros y ddaear.

Datrysiad

i Mae gan y car fuanedd cyson ac mae'r ffordd yn syth, felly mae'n rhaid bod y grymoedd ar y car yn ei gyfanrwydd mewn ecwilibriwm.

ii Mae'n rhaid bod y car cebl yn arafu wrth iddo dynnu i mewn i'r terminws, felly nid yw ei fuanedd yn gyson. Nid yw'r grymoedd mewn ecwilibriwm.

iii Nid yw'r bys munudau'n teithio mewn llinell syth, felly nid yw'r grymoedd mewn ecwilibriwm.

iv Fel aderyn ysglyfaethus, mae angen llygad sefydlog ar y cudyll coch. Pan fydd yn sefydlog, mae'r grymoedd sy'n gweithredu arno mewn ecwilibriwm.

Camgymeriad cyffredin: Cymerwch ofal i **beidio** â thybio bod gwrthrych o reidrwydd yn ddisymud pan ddywedir bod y grymoedd sy'n gweithredu arno mewn ecwilibriwm.

Enghraifft wedi'i hateb

3 Defnyddio ecwilibriwm

Mae parasiwtydd 60 kg wedi cyrraedd cyflymder terfynol, felly mae'n disgyn ar fuanedd cyson. Beth yw'r gwrthiant aer sy'n gweithredu ar y parasiwtydd?

Datrysiad

Mae'r parasiwtydd yn disgyn ar fuanedd cyson, felly gan dybio bod hyn mewn llinell syth, mae'r grymoedd sy'n gweithredu mewn ecwilibriwm. Mae'r gwrthiant aer, R, yn hafal i bwysau'r parasiwtydd, mg.

Gwrthiant aer $= 60 \times g$ N
$= 588$ N

Mae diagram grymoedd yn ddefnyddiol hyd yn oed mewn achosion syml. Gallwch chi symleiddio'r llun i gylch bach a dwy saeth.

Profi eich hun

1 Mae bachgen yn gwthio bwrdd sglefrio â'i droed dde wrth i'w droed chwith wthio yn erbyn llawr gwastad. Mae ei fuanedd yn cynyddu.
Penderfynwch a yw'r gosodiadau yn gywir neu'n anghywir.

i Mae'r adwaith fertigol rhwng troed dde'r bachgen a'r bwrdd sglefrio yn hafal i'w bwysau.

ii Mae'r grymoedd ar y bachgen mewn ecwilibriwm.

iii Mae pwysau'r bachgen wedi'i ddosbarthu'n hafal rhwng y llawr a'r bwrdd sglefrio.

iv Mae'r grym ffrithiannol rhwng ei droed chwith a'r llawr yn gweithredu yng nghyfeiriad y mudiant.

v Mae'r grym ffrithiannol rhwng ei droed dde a'r bwrdd sglefrio yn gweithredu yng nghyfeiriad y mudiant.

ymlaen

2 Penderfynwch a yw pob un o'r gosodiadau'n gywir neu'n anghywir.
  i Rydych chi mewn lifft. Pan fydd yn dechrau symud, nid yw'r grym rhyngoch chi a'r llawr yn hafal i'ch pwysau.
  ii Pwysau bag o reis 1.5 kg yw 14.7 N.
  iii Pan fydd rhywbeth yn symud, mae'n rhaid bod grym sy'n gwneud iddo symud.
  iv Pan fyddwch chi'n eistedd ar gadair, mae'r grym ar sedd y gadair fel arfer yn llai na'ch pwysau.

3 Ym mhob un o'r sefyllfaoedd hyn, penderfynwch, yn ystod y sefyllfa sy'n cael ei disgrifio, a yw'r grymoedd sy'n gweithredu ar y gwrthrych mewn ecwilibriwm:
  A bob amser
  B byth
  C am gyfnod o'r amser ond nid nid am y cyfan
  Ch nid oes gwybodaeth ddigonol i allu dweud.
  i Mae llyfr yn gorwedd ar fwrdd.
  ii Mae awyrblymiwr yn disgyn yn rhydd cyn cyrraedd cyflymder terfynol.
  iii Mae lifft yn Canary Wharf yn codi heb stopio o'r llawr gwaelod i lawr 50.
  iv Mae plentyn yn eistedd mewn car ar y ceffylau bach yn y ffair sy'n cylchdroi â buanedd cyson.
  v Mae person yn eistedd ar fws.

4 Mae blwch bach, màs 2 kg, yn gorwedd ar fwrdd llorweddol. Mae grym llorweddol o 12 N yn gweithredu ar y blwch ond mae'n parhau mewn ecwilibriwm.
  i Lluniadwch ddiagram sy'n dangos yr holl rymoedd ar y blwch.
  ii Darganfyddwch yr adwaith normal rhwng y bwrdd a'r blwch.
  iii Darganfyddwch faint a chyfeiriad y grym ffrithiannol.

Atebion ar dudalennau 220–221

GWIRIO ATEBION

Cwestiwn enghreifftiol

Mae'r diagram yn dangos dau flwch, màs 5 kg a 7 kg, yn sefyll gyda'i gilydd ar arwyneb llorweddol garw. Mae Ruth yn ceisio gwthio'r blychau drwy roi grym llorweddol o 30 N fel sydd i'w weld yn y diagram. Mae grymoedd ffrithiannol o $5k$ N a $7k$ N yn gweithredu ar y ddau flwch. Nid yw'r blychau'n symud.

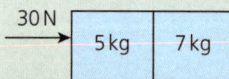

i Lluniadwch ddiagramau ar wahân i'r naill focs a'r llall yn dangos yr holl rymoedd sy'n gweithredu arnyn nhw.
ii Darganfyddwch faint y grymoedd ffrithiannol sy'n gweithredu ar y blwch 5 kg.
iii Darganfyddwch yr adwaith normal rhwng y blwch 7 kg a'r arwyneb.
iv Darganfyddwch y grym cyffwrdd rhwng y ddau focs.

Atebion ar dudalen 221

GWIRIO ATEBION

Ail ddeddf Newton

ADOLYGU

Ffeithiau allweddol

1. **Ail ddeddf Newton:**
   - Mae cyflymiad gwrthrych mewn cyfrannedd â'r grym cydeffaith sy'n gweithredu arno.
   - Yn achos mudiant mewn llinell syth, mae hyn yn aml yn cael ei ysgrifennu fel $F = ma$.
   - Mae'r cyflymiad yn yr un cyfeiriad â'r grym cydeffaith.
   - Mae'r hafaliad rydyn ni'n ei gael yn aml yn cael ei alw'n 'hafaliad y mudiant'.

Awgrym: Mae cyflymiad a grym yn fesurau gwahanol, felly mae'n ddefnyddiol defnyddio gwahanol fathau o saethau ar eu cyfer: grym: →; cyflymiad: ⇢.

Camgymeriad cyffredin: Mae pobl yn aml yn sôn am bethau'n *pwyso*, dyweder, 1 cilogram, ond mewn gwirionedd maen nhw'n golygu bod y *màs* yn 1 cilogram. Mae gan fag 1 kg o siwgr, er enghraifft, fàs 1 kg a phwysau $1 \times g = 9.8$ N.

Enghraifft wedi'i hateb

1. **Darganfod cyflymiad o rymoedd**

Mae sled, màs 12 kg, yn cael ei dynnu gan raff lorweddol yn erbyn gwrthiant o 2 N. Y tyniant yn y rhaff yw 5 N. Beth yw cyflymiad y sled?

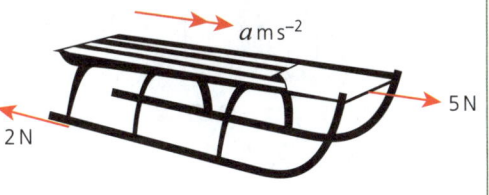

Datrysiad

Y grym llorweddol cydeffaith $= (5 - 2)$ N ac $m = 12$

Felly, yn ôl ail ddeddf Newton: $5 - 2 = 12a$

Y cyflymiad yw $3 \div 12 = 0.25$ m s^{-2}.

Mae'n syniad da symleiddio diagram drwy luniadu'r sled fel bloc a defnyddio saethau ar gyfer y grymoedd yn llorweddol ar y dudalen.

Grym cydeffaith $= ma$.

Enghraifft wedi'i hateb

2. **Darganfod grym o gyflymiad**

Roedd gyrrwr rasio, màs 70 kg, yn dal yn fyw ar ôl taro wal ar 48 m s^{-1} a stopio mewn 0.66 m. Beth oedd maint cyfartalog y grym a oedd yn gweithredu ar y gyrrwr?

Datrysiad

Rydyn ni'n cael gwybod bod $u = 48$, $v = 0$ ac $s = 0.66$, felly mae modd cyfrifo'r cyflymiad gan ddefnyddio:

$v^2 = u^2 + 2as$

$0 = 48^2 + 2 \times 0.66 \times a$

$-1.32a = 2304$

$a = -2304 \div 1.32$

$= -1745.45$

Yn ôl ail ddeddf Newton, y grym a oedd yn gweithredu oedd:

màs $\times$ cyflymiad $= 70 \times 1745.45$ N
$= 122181.82$ N neu 122.2 kN.

Mae'r cwestiwn yn rhoi gwybodaeth am fuanedd a phellteroedd ac yn gofyn am rym. Cyflymiad yw'r mesur sy'n eu cysylltu.

Dewiswch yr hafaliad sydd ddim yn cynnwys t.

Roedd y car wedi arafu, felly roedd y cyflymiad yn negatif.

Mae hwn yn rym enfawr, ond mae'n seiliedig ar stori wir.

CBAC UG Mathemateg

Enghraifft wedi'i hateb

3 Defnyddio mwy nag un grym

Mae merch, màs 50 kg, yn mynd i fyny mewn lifft. Cyfrifwch y grym rhwng y ferch a llawr y lifft:

i pan fydd yn cyflymu tuag i fyny ar $0.5\,\text{m}\,\text{s}^{-2}$
ii pan fydd yn symud i fyny ar fuanedd cyson
iii pan fydd yn arafu ar $0.4\,\text{m}\,\text{s}^{-2}$.

Datrysiad

i Mae'r ffigur yn dangos y cyflymiad a'r grymoedd sy'n gweithredu ar y ferch. Mae tuag i fyny yn cael ei gymryd yn bositif.

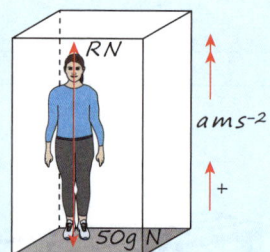

Pwysau'r ferch yw $50g$ N a'r cyflymiad, $a = +0.5$.
Y grym cydeffaith tuag i fyny yw: $R - 50g$ N.
Yn ôl ail ddeddf Newton:

$R - 50g = 50 \times 0.5$
$R = 25 + 50 \times 9.8 = 515$

Y grym rhwng y ferch a'r llawr yw 515 N.

> Byddwch yn glir bod y cyflymiad yn bositif yma.

ii Pan fydd y buanedd yn gyson, $a = 0$ ac mae'r grymoedd ar y ferch mewn ecwilibriwm.

Felly'r grym adwaith = pwysau'r ferch
= $50g$ N (= 490 N)

> Mae gwerth R wedi newid. Byddai'n bosibl parhau i ysgrifennu hyn fel $R - 50g = 0$.

iii Pan fydd y lifft yn arafu, $a = -0.4$ felly

$R - 50g = 50 \times (-0.4)$
$R = 50 \times 9.8 - 20 = 470$

Y grym rhwng y ferch a'r llawr yw 470 N.

> Mae gwerth R wedi newid eto, ond yr un ffurf sydd i'r hafaliad.

Profi eich hun

1 Mewn prawf diogelwch ffordd, mae car sy'n cynnwys dymi, màs 60 kg, yn gwrthdaro â wal yn fwriadol. I gychwyn, mae'r car yn symud ar $16\,\text{m}\,\text{s}^{-1}$ ac mae'n crychu pan fydd yn taro'r wal. Pa rym cyfartalog sy'n gweithredu ar y dymi os yw'n symud ymlaen 0.8 m cyn dod i stop?

2 Mae parasiwtydd, màs 75 kg, yn disgyn â chyflymiad tuag i lawr o $5.2\,\text{m}\,\text{s}^{-2}$. Ar y pwynt hwn, y brigwth sy'n gweithredu ar y parasiwtydd yw U N. Yn nes ymlaen, mae'r brigwth wedi dyblu. Beth yw'r cyflymiad newydd?

3 Mae bloc, màs 12 kg, yn cael ei wthio ar hyd llawr llorweddol garw gan rym llorweddol o 24 N. Mae grym ffrithiannol cyson o 15 N. Mae'r bloc yn cychwyn o ddisymudedd a phan fydd yn cyrraedd buanedd o $1.5\,\text{m}\,\text{s}^{-1}$, mae'r grym yn cael ei ddiddymu. Mae'r bloc yn arafu ac yn dod i ddisymudedd.

   i Cyfrifwch gyflymiad y bloc yng nghyfnod cyntaf y mudiant.
   ii Darganfyddwch am faint o amser mae'r bloc yn cyflymu.
   iii Cyfrifwch gyfanswm yr amser mae'r bloc yn symud.

4 Rydych chi'n profi eich clorian ystafell ymolchi newydd mewn lifft gan fynd i fyny sawl llawr heb stopio rhyngddyn nhw. Pryd bydd y glorian yn dangos eich bod chi'n drymach nag ydych chi mewn gwirionedd? Esboniwch eich ateb.

Atebion ar dudalen 221 ⟶ GWIRIO ATEBION

Cwestiwn enghreifftiol

Mae car, màs 1000 kg, yn teithio ar hyd ffordd wastad, syth.
  i Cyfrifwch gyflymiad y car pan fydd grym cydeffaith o 2000 N yn gweithredu arno yng nghyfeiriad ei fudiant.
     Faint o amser mae'n ei gymryd i'r car gynyddu ei fuanedd o $5\,\text{m}\,\text{s}^{-1}$ i $12.5\,\text{m}\,\text{s}^{-1}$?
  ii Mae gan y car gyflymiad o $1.4\,\text{m}\,\text{s}^{-2}$ pan fydd grym gyrru o 2000 N. Cyfrifwch y gwrthiant i fudiant y car.

Atebion ar dudalen 221 ⟶ GWIRIO ATEBION

Trydedd ddeddf Newton a gronynnau cysylltiedig ADOLYGU

Ffeithiau allweddol

1 **Trydedd ddeddf mudiant Newton**
   Pan fydd gwrthrych yn rhoi grym ar wrthrych arall, i bob grym arwaith mae bob amser adwaith o'r un fath sy'n hafal, ac yn y cyfeiriad dirgroes.
2 Mae'r cyflymiad yn yr un cyfeiriad â'r grym cydeffaith.
3 Mae'r hafaliad a geir yn aml yn cael ei alw'n 'hafaliad y mudiant'.
4 Mae maint cyflymder a chyflymiad dau wrthrych sydd wedi'u cysylltu gan roden neu linyn anestynadwy tyn bob amser yr un peth.
5 Mae'r tyniant mewn llinyn sy'n mynd dros bwli ysgafn llyfn yr un peth bob ochr i'r pwli.

> Yn achos gwrthrychau sy'n cyffwrdd, neu ronynnau cysylltiedig, mae hyn yn golygu bod y grym mae'r naill yn ei roi ar y llall yn hafal a dirgroes i'r grym mae'r llall yn ei roi ar y naill.

> Gallwch chi ymdrin â'r holl ronynnau gyda'i gilydd fel un màs mawr, neu gallwch chi ymdrin â nhw ar wahân, a phob un â'i fàs a'i rym ei hun.

Enghraifft wedi'i hateb

1 Gwrthrychau sy'n cyffwrdd

Mae'r diagram yn dangos pentwr o flociau, A, B ac C sy'n ddisymud ar fwrdd llorweddol. Eu pwysau yw W_1, W_2 a W_3 yn ôl eu trefn. Lluniadwch ddiagramau i ddangos y grymoedd sy'n gweithredu ar bob un o'r blociau.

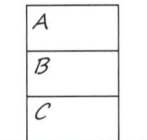

Datrysiad

Mae'r diagram yn dangos y grymoedd ar y tri bloc.

Grymoedd ar floc A   Grymoedd ar floc B   Grymoedd ar floc C

> Sylwch fod y grym mae bloc B yn ei roi ar floc A, R_1, yr un maint â'r grym mae bloc A yn ei roi ar floc B, ond mae yn y cyfeiriad dirgroes.

> Yn yr un modd, mae'r grym mae bloc C yn ei roi ar floc B, R_2, yr un maint â'r grym mae bloc B yn ei roi ar floc C ond mae yn y cyfeiriad dirgroes.

CBAC UG Mathemateg 183

Enghraifft wedi'i hateb

2 Gronynnau cysylltiedig mewn ecwilibriwm

Mae tractor, màs 3000 kg, yn tynnu trelar, màs 1000 kg, ar fuanedd cyson ar hyd ffordd lorweddol syth.
Mae grym gyrru o 800 N.
Hefyd, mae grymoedd gwrthiant o 500 N ar y tractor a 300 N ar y trelar.

i Lluniadwch ddiagramau wedi'u labelu'n glir i ddangos y grymoedd ar y tractor ac ar y trelar.

ii Darganfyddwch y grymoedd adwaith fertigol a'r tyniant yn y bar tynnu.

Datrysiad

i Grymoedd ar y trelar   Grymoedd ar y tractor

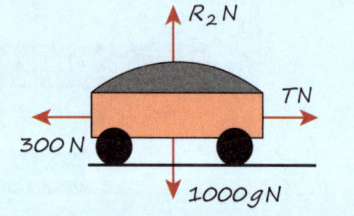 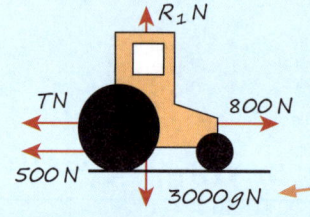

R_1 N ac R_2 N yw adweithiau normal y ffordd ar y tractor a'r trelar yn ôl eu trefn. T N yw'r tyniant yn y bar tynnu.

ii Mae'r grymoedd ar y tractor ac ar y trelar yn annibynnol mewn ecwilibriwm.

Ar gyfer y tractor:　　$R_1 = 3000g$　← *Grymoedd fertigol yn cydbwyso.*

ac　　　　　　　　　$800 = T + 500$　← *Grymoedd llorweddol yn cydbwyso.*

felly　　　　　　　　$T = 300$

Ar gyfer y trelar:　　$R_2 = 1000g$　← *Grymoedd fertigol yn cydbwyso.*

　　　　　　　　　　$T = 300$ fel cynt.　← *Grymoedd llorweddol yn cydbwyso.*

Mae'n bwysig cysylltu'r grymoedd i'r tractor neu'r trelar. Mae lle mae'r gwrthiannau'n gweithredu yn bwysig.

Sylwch fod pwysau'r tractor a'r trelar yn cael eu rhoi fel g N.

Enghraifft wedi'i hateb

3 Cyfrifo tyniant neu gywasgiad

Mae locomotif, màs 80 000 kg, yn gwthio tryc, màs 4000 kg, i mewn i lein aros. Grym gyrru'r locomotif yw 2500 N ac mae gwrthiannau o 200 N yr un ar y peiriant a'r tryc.

Cyfrifwch y grym yn y cyplydd rhwng y locomotif a'r tryc.
A yw mewn tyniant neu gywasgiad?

Datrysiad

Gan ddefnyddio ail ddeddf Newton ar gyfer y trên yn gyfan:

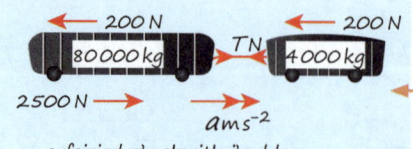

Am y tro, mae'r grym yn y cyplydd yn cael ei ddangos fel tyniant T N (→ ←). Y cyflymiad yw a ms^{-2}.

$2\,500 - 200 - 200 = (80\,000 + 4\,000)a$

> Grym mewnol yw tyniant, felly nid oes angen ei gynnwys yn hafaliad y mudiant.

> **Camgymeriad cyffredin:** Mae'n hawdd iawn camdeipio sawl sero sydd yma.

> Mae'r màs sy'n cael ei ddefnyddio yn awgrymu wrth y darllenydd pa wrthrych rydych chi'n ei ystyried.

Felly $a = \dfrac{2100}{84\,000} = 0.025$ ms^{-2}.

Gan ddefnyddio ail ddeddf Newton ar gyfer y tryc:

$-T - 200 = ma = 4000 \times 0.025$

> Mae angen màs y tryc arnoch chi yma.

Felly $T = -300$ N

> Gallwch chi wirio'r ateb hwn drwy ystyried hafaliad y mudiant ar gyfer y locomotif.

Y tyniant yw negatif 300 N sy'n awgrymu bod y grym yn y cyplydd mewn gwirionedd yn wthiad neu'n gywasgiad ($\leftarrow \rightarrow$) o 300 N.

> Mae'r cywasgiad yn gweithredu tuag ymlaen ar y tryc a thuag yn ôl ar y locomotif.

Enghraifft wedi'i hateb

4 Defnyddio pwli

Mae blociau, màs 0.5 kg (A) a 0.3 kg (B) yn cael eu clymu i bennau llinyn ysgafn sy'n hongian yn fertigol dros bwli ysgafn llyfn. Mae'r system yn cael ei rhyddhau o ddisymudedd.

i Lluniadwch ddiagram i ddangos grymoedd a chyflymiad y blociau.
ii Darganfyddwch gyflymiad y system.
iii Darganfyddwch y tyniant yn y llinyn.

> Mae'r bloc A yn drymach, felly bydd yn symud tuag i lawr a bydd B yn symud tuag i fyny.

Datrysiad

i Y grymoedd sy'n gweithredu yw pwysau'r ddau floc a'r tyniant, T, yn y llinyn. Y cyflymiad yw a ms^{-2}.

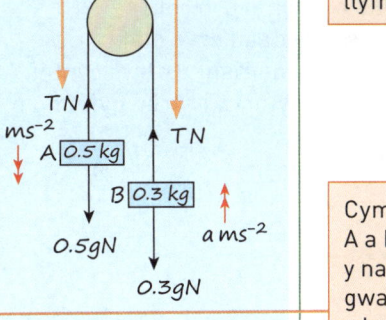

> Mae'r tyniant yr un peth bob ochr i'r pwli gan fod y pwli'n llyfn.

ii Yn achos A ($\downarrow$): $0.5g - T = 0.5a$ (1)

Yn achos B ($\uparrow$): $T - 0.3g = 0.3a$ (2)

Adio'r hafaliadau i ddileu T.
$0.5g - 0.3g = 0.5a + 0.3a$
$\qquad 0.2g = 0.8a$

Y cyflymiad yw $0.2g \div 0.8 = 2.45$ ms^{-2}

> Cymerwch gyfeiriad mudiant A a B i fod y cyfeiriad positif yn y naill achos a'r llall. Nid oes gwahaniaeth nad yr un cyfeiriad ydyn nhw.

iii Amnewidiwch werth y cyflymiad yn (2) i gyfrifo T:

$T - 0.3g = 0.3 \times 2.45$
$\qquad T = 0.735 + 0.3 \times 9.8$
$\qquad \ \ = 3.675$

Y tyniant yw 3.675 N.

> Gallwch chi ddefnyddio'r naill hafaliad neu'r llall yma. Gallwch chi ddefnyddio'r llall i wirio eich atebion.

Profi eich hun

1. Mae tractor yn tynnu trelar sydd heb frêc ar hyd llawr gwastad gan ddefnyddio bar tynnu syml. Mae'r tractor yn brecio'n sydyn. Lluniadwch fraslun i chi'ch hun sy'n dangos y grymoedd llorweddol sy'n gweithredu ar y tractor a'r trelar ar yr ennyd hon. Gofalwch eich bod yn nodi cyfeiriadau'r holl rymoedd. Ar gyfer pob gosodiad, penderfynwch a yw'n gywir neu'n anghywir.
   - i   Mae'r grymoedd mewn ecwilibriwm.
   - ii Mae'r tractor a'r trelar yn arafu ar yr un gyfradd.
   - iii Mae'n rhaid bod y tyniant yn y bar tynnu yn sero.
   - iv Mae'r grym brecio yn gweithredu yn y tractor yn unig.

2. Mae car, màs 800 kg, yn tynnu trelar, màs 600 kg, ar hyd ffordd wastad syth. Mae gwrthiant o 90 N ar y car a 200 N ar y trelar ac maen nhw'n arafu ar gyfradd o $0.8\,\text{m s}^{-2}$.
   - i   Cyfrifwch y grym brecio sydd ei angen.
   - ii Drwy ystyried mudiant y trelar, cyfrifwch y grym yn y bar tynnu.

3. Mae bloc, màs 3 kg, yn cael ei ddal ar fwrdd garw. Mae llinyn anestynadwy ysgafn sydd ynghlwm wrth y bloc yn mynd dros bwli llyfn ac mae sffêr, màs 2 kg, yn hongian o'r pen arall.
   Yna, mae'r bloc yn cael ei ryddhau a'i ganiatáu i lithro ar y bwrdd yn erbyn grym ffrithiant o 10 N. Y tyniant yn y llinyn yw T N a chyflymiad y system yw $a\,\text{m s}^{-2}$.

   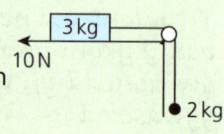

   - i   Lluniadwch ddiagram sy'n dangos y grymoedd sy'n gweithredu ar y bloc a'r sffêr.
   - ii Ysgrifennwch yr hafaliadau mudiant ar gyfer y bloc a'r sffêr.
   - iii Cyfrifwch gyflymiad y system.

Atebion ar dudalen 221

Cwestiwn enghreifftiol

Mae gan drên bach beiriant, màs 30 kg, a phedwar tryc, màs 2.5 kg yr un. Mae'r peiriant yn cynhyrchu grym gyrru o 80 N ac mae gwrthiannau o 48 N ar y peiriant a 3 N ar bob un tryc.
Cyfrifwch:
- i   Cyfanswm y gwrthiant a chyflymiad y trên.
- ii Y tyniant yn y cyplydd rhwng y ddau dryc olaf.
- iii Y tyniant yn y cyplydd rhwng y peiriant a'r tryc cyntaf.
- iv Cyfrifwch yr amser mae'n ei gymryd i'r trên gyflymu o ddisymudedd i $3.5\,\text{m s}^{-1}$.

Atebion ar dudalen 221

Pennod 20 Cyflymiad amrywiol

Ynglŷn â'r testun hwn

Rydych chi wedi astudio mudiant mewn llinell syth lle mae'r cyflymiad yn gyson yn barod. Nawr, byddwch chi'n defnyddio calcwlws i ateb cwestiynau tebyg yn yr achos mwy cyffredinol lle nad oes yn rhaid i'r cyflymiad fod yn gyson a lle gall gael ei ysgrifennu fel ffwythiant o amser.

Cyn dechrau, cofiwch ...

- differu i ddarganfod graddiant a phwyntiau arhosol
- integru i ddarganfod yr arwynebedd o dan graff
- technegau braslunio graffiau
- mae'r arwynebedd rhwng cromlin cyflymder–amser a'r echelin-t yn cynrychioli dadleoliad. Yn aml, mae hyn yn cael ei alw'n 'arwynebedd o dan y graff'. Pan fydd v yn negatif, mae'r dadleoliad yn negatif
- mae arwynebeddau'r rhanbarthau rhwng cromlin cyflymiad–amser a'r echelin-t yn cynrychioli newidiadau mewn cyflymiad; pan fydd a yn negatif, mae'r newid yn y cyflymder yn negatif.

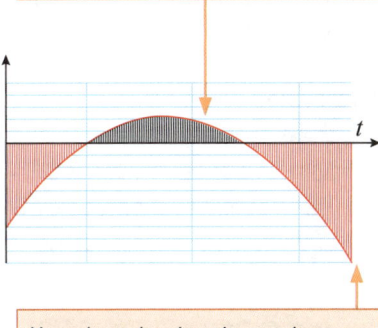

Yn achos rhanbarthau uwchben yr echelin-t, rydyn ni'n cymryd bod yr arwynebeddau yn +if.

Yn achos rhanbarthau o dan yr echelin-t, rydyn ni'n cymryd bod yr arwynebeddau yn –if.

Cyflymiad amrywiol

ADOLYGU

Ffeithiau allweddol

1. Yn yr adran hon, rydyn ni'n cymryd bod dadleoliad s, cyflymder **enydaidd** v a chyflymiad **enydaidd** a gronyn sy'n symud mewn llinell syth i gyd yn ffwythiannau o amser t.

   dadleoliad — cyflymder — cyflymiad

   Differu →

   $s \quad\quad v = \dfrac{ds}{dt} \quad\quad a = \dfrac{dv}{dt} = \dfrac{d^2s}{d^2t}$

   ← *Integru*

   $s = \int v\,dt \quad\quad v = \int a\,dt \quad\quad a$

   Pan fyddwch chi'n darganfod cyflymder o gyflymiad, neu ddadleoliad o gyflymder, rydych chi'n defnyddio integru ac felly mae cysonyn mympwyol yn bresennol. Mae angen mwy o wybodaeth arnoch chi i ddarganfod y cysonyn hwn ond nid oes ei angen os ydych chi'n defnyddio integru pendant (h.y. integru rhwng terfannau).

2. **Dadleoliad** yw'r gwahaniaeth rhwng un safle a safle arall. Dylech chi bob amser nodi'n benodol lle mae'r safle cychwynnol neu'r amser; er enghraifft, 'y dadleoliad o bwynt A' neu'r 'dadleoliad o'i safle ar amser $t = 0$'. Mae'r dadleoliad o'r tarddbwynt yr un peth â safle.

Camgymeriad cyffredin: Os oes mynegiad yn cael ei roi i chi ar gyfer s, v neu a yn nhermau t, dylech chi ddefnyddio'r *fformiwlâu cyflymiad cyson* (*suvat*) yn unig pan fyddwch chi'n siŵr bod y cyflymiad yn gyson.

Awgrym: Byddwch yn siŵr eich bod yn gyfarwydd â geirfa cinemateg. Yn benodol, mae'n bwysig gwybod y gwahaniaeth rhwng: *dadleoliad* a'r *pellter a deithiwyd*; a rhwng *cyflymder* a *buanedd*.

Os oes gennych chi'r mymryn lleiaf o amheuaeth, brasluniwch graff: safle–amser, cyflymder–amser, pellter a deithiwyd–amser, etc.

CBAC UG Mathemateg

Enghraifft wedi'i hateb

1 Defnyddio differu

Mae P yn ronyn sy'n symud ar hyd yr echelin-x lle uned yr hyd yw'r metr. Mae ei gyflymder, $v\,\text{m s}^{-1}$, ar amser t eiliad yn cael ei roi gan $v = 0.3t^2 - 2.7t + 4.2$ lle mae $0 \leq t \leq 10$. Pan fydd $t = 0$, $x = 3$.

  i Darganfyddwch yr amserau pan fydd y gronyn yn newid cyfeiriad. ◄ — Mae'r gronyn yn newid cyfeiriad pan fydd y cyflymder yn sero.

  ii Darganfyddwch fynegiad yn nhermau t ar gyfer y cyflymiad, $a\,\text{m s}^{-2}$, P ar amser t.

  iii Brasluniwch y graff v–t ar gyfer P ar gyfer $0 \leq t \leq 10$.

  iv Darganfyddwch werthoedd mwyaf a lleiaf cyflymiad P ar gyfer $0 \leq t \leq 10$.

Datrysiad

i Pan fydd $v = 0$

$v = 0.3t^2 - 2.7t + 4.2 = 0$. ◄ — Defnyddiwch eich cyfrifiannell i ddatrys yr hafaliad hwn os oes gennych chi'r cyfleuster hwn. Fel arall, gallech chi ddefnyddio'r fformiwla gwadratig yn lle ffactorio hwn i ddatrys yr hafaliad.

$\Rightarrow\ \ 0.3[t^2 - 9t + 14] = 0$

$\Rightarrow\ \ 0.3(t - 2)(t - 7) = 0$

$\Rightarrow t = 2$ neu $t = 7$.

ii $v = 0.3t^2 - 2.7t + 4.2$

Gan ddifferu, $a = \dfrac{dv}{dt} = 0.6t - 2.7$. ◄ — Ni all yr hafaliadau *suvat* gael eu defnyddio yma gan nad yw'r cyflymiad yn gyson.

iii I fraslunio'r graff cwadratig, darganfyddwch y pwynt minimwm ac un neu ddau bwynt arall ar y graff. ◄ — Gallech chi ddefnyddio tabl o werthoedd yma yn lle hyn, neu ddarganfod y pwyntiau lle mae'r graff yn croesi'r echelinau a phlotio'r rhain.

Rydych chi wedi gweld bod $a = \dfrac{dv}{dt} = 0.6t - 2.7$

Felly mae $\dfrac{dv}{dt} = 0$ pan fydd $t = \dfrac{2.7}{0.6} = 4.5$ a

$v = 0.3 \times 4.5^2 - 2.7 \times 4.5 + 4.2 = -1.875$.

Pan fydd $t = 0$, $v = 4.2$ a phan fydd $t = 10$, $v = 7.2$.

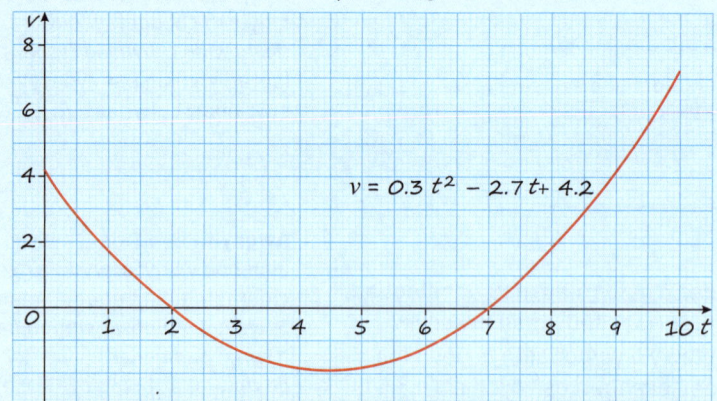

Bydd y gwerthoedd mwyaf a lleiaf mewn cyfwng naill ai ar y pennau neu ar bwynt macsimwm neu bwynt minimwm. Mae'r graff yn dangos bod y gwerth mwyaf ar y pen pellaf i'r dde a bod y gwerth lleiaf oddi mewn i'r cyfwng sy'n cael ei roi: $0 \leq t \leq 10$.

iv Y gwerth mwyaf yw pan fydd $t = 10$, felly mae'n cael ei roi gan $v = 0.3 \times 10^2 - 2.7 \times 10 + 4.2 = 7.2$.

Felly'r gwerth mwyaf yw $7.2\,\text{m s}^{-1}$ (buanedd o $7.2\,\text{m s}^{-1}$ yng nghyfeiriad Ox).

Ar gyfer y gwerth lleiaf, mae angen $a = 0$ arnoch chi. ◄ — Mae gwerth lleiaf v yn digwydd pan fydd $a = 0$. Gan fod $a = \dfrac{dv}{dt}$, mae hyn yn darganfod pwynt arhosol.

Mae hyn yn digwydd pan fydd $0.6t - 2.7 = 0$ ac felly $t = 4.5\,\text{s}$.

Pan fydd $t = 4.5$, $v = 0.3 \times 4.5^2 - 2.7 \times 4.5 + 4.2 = -1.875$

Y cyflymder lleiaf yw $-1.875\,\text{m s}^{-1}$ (buanedd o $1.875\,\text{m s}^{-1}$ yn y cyfeiriad dirgroes i Ox). ◄ — Mae'r arwydd $-$if yn dangos bod y mudiant yn y cyfeiriad dirgroes i Ox.

Enghraifft wedi'i hateb

2 Integru

Ar gyfer y gronyn yn Enghraifft 1:

i Darganfyddwch fynegiad ar gyfer safle P ar amser t.
ii Darganfyddwch ddadleoliad P o'i safle pan fydd $t = 0$ i'w safle pan fydd $t = 7$.
iii Darganfyddwch y pellter a deithiwyd gan y gronyn yn y 7 eiliad cyntaf.

Datrysiad

i $x = \int (0.3t^2 - 2.7t + 4.2)\, dt$

$= 0.3 \times \dfrac{t^3}{3} - 2.7 \times \dfrac{t^2}{2} + 4.2t + c$

$= 0.1t^3 - 1.35t^2 + 4.2t + c$

Rydyn ni'n gwybod bod $x = 3$ pan fydd $t = 0$, felly
$3 = 0.1 \times 0 - 1.35 \times 0 + 4.2 \times 0 + c$
$\Rightarrow c = 3$
Felly $x = 0.1t^3 - 1.35t^2 + 4.2t + 3$.

ii Pan fydd $t = 0$: $x = 3$.

Pan fydd $t = 7$: $x = 0.1 \times 7^3 - 1.35 \times 7^2 + 4.2 \times 7 + 3 = 0.55$.

Felly'r dadleoliad o'i safle pan fydd $t = 0$ i'w safle pan fydd $t = 7$ yw $0.55 - 3 = -2.45\,\text{m}$.

iii

> Mae x yn cael ei ddefnyddio am ein bod ni'n darganfod y **safle**.

> Mae hyn yn cael ei roi yn y cwestiwn yn Enghraifft 1.

> Rhowch y mynegiad a ddarganfuwyd uchod a'r gwerth ar gyfer c at ei gilydd i roi'r ateb terfynol.

> Mae'r **dadleoliad** hwn yn negatif am fod y gronyn yn gorffen ar bwynt sy'n agosach i'r tarddbwynt na lle y dechreuodd ar ochr bositif y tarddbwynt.

> Gallai hyn hefyd gael ei ddatrys drwy integru.

> O Enghraifft 1, $v = 0$ pan fydd $t = 2$.

> Mae'r dadleoliad yn cael ei gynrychioli gan y daith AC yn y cyfeiriad negatif.
> Y **pellter a deithiwyd** yw'r pellter AB + y pellter BC. Pan fydd $t = 2$, mae'r cyflymder yn sero.

O $t = 0$ i $t = 2$, mae'r cyflymder yn y cyfeiriad positif ac mae'r dadleoliad o A i B yn bositif.

Ar gyfer A i B

$\int_0^2 v\, dt = \int_0^2 (0.3t^2 - 2.7t + 4.2)\, dt$

$= \left[0.1t^3 - 1.35t^2 + 4.2t \right]_0^2$

$= (0.1 \times 2^3 - 1.35 \times 2^2 + 4.2 \times 2) - (0) = 3.8$

O $t = 2$ i $t = 7$, mae'r cyflymder yn y cyfeiriad negatif ac mae'r dadleoliad o B i C yn negatif.

Ar gyfer B i C

$\int_2^7 v\, dt = \int_2^7 (0.3t^2 - 2.7t + 4.2)\, dt$

$= \left[0.1t^3 - 1.35t^2 + 4.2t \right]_2^7$

$= (0.1 \times 7^3 - 1.35 \times 7^2 + 4.2 \times 7)$
$\quad - (0.1 \times 2^3 - 1.35 \times 2^2 + 4.2 \times 2) = -6.25$

> Gallwch chi hefyd ddatrys y broblem hon drwy ddarganfod safle'r gronyn ar amser $t = 0$, $t = 2$ a $t = 7$.

Cyfanswm y pellter $= 3.8 + 6.25 = 10.05\,\text{m}$.

Profi eich hun

1. Mae tegan yn symud mewn llinell syth a'i gyflymder ar amser t eiliad yw $v\,\mathrm{m\,s^{-1}}$, lle mae $v = -4t^2 + t + 5$ ar gyfer $-1 \leq t \leq 3$. Pryd mae cyflymiad y tegan yn sero?

2. Mae gronyn o raean, G, yn sownd ar ben darn o beirianwaith sy'n symud i fyny ac i lawr echelin-y fertigol. Uchder G uwchben y ddaear yw y metr ar amser t s lle mae $y = 10t - 2t^2 - 8$. Darganfyddwch gyfeiriad mudiant a buanedd G pan fydd $t = 3$.

3. Mae gronyn yn symud mewn llinell syth, a t eiliad ar ôl mynd drwy bwynt A ei gyflymder yw $v\,\mathrm{m\,s^{-1}}$, lle mae $v = 4t - t^2 - 1$ ar gyfer $0 \leq t \leq 5$.
   - i Darganfyddwch yr amser pan fydd y cyflymiad yn sero.
   - ii Lluniadwch graff cyflymder–amser ar gyfer $0 \leq t \leq 5$.
   - iii Darganfyddwch fuanedd mwyaf y gronyn ar gyfer $0 \leq t \leq 5$.

4. Mae gronyn yn symud ar hyd echelin-x. Ar amser t eiliad, ei gyflymder yw $v\,\mathrm{m\,s^{-1}}$, lle mae $v = 30t - 3t^2 - 63$.
   - i Cyfrifwch ddadleoliad y gronyn o'i safle pan fydd $t = 2$ i'w safle pan fydd $t = 4$.
   - ii Cyfrifwch y pellter a deithiwyd gan y gronyn yn y cyfwng amser $2 \leq t \leq 4$.

Atebion ar dudalen 221

Cwestiwn enghreifftiol

Mae gronyn yn symud ar hyd yr echelin-x gyda chyflymder $v\,\mathrm{m\,s^{-1}}$ ar amser t s sy'n cael ei roi gan $v = -5 + 6t - t^2$.

- i Darganfyddwch fynegiad ar gyfer cyflymiad y gronyn ar amser t.
- ii Darganfyddwch yr amserau t_1 a t_2, lle mae $t_1 < t_2$, pan fydd gan y gronyn gyflymder o sero.
- iii Darganfyddwch y pellter a deithiwyd rhwng yr amserau t_1 a t_2.
- iv Ar amser t_1, mae'r gronyn yn mynd drwy bwynt A.
  - a A yw'r gronyn yn mynd drwy A ar unrhyw achlysur ar ôl hyn?
    Ar amser t_2, mae'r gronyn yn mynd drwy bwynt B.
  - b A yw'r gronyn yn mynd drwy B ar unrhyw achlysur ar ôl hyn?
- v Darganfyddwch y pellter a deithiwyd o $t = 0$ i $t = 6$.

Atebion ar dudalen 221

Pennod 21 Deddfau Newton mewn 2 ddimensiwn

Ynglŷn â'r testun hwn

Mae mudiant llawer o wrthrychau'n digwydd mewn gofod 2- neu 3-dimensiwn ac mae fectorau'n cael eu defnyddio i'w ddisgrifio a'i ddadansoddi.

Gall ail ddeddf mudiant Newton gael ei ysgrifennu ar ffurf fector gan fod grym a chyflymiad yn fesurau fector; mae'r hafaliad hefyd yn cynnwys màs sy'n sgalar.

Cyn dechrau, cofiwch ...

- y defnydd o ddeddfau Newton ar gyfer mudiant mewn llinell syth (wedi'i gwmpasu ym Mhennod 19)
- sut i adio a thynnu fectorau
- sut i luosi fectorau â sgalar.

Cinemateg mewn 2 ddimensiwn

ADOLYGU

Ffeithiau allweddol

1. Mae gan fector faint a chyfeiriad a gall gael ei gynrychioli gan segment llinell o hyd penodol a chyfeiriad wedi'i ddangos â saeth.

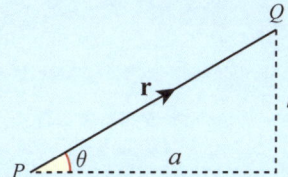

   Gall y fector $\mathbf{r} = \vec{PQ}$ gael ei ysgrifennu ar ffurf cydrannau fel $a\mathbf{i} + b\mathbf{j}$ neu fel $\begin{pmatrix} a \\ b \end{pmatrix}$, lle mae $\mathbf{i}$ a $\mathbf{j}$ yn fectorau uned yng nghyfeiriadau x ac y.

2. Mae gan y fector $\mathbf{r} = a\mathbf{i} + b\mathbf{j}$ faint $r = \sqrt{a^2 + b^2}$ a chyfeiriad θ sy'n cael ei roi gan $\tan\theta = \dfrac{b}{a}$.

3. Gall y fector $\mathbf{r} = a\mathbf{i} + b\mathbf{j}$ gael ei ysgrifennu fel $\mathbf{r} = r\cos\theta\,\mathbf{i} + r\sin\theta\,\mathbf{j}$

4. Mae grym a chyflymiad yn fesurau fector. Mae **ail ddeddf Newton** yn cael ei fynegi ar ffurf fector fel $\mathbf{F} = m\mathbf{a}$.

5. Mae **màs** yn fesur sgalar.

6. Mae'r cyflymiad yn yr un cyfeiriad â'r grym cydeffaith.

7. Mae gronyn mewn **ecwilibriwm** pan welwn ni mai cyfanswm fector yr holl rymoedd yw'r fector sero.

CBAC UG Mathemateg

Enghraifft wedi'i hateb

1 Defnyddio fectorau ar gyfer problem mewn cyd-destun

Mae bachgen yn dymuno rhwyfo i ynys fach sydd yn union i'r gorllewin o'i safle presennol. Mae'n gwybod y gall rwyfo ar 10 km h^{-1} mewn dŵr llonydd a bod cerrynt o 3 km h^{-1} yn llifo mewn cyfeiriad o 150°. I ba gyfeiriad dylai'r bachgen rwyfo i gyrraedd yr ynys?

Datrysiad

Mae cyflymder cydeffaith y bachgen yn y cyfeiriad yn union i'r gorllewin. Y cyflymder cydeffaith hwn yw cyfanswm ei gyflymder drwy'r dŵr (10 km h^{-1} mewn cyfeiriad anhysbys) a'r cerrynt (3 km h^{-1} ar 150°). Mae'r wybodaeth hon yn cael ei dangos yn y diagram hwn.

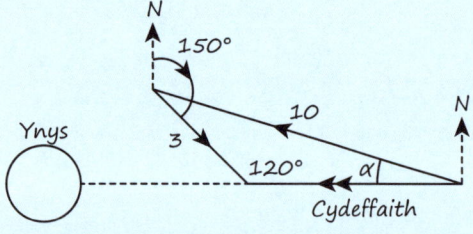

Gan ddefnyddio'r rheol sin,

$$\frac{\sin 120}{10} = \frac{\sin \alpha}{3}$$

$$\Rightarrow \alpha = 15.05°$$

Mae gan y cyfeiriad mae angen iddo ei lywio gyfeiriant $(270 + 15.05...) = 285°$ (i'r radd agosaf).

Enghraifft wedi'i hateb

2 Darganfod cyflymiad

Mae gronyn, màs 3 kg, o dan effaith ei bwysau W N a grymoedd F_1 N ac F_2 N, lle mae $F_1 = \begin{pmatrix} 2 \\ 4 \end{pmatrix}$ ac $F_2 = -\begin{pmatrix} 5 \\ 2 \end{pmatrix}$.

i   Ysgrifennwch bwysau'r gronyn ar ffurf fector.

ii Darganfyddwch gyflymiad y gronyn.

Datrysiad

i $W = \begin{pmatrix} 0 \\ -3g \end{pmatrix}$

ii $W + F_1 + F_2 = \begin{pmatrix} 0 \\ -3g \end{pmatrix} + \begin{pmatrix} 2 \\ 4 \end{pmatrix} + \begin{pmatrix} -5 \\ 2 \end{pmatrix} = \begin{pmatrix} -3 \\ 6-3g \end{pmatrix} = ma$

$a = \frac{1}{3}\begin{pmatrix} -3 \\ 6-3g \end{pmatrix} = \begin{pmatrix} -1 \\ -7.8 \end{pmatrix}$

> Mae'r grym cydeffaith yn cael ei ddarganfod drwy adio'r tri fector grym.

Enghraifft wedi'i hateb

3 Darganfod grymoedd coll

Mae dau rym F_1 ac F_2 yn gweithredu ar ronyn, màs 1.5 kg. Cyflymiad y gronyn yw $a = -i + 2j$.

i Os yw $F_1 = 3i - 2j$, darganfyddwch F_2

ii Os yw F_1 ac F_2 yn hytrach yn rymoedd paralel ond bod F_1 ddwywaith maint F_2, darganfyddwch y grymoedd.

Datrysiad

i Mae ail ddeddf Newton yn rhoi $\underline{F}_1 + \underline{F}_2 = m\underline{a}$

$$(3\underline{i} - 2\underline{j}) + \underline{F}_2 = 1.5\underline{a} = 1.5(-\underline{i} + 2\underline{j})$$

$$\underline{F}_2 = (-1.5\underline{i} + 3\underline{j}) - (3\underline{i} - 2\underline{j})$$

$$\underline{F}_2 = -4.5\underline{i} + 5\underline{j}$$

ii Mae ail ddeddf Newton yn rhoi $\underline{F}_1 + \underline{F}_2 = m\underline{a}$

$\underline{F}_1 = 2\underline{F}_2$

felly'r hafaliad wedyn yw $2\underline{F}_2 + \underline{F}_2 = 1.5(-\underline{i} + 2\underline{j})$

$3\underline{F}_2 = -1.5\underline{i} + 3\underline{j}$ sy'n rhoi $\underline{F}_2 = -0.5\underline{i} + \underline{j}$

Felly $\underline{F}_1 = 2(-0.5\underline{i} + \underline{j}) = -\underline{i} + 2\underline{j}$

> Os yw F_1 ac F_2 yn rymoedd paralel, mae'n rhaid bod y ddau yn yr un cyfeiriad â'r cyflymiad.

Enghraifft wedi'i hateb

4 Defnyddio ecwilibriwm

Yn y cwestiwn hwn, mae **i** yn fector uned llorweddol ac mae **j** yn fector uned fertigol tuag i fyny.

Mae gronyn, màs 5 kg, mewn ecwilibriwm o dan effaith ei bwysau a dau rym arall $F_1 = 4a\mathbf{i} + 7\mathbf{j}$ ac $F_2 = 8\mathbf{i} + b\mathbf{j}$.

Darganfyddwch werthoedd y cysonion a a b.

Datrysiad

Mae'r gronyn mewn ecwilibriwm, felly cyfanswm y grym = 0.

$\underline{W} = -49\underline{j}$

$\underline{F}_1 + \underline{F}_2 + \underline{W} = 0$

$(4a\underline{i} + 7\underline{j}) + (8\underline{i} + b\underline{j}) - 49\underline{j} = 0$

Yng nghyfeiriad $\underline{i}$ $4a + 8 = 0$ felly $a = -2$.

Yng nghyfeiriad $\underline{j}$ $7 + b - 49 = 0$ felly $b = 42$.

Profi eich hun

1. Mae angen i hofrennydd sydd â buanedd mewn awyr lonydd o 60 km h^{-1} hedfan i bwynt Q sydd 80 km i ffwrdd ar gyfeiriant o 320° o'i safle presennol P. Mae'r gwynt yn chwythu ar 10 km h^{-1} o'r gorllewin. I ba gyfeiriad dylai'r peilot lywio?

2. Mae'r fector $\mathbf{b} = -8\mathbf{i} + 15\mathbf{j}$. Darganfyddwch ei faint a'i gyfeiriad.

3. Mae fectorau $\mathbf{a}$ a $\mathbf{b}$ yn cael eu rhoi gan $\mathbf{a} = -3\mathbf{i} + \mathbf{j}$ a $\mathbf{b} = \mathbf{i} - 2\mathbf{j}$. Darganfyddwch faint a chyfeiriad cydeffaith $\mathbf{a}$ a $\mathbf{b}$.

4. Yn y cwestiwn hwn, mae $\mathbf{i}$ a $\mathbf{j}$ yn fectorau uned llorweddol a fertigol tuag i fyny, yn ôl eu trefn. Mae dau rym $\mathbf{F}_1 = -\mathbf{i} + 3\mathbf{j}$ ac $\mathbf{F}_2 = -\mathbf{i} - 2\mathbf{j}$ yn gweithredu ar ronyn, màs 0.5 kg. Darganfyddwch gyflymiad y gronyn.

5. Yn y cwestiwn hwn, mae $\mathbf{i}$ a $\mathbf{j}$ yn fectorau uned llorweddol a fertigol tuag i fyny, yn ôl eu trefn. Mae gronyn, màs 3 kg, o dan effaith dau rym allanol, $\mathbf{F}_1 = -p\mathbf{i} + 5\mathbf{j}$ N ac $\mathbf{F}_2 = 2p\mathbf{i} + 4p\mathbf{j}$ N. Mae'r gronyn yn symud yn llorweddol. Penderfynwch a yw pob un o'r gosodiadau yn gywir neu'n anghywir.

   i. Mae pwysau'r gronyn yn gweithredu yng nghyfeiriad $\mathbf{j}$.
   ii. Cydran $\mathbf{j}$ y cyflymiad yw sero.
   iii. Mae'r cysonyn p yn bodloni'r hafaliad $4p + 5 = 3g$.
   iv. Maint y cyflymiad yw 2.03 m s^{-2}.

6. Yn y cwestiwn hwn, mae $\mathbf{i}$ a $\mathbf{j}$ yn fectorau uned llorweddol a fertigol tuag i fyny, yn ôl eu trefn. Gall mudiant aderyn ysglyfaethus, màs 0.2 kg, gael ei fodelu fel cyflymiad cyson o $(2\mathbf{i} - 10.8\mathbf{j})$ m s^{-2}. Y grymoedd ar yr aderyn yw ei bwysau, y grym $\mathbf{F} = 0.8\mathbf{i} - 0.3\mathbf{j}$ N o'i adenydd a'r grym $\mathbf{P}$ N o'r gwynt. Darganfyddwch rym $\mathbf{P}$.

7. Mae gronyn mewn ecwilibriwm o dan weithred tri grym. $\mathbf{F}_1 = 12\mathbf{i} - 5\mathbf{j}$ N, $\mathbf{F}_2 = 3(\mathbf{i} + \mathbf{j})$ N ac $\mathbf{F}_3$. Darganfyddwch rym $\mathbf{F}_3$.

Atebion ar dudalen 222

Cwestiwn enghreifftiol

Yn y cwestiwn hwn, mae $\mathbf{i}$ yn fector uned llorweddol ac mae $\mathbf{j}$ yn fector uned fertigol i fyny.

Mae grymoedd $\mathbf{F}_1 = a\mathbf{i} + b\mathbf{j}$ N ac $\mathbf{F}_2 = -5\mathbf{i} - a\mathbf{j}$ N yn gweithredu ar ronyn, màs 0.7 kg.

i. Ysgrifennwch bwysau'r gronyn ar ffurf fector.
ii. Darganfyddwch werthoedd a a b os yw'r gronyn mewn ecwilibriwm.
iii. Gwerthoedd a a b yw 3 ac 11, yn ôl eu trefn. Darganfyddwch faint a chyfeiriad cyflymiad y gronyn.

Atebion ar dudalen 222

Cwestiynau adolygu (Penodau 18–21)

1. Mae gronyn yn cychwyn yn y tarddbwynt ac yn symud i A sydd 50 m yn union i'r gogledd mewn 8 s. Mae'n aros yn A am 18 s ac yna'n teithio 25 m yn union i'r de i B ar yr un cyflymder ag o'r blaen. Darganfyddwch

   i y dadleoliad ar ôl rhan gyntaf ac ail ran y daith

   ii cyfanswm y pellter a deithiwyd

   iii cyfanswm yr amser a gymerwyd

   iv y buanedd cyfartalog.

2. Mae mudiant gronyn yn cael ei ddarlunio gan y graff cyflymder–amser. Y cyfeiriad positif yw yn union i'r gogledd ac mae'r gronyn yn cychwyn 200 m i'r gogledd o'r tarddbwynt.

   i Disgrifiwch fudiant y gronyn.

   ii Nodwch gyflymiad pob cam o'r mudiant.

   iii Darganfyddwch safle'r gronyn ar ôl 40 s.

   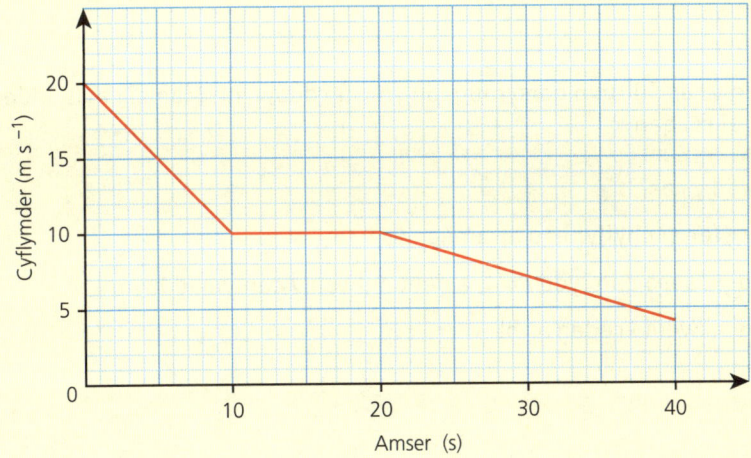

3. Mae archwilydd gofod yn teithio mewn llinell syth. Mae'n cyflymu'n unffurf o gyflymder cychwynnol o 16 m s^{-1} yn y cyfeiriad negatif i gyflymder o 116 m s^{-1} yn y cyfeiriad positif mewn 120 s. Yna, mae'n parhau i symud ar hyd yr un llinell syth â'r un cyflymiad.
   Darganfyddwch faint o amser mae'n ei gymryd i'r archwilydd gofod gyrraedd pwynt 60 km o'i safle cychwynnol. Rhowch eich ateb mewn munudau ac eiliadau i'r eiliad agosaf.

4. Mae Chunhua yn taflu pêl yn fertigol tuag i fyny o bwynt 1 m uwchben y ddaear yn ei gardd â chyflymder o 25 m s^{-1}. Mae'r ardd wedi'i hamgylchynu â chlawdd sy'n 5 m o uchder.
   Am faint o amser mae'r bêl yn weladwy o'r tu allan i'r ardd?

5. Mae trên yn cynnwys peiriant, màs 8 tunnell, a cherbyd, màs 6 thunnell. Mae'n teithio ar ddaear lorweddol ar hyd trac syth ar fuanedd cyson. Y gwrthiant i fudiant ar y peiriant a'r cerbyd yw 2000 N a 1500 N yn ôl eu trefn. Yr adweithiau normal rhwng y peiriant a'r trac a rhwng y cerbyd a'r trac yw N_1 ac N_2. Mae'r peiriant yn rhoi grym gyrru o D N. Y tyniant yn y cyplydd yw T N.

   i Lluniadwch ddiagram sy'n dangos yr holl rymoedd sy'n gweithredu ar y peiriant ac ar y cerbyd.

   ii Darganfyddwch werthoedd D, N_1, N_2 a T.

6 Mae bachgen, màs 45 kg, mewn lifft sy'n esgyn. Darganfyddwch y grym cyffwrdd rhwng y bachgen a llawr y lifft ym mhob achos.

  i Mae'r lifft yn cyflymu tuag i fyny ar $2.5\,\mathrm{m\,s^{-2}}$.

  ii Mae'r lifft yn teithio ar fuanedd cyson.

  iii Mae'r lifft yn arafu ag arafiad o $3.5\,\mathrm{m\,s^{-2}}$.

7 Mae car, màs 1400 kg, yn tynnu carafán, màs 1100 kg. Mae'n cyflymu o ddisymudedd i $10\,\mathrm{m\,s^{-1}}$ mewn 8 eiliad.

  i Cyfrifwch gyflymiad y car a'r garafán gan dybio ei fod yn gyson.

  Mewn model cychwynnol, caiff ei dybio nad oes gwrthiant i'r mudiant.

  ii Darganfyddwch y grym gyrru mae'n rhaid i'r car ei roi yn ôl y model hwn.

  Mewn model wedi'i fireinio, rydyn ni'n tybio nad yw'r gwrthiant yn ddibwys a bod y grym gyrru yn 4025 N.

  iii Cyfrifwch gyfanswm y gwrthiant i'r mudiant yn ôl y model hwn.

  Yn y model hwn, rydyn ni'n tybio hefyd fod y gwrthiant ar y garafán ddwywaith y gwrthiant ar y car.

  iv Cyfrifwch y tyniant yn y bar tynnu.

8 Mae gwibiwr yn dechrau rhedeg y ras 100 m o ddisymudedd yn y tarddbwynt. Mae ei chyflymder $v\,\mathrm{m\,s^{-1}}$ ar amser t eiliad yn cael ei roi gan
  $v = 4.8t - 0.6t^2$ ar gyfer $0 \leq t \leq 4$
  $v = 9.6$ o $t = 4$ hyd at ddiwedd y ras.

  i Darganfyddwch fynegiad ar gyfer ei chyflymiad ar amser t s.

  Dangoswch fod ei chyflymiad yn sero pan fydd $t = 4$, a dehonglwch y canlyniad hwn.

  ii Darganfyddwch y pellter mae hi wedi'i redeg ar ôl

    a 4 s

    b 8 s.

  iii Cyfrifwch yr amser mae'n ei gymryd i redeg 100 m.

9 Yn y cwestiwn hwn, **i** a **j** yw'r fectorau uned llorweddol a fertigol i fyny yn ôl eu trefn. Mae gronyn, màs 2.5 kg, o dan effaith disgyrchiant a grym allanol F N i gynhyrchu cyflymiad cydeffaith o $(0.5\mathbf{i} + 3.2\mathbf{j})\,\mathrm{m\,s^{-2}}$.

  i Ysgrifennwch bwysau, W, y gronyn ar ffurf fector.

  ii Darganfyddwch y grym F.

Atebion ar dudalen 222

Paratoi at yr arholiad

Cyn eich arholiad

- *Dechreuwch adolygu'n gynnar* – mae hanner awr y dydd am 6 mis yn well na chywasgu nosweithiau hir o adolygu yn yr wythnos cyn yr arholiad. Gwneud ychydig bach yn aml yw'r allwedd.
- *Peidiwch ag oedi* – fyddwch chi ddim yn teimlo'n fwy parod i adolygu yfory nag ydych chi heddiw!
- Rhowch eich ffôn ar '*distaw*' pan fyddwch chi'n adolygu – peidiwch â gadael i lif cyson o negeseuon oddi wrth eich ffrindiau fynd â'ch sylw.
- Gwnewch yn siŵr bod eich *nodiadau'n drefnus* ac nad oes dim ar goll.
- *Byddwch yn gynhyrchiol* – peidiwch â gwastraffu amser yn lliwio llu o amserlenni adolygu. Gwnewch yn siŵr eich bod chi'n treulio eich amser astudio yn adolygu!
- Peidiwch â darllen am destun yn unig. Pwnc mae angen ei *wneud* yw mathemateg – byddwch chi'n gwella drwy ateb cwestiynau a *gwneud* mathemateg, nid darllen amdano'n unig.
- Amserwch eich hun ar gwestiynau enghreifftiol a gwnewch yn siŵr nad ydych chi'n treulio gormod o amser ar bob cwestiwn.
- Atebwch bob cwestiwn ar gymaint ag y gallwch chi o bapurau ymarfer.
- Ceisiwch *addysgu testun i ffrind* – addysgu rhywbeth yw'r ffordd orau o'i ddysgu eich hun – dyna pam mae eich athrawon yn gwybod cymaint!

Y papurau arholiad ...

Mae'n rhaid i chi gymryd Unedau 1 a 2 i dderbyn Lefel Uwch Gyfrannol CBAC mewn Mathemateg.

Mae'n rhaid i chi gymryd Unedau 1, 2, 3 a 4 i dderbyn Safon Uwch CBAC mewn Mathemateg.

Uned	Nifer y marciau	Hyd y papur	Canran o UG	Canran o SU
UG Uned 1: Mathemateg Bur A	120 marc	2 awr 30 munud Papur ysgrifenedig	62.5% o gyfanswm Uwch Gyfrannol	25% o gyfanswm Safon Uwch
UG Uned 2: Mathemateg Gymhwysol A	Adran A: Ystadegaeth 40 marc Adran B: Mecaneg 35 marc Cyfanswm: 75 marc	1 awr 45 munud Papur ysgrifenedig	37.5% gyfanswm Uwch Gyfrannol	15% o gyfanswm Safon Uwch

Mae'r unedau Uwch Gyfrannol yn gwneud cyfanswm o 40% o Safon Uwch CBAC mewn Mathemateg.

Mae Uned 1 yn 25% o'r Safon Uwch ac mae Uned 2 yn 15% o'r Safon Uwch.

Gwnewch yn siŵr eich bod chi'n gwybod y fformiwlâu hyn ar gyfer eich arholiad...

O'ch TGAU Mathemateg, dylech chi wybod ...

ADOLYGU

Pwnc	Fformiwla
Cylch	Arwynebedd = πr^2 Cylchedd = $2\pi r$, lle r yw'r radiws
Paralelogram	Arwynebedd = sail × uchder fertigol
Trapesiwm	Arwynebedd = $\frac{1}{2}h(a+b)$
Triongl	Arwynebedd = $\frac{1}{2}$ sail × uchder fertigol
Prism	Cyfaint = arwynebedd croestoriad × hyd
Silindr	Cyfaint = $\pi r^2 h$ Arwynebedd arwyneb crwm = $2\pi rh$ Cyfanswm arwynebedd arwyneb = $2\pi rh + 2\pi r^2$, lle r yw'r radiws ac h yw'r uchder
Theorem Pythagoras	$a^2 + b^2 = c^2$
Trigonometreg	$\cos\theta = \dfrac{\text{cyfagos}}{\text{hypotenws}}$ $\sin\theta = \dfrac{\text{cyferbyn}}{\text{hypotenws}}$ $\tan\theta = \dfrac{\text{cyferbyn}}{\text{cyfagos}}$

Pwnc	Fformiwla
Theoremau cylch	Mae'r ongl mewn hanner cylch yn ongl sgwâr.
	Mae'r perpendicwlar o ganol cylch i gord yn haneru'r cord.
	Mae'r tangiad i gylch ar bwynt yn berpendicwlar i'r radiws drwy'r pwynt hwnnw.
Buanedd	$buanedd = \dfrac{pellter}{amser}$
Graffiau pellter–amser a graffiau cyflymder–amser	Sut i'w dehongli

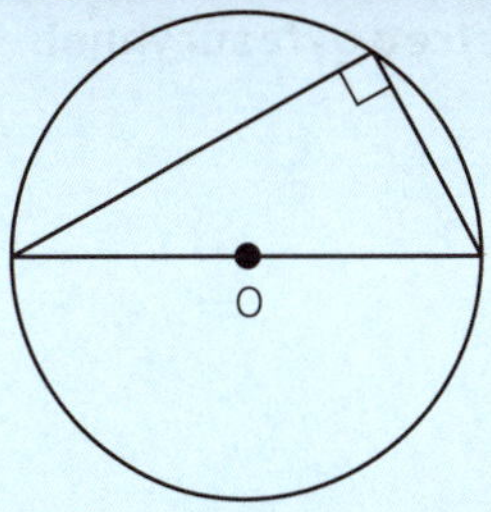

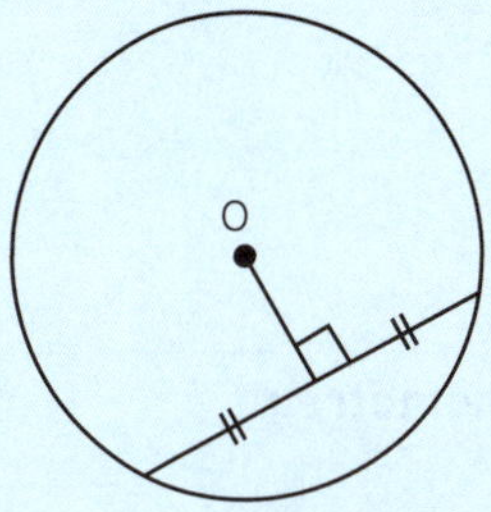

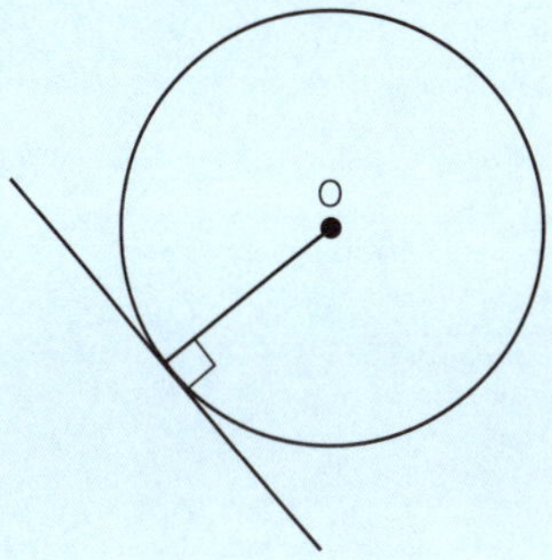

O Uned 1 UG Mathemateg Bur, dylech chi wybod …

ADOLYGU

Pwnc	Fformiwla
Deddfau indecsau	$a^m \times a^n = a^{m+n}$ $\dfrac{a^m}{a^n} = a^{m-n}$ $(a^m)^n = a^{mn}$ $a^{-n} = \dfrac{1}{a^n}$ $\sqrt[n]{a} = a^{\frac{1}{n}}$ $\sqrt[n]{a^m} = a^{\frac{m}{n}}$ $a^0 = 1$
Hafaliadau cwadratig	Mae gan yr hafaliad cwadratig $ax^2 + bx + c = 0$ y gwreiddiau $x = \dfrac{-b \pm \sqrt{b^2 - 4ac}}{2a}$

CBAC UG Mathemateg

Pwnc	Fformiwla
Geometreg gyfesurynnol	• Ar gyfer dau bwynt (x_1, y_1) ac (x_2, y_2): Graddiant $= \dfrac{y_2 - y_1}{x_2 - x_1}$ Hyd $= \sqrt{(x_2 - x_1)^2 + (y_2 - y_1)^2}$ Canolbwynt $= \left(\dfrac{x_1 + x_2}{2}, \dfrac{y_1 + y_2}{2}\right)$ • Hafaliad llinell syth â graddiant m a rhyngdoriad-y $(0, c)$ yw $y = mx + c$. • Hafaliad llinell syth â graddiant m ac sy'n mynd drwy (x_1, y_1) yw $y - y_1 = m(x - x_1)$. • Mae gan linellau paralel yr un graddiant. • Ar gyfer dwy linell perpendicwlar, $m_1 m_2 = -1$. • Hafaliad cylch, canol (a, b) a radiws r yw $(x - a)^2 + (y - b)^2 = r^2$.
Trigonometreg	Ar gyfer unrhyw driongl ABC Arwynebedd $= \dfrac{1}{2} ab \sin C$ Rheol sin: $\dfrac{a}{\sin A} = \dfrac{b}{\sin B} = \dfrac{c}{\sin C}$ neu $\dfrac{\sin A}{a} = \dfrac{\sin B}{b} = \dfrac{\sin C}{c}$ Rheol cosin: $a^2 = b^2 + c^2 - 2bc \cos A$ neu $\cos A = \dfrac{b^2 + c^2 - a^2}{2bc}$ Unfathiannau: $\sin^2 \theta + \cos^2 \theta \equiv 1$ $\tan \theta \equiv \dfrac{\sin \theta}{\cos \theta}, \quad \cos \theta \neq 0$
Trawsffurfiadau	Mae $y = f(x + a)$ yn drawsfudiad o $y = f(x)$ gan $\begin{pmatrix} -a \\ 0 \end{pmatrix}$. Mae $y = f(x) + b$ yn drawsfudiad o $y = f(x)$ gan $\begin{pmatrix} 0 \\ b \end{pmatrix}$. Mae $y = f(ax)$ yn estyniad un ffordd o $y = f(x)$, yn baralel i'r echelin-x, ffactor graddfa $\dfrac{1}{a}$. Mae $y = af(x)$ yn estyniad un ffordd o $y = f(x)$, yn baralel i'r echelin-y, ffactor graddfa a. Mae $y = f(-x)$ yn adlewyrchiad o $y = f(x)$ yn yr echelin-y. Mae $y = -f(x)$ yn adlewyrchiad o $y = f(x)$ yn yr echelin-x.
Polynomialau ac ehangiadau binomaidd	Y theorem ffactor: Os yw $(x - a)$ yn ffactor o $f(x)$ yna $f(a) = 0$ ac mae $x = a$ yn wreiddyn i'r hafaliad $f(x) = 0$. I'r gwrthwyneb, os yw $f(a) = 0$ yna mae $(x - a)$ yn ffactor o $f(x)$. Triongl Pascal: $\quad\quad\quad\quad\quad 1$ $\quad\quad\quad\quad 1 \quad 1$ $\quad\quad\quad 1 \quad 2 \quad 1$ $\quad\quad 1 \quad 3 \quad 3 \quad 1$ $\quad 1 \quad 4 \quad 6 \quad 4 \quad 1$ Ffactorialau: $n! = n \times (n - 1) \times (n - 2) \times \ldots \times 1$

Pwnc	Fformiwla	
Differu	Ffwythiant	Deilliad
	$y = kx^n$	$\frac{dy}{dx} = knx^{n-1}$
	$y = e^{kx}$	$\frac{dy}{dx} = ke^{kx}$
	$y = f(x) + g(x)$	$\frac{dy}{dx} = f'(x) + g'(x)$
Integru	Ffwythiant: $\int kx^n dx$	Integryn: $\frac{kx^{n+1}}{n+1} + c$ lle mae $n \neq 1$
Fectorau	$\overrightarrow{AB} = \overrightarrow{OB} - \overrightarrow{OA}$	
	Os yw $\mathbf{a} = x\mathbf{i} + y\mathbf{j}$ yna $|\mathbf{a}| = \sqrt{x^2 + y^2}$	
Ffwythiannau esbonyddol a logarithmau	$y = \log_a x \Leftrightarrow a^y = x$ ar gyfer $a > 0$ ac $x > 0$	
	$\log xy = \log x + \log y$ $\quad$ $\log \sqrt[n]{x} = \frac{1}{n} \log x$ $\quad$ $\log_a a = 1$	
	$\log \frac{x}{y} = \log x - \log y$ $\quad$ $\log \frac{1}{x} = -\log x$ $\quad$ $e = 2.718...$	
	$\log x^n = n \log x$ $\quad$ $\log 1 = 0$ $\quad$ $\log_e x = \ln x$	

O Uned 2 UG Ystadegaeth, dylech chi wybod ... ADOLYGU ☐

Pwnc	Fformiwla
Cymedr y sampl	$\bar{x} = \frac{\sum x}{n} = \frac{\sum fx}{\sum f}$

O Uned 2 UG Mecaneg, dylech chi wybod ... ADOLYGU ☐

Pwnc	Fformiwla
Grymoedd ac ecwilibriwm	Pwysau $= mg$
	Ail ddeddf Newton yn y ffurf $F = ma$

Gwnewch yn siŵr eich bod chi'n gwybod y fformiwlâu hyn ar gyfer eich arholiad...

CBAC UG Mathemateg

Fformiwlâu a fydd yn cael eu rhoi

ADOLYGU

Gwnewch yn siŵr eich bod chi'n gyfarwydd â'r llyfr fformiwlâu y byddwch chi'n ei ddefnyddio yn yr arholiad.

Dyma'r fformiwlâu a fydd yn cael eu rhoi i chi ar gyfer
Uned 1: Mathemateg Bur A.

Pwnc	Fformiwla
Cyfres finomaidd	$(a=b)^n = a^n + \binom{n}{1}a^{n-1}b + \binom{n}{2}a^{n-2}b^2 + \ldots + \binom{n}{r}a^{n-r}b^r + \ldots b^n \quad (n \in \mathbb{N})$
	lle mae $\binom{n}{r} = {}^nC_r = \dfrac{n!}{r!(n-r)!}$
	$(1+x)^n = 1 + nx + \dfrac{n(n-1)}{1.2}x^2 + \ldots + \dfrac{n(n-1)\ldots(n-r+1)}{r!}x^r + \ldots \quad (|x|<1, n \in \mathbb{R})$
Logarithmau a ffwythiannau esbonyddol	$e^{x\ln a} = a^x$
Fectorau	Y pwynt sy'n rhannu AB yn y gymhareb $\lambda : \mu$ yw $\dfrac{\mu a + \lambda b}{\lambda + \mu}$

Dyma'r fformiwlâu a fydd yn cael eu rhoi i chi ar gyfer
Uned 2: Mathemateg Gymhwysol A.

Pwnc	Fformiwla
Tebygolrwydd	$P(A \cup B) = P(A) + P(B) - P(A \cap B)$
Dosraniadau arwahanol	Binomaidd $B(n,p)\ \ P(X=x) = \binom{n}{x}p^x(1-p)^{n-x}$
	Poisson Po(λ) $\ \ P(X=x) = e^{-\lambda}\dfrac{\lambda^x}{x!}$
Cydberthyniad ac atchweliad	$s_{xx} = \sum (x_i - \bar{x})^2 = \sum x_i^2 - \dfrac{(\sum x_i)^2}{n}$

Yn ystod eich arholiad

Byddwch yn ofalus wrth ddarllen y geiriau allweddol hyn:

ADOLYGU

- **Union** ... gadewch eich ateb fel swrd, ffracsiwn neu bŵer wedi'i symleiddio.

  Enghreifftiau: ln 5 ✓ 1.61 ✗ e^2 ✓ 7.39 ✗

  $2\sqrt{3}$ ✓ 3.26 ✗ $1\frac{5}{6}$ ✓ 1.83 ✗

- **Darganfyddwch** ... dylech chi roi cyfiawnhad am unrhyw ganlyniadau y byddwch chi'n eu darganfod, gan gynnwys gwaith cyfrifo lle mae hynny'n briodol.

- **Rhowch/Nodwch/Ysgrifennwch** ... nid oes disgwyl gwaith cyfrifo – oni bai ei fod yn eich helpu.
  Mae'r marciau'n cael eu rhoi am yr ateb yn hytrach na'r dull.

  Enghraifft: Hafaliad cylch yw $(x + 2)^2 + (y - 3)^2 = 13$

  Ysgrifennwch radiws y cylch a chyfesurynnau ei ganol.

  > Gwnewch yn siŵr eich bod chi'n rhoi'r ddau ateb!

- **Profwch/Dangoswch fod** ... mae'r ateb wedi'i roi i chi. Mae'n rhaid i chi ddangos gwaith cyfrifo llawn neu fel arall byddwch chi'n colli marciau. Yn aml, bydd angen i chi ateb y rhan hon o'r cwestiwn i ateb rhan nesaf y cwestiwn. Bydd y rhan fwyaf o'r marciau'n cael eu rhoi am y dull.

  Enghraifft: **i Profwch** fod $\sin x - \cos^2 x \equiv \sin^2 x + \sin x - 1$

- **Trwy hyn** ... mae'n **rhaid** i chi ddilyn ymlaen o'r gosodiad sydd wedi'i roi neu o'r rhan flaenorol. Efallai na fydd dulliau eraill yn ennill marciau.

  Enghraifft: ii Trwy hyn datryswch $\sin x - \cos^2 x = -2$ ar gyfer $0° \leq x \leq 180°$

  > Cofiwch – os nad oedd modd i chi ateb rhan i, mae'n dal yn bosibl i chi fynd ymlaen i ateb rhan ii.

- **Trwy hyn neu fel arall** ... efallai fod sawl ffordd o ateb y cwestiwn hwn ar gael i chi, ond mae'n debygol mai dilyn ymlaen o'r canlyniad blaenorol fydd y dull mwyaf effeithlon a syml.

  Enghraifft: Ffactoriwch $p(x) = 6x^2 + x - 2$

  Trwy hyn, neu fel arall, datryswch $p(x) = 0$

- **Cewch chi ddefnyddio'r canlyniad** ... mae hyn yn awgrymu na fyddai disgwyl i chi bob amser wybod y canlyniad sy'n cael ei roi, ond a allai fod yn ddefnyddiol i ateb y cwestiwn. Nid yw hyn o reidrwydd yn golygu bod yn rhaid i chi ddefnyddio'r canlyniad sy'n cael ei roi.

- **Plotiwch** ... dylech chi nodi'r pwyntiau'n gywir ar y papur graff sydd wedi'i ddarparu. Bydd y pwyntiau naill ai wedi'u rhoi i chi neu bydd yn rhaid i chi fod wedi'u cyfrifo. Efallai y bydd hefyd angen i chi eu huno â chromlin neu linell syth.

  Enghraifft: Plotiwch y pwynt ychwanegol hwn ar y diagram gwasgariad.

- **Lluniadwch ...** dylai'r dysgwyr luniadu i lefel o gywirdeb sy'n briodol i'r broblem. Mae gofyn iddyn nhw ddod i farn synhwyrol ynglŷn â'r lefel o gywirdeb sy'n briodol.

    Enghraifft: Lluniadwch ddiagram sy'n dangos y grymoedd sy'n gweithredu ar y gronyn.
    Lluniadwch linell ffit orau ar gyfer y data.

- **Brasluniwch (graff) ...** Dylech chi luniadu diagram, nid o reidrwydd i raddfa, sy'n dangos prif nodweddion cromlin. Mae'r rhain yn debygol o gynnwys o leiaf un o'r canlynol:

    - Trobwyntiau
    - Asymptotau
    - Croestoriad â'r echelin-y
    - Croestoriad â'r echelin-x
    - Ymddygiad ar gyfer x mawr (+ neu −)

    Dylai unrhyw nodweddion pwysig eraill gael eu dangos hefyd.

    Enghraifft: Brasluniwch y gromlin sydd â'r hafaliad $y = \dfrac{1}{(x-1)}$.

Byddwch yn ofalus! Mae'n hawdd gwneud y camgymeriadau hyn:

ADOLYGU

- Camgopïo eich gwaith eich hun neu gamddarllen/camgopïo'r cwestiwn
- Peidio â rhoi eich ateb fel cyfesurynnau pan ddylai fod. E.e. wrth ddarganfod lle mae dwy gromlin yn cwrdd
- Peidio â gwirio'r unedau yn y cwestiwn, e.e. hyd yn cael ei roi mewn cm nid mewn m
- Rhoi eich ateb fel cyfesurynnau yn amhriodol, e.e. ysgrifennu fector fel cyfesurynnau
- Peidio â darganfod cyfesurynnau-y pan fydd gofyn darganfod cyfesurynnau
- Peidio â darganfod lle mae'r gromlin yn torri'r echelinau-x **ac** -y wrth fraslunio cromlin
- Defnyddio pren mesur i luniadu cromliniau
- Peidio â defnyddio pren mesur i luniadu llinellau syth
- Treulio gormod o amser yn lluniadu graffiau pan fyddai braslun yn gwneud y tro
- Peidio â nodi hafaliadau asymptotau wrth fraslunio cromlin esbonyddol neu gilyddol
- Peidio â symleiddio eich ateb yn ddigonol
- Talgrynnu atebion a ddylai fod yn **union**
- Gwallau talgrynnu – peidiwch â thalgrynnu nes i chi gyrraedd eich ateb terfynol
- Rhoi atebion i'r radd anghywir o gywirdeb – defnyddiwch 3 ffigur ystyrlon os nad yw'r cwestiwn yn dweud yn wahanol
- Peidio â dangos unrhyw waith cyfrifo neu beidio â dangos digon – yn arbennig mewn cwestiynau 'dangoswch fod' neu gwestiynau 'prawf'
- Dangos gwaith cyfrifo llawn ar gyfer cyfrifo cymedr neu wyriad safonol pan oedd disgwyl i chi ysgrifennu ateb gan ddefnyddio eich cyfrifiannell
- Rhoi dau ateb croes – mae'n rhaid i chi ei gwneud hi'n glir pa un yw eich ateb os ydych chi'n newid eich meddwl

Unwaith y byddwch chi wedi ateb cwestiwn, **ailddarllenwch y cwestiwn** gan wneud yn siŵr eich bod chi wedi ateb y cwestiwn **i gyd**. Mae'n hawdd anghofio am ran fach olaf y cwestiwn.

Gwiriwch fod eich ateb ... [ADOLYGU]

✓ i'r cywirdeb cywir
✓ o faint cywir yng nghyd-destun y cwestiwn
✓ yn y ffurf gywir
✓ yn gyflawn ... ydych chi wedi ateb y cwestiwn cyfan?

Os byddwch chi wir yn cael trafferth ... [ADOLYGU]

Peidiwch â chynhyrfu, a pheidiwch â mynd i banig.
- ✓ **Ailddarllenwch y cwestiwn** ... ydych chi wedi neidio dros ddarn allweddol o wybodaeth a fyddai wedi helpu? Lliwiwch unrhyw rifau neu eiriau allweddol.
- ✓ **Lluniadwch** ... ddiagram. Mae hyn yn aml yn helpu. Yn arbennig mewn cwestiynau ar graffiau, geometreg gyfesurynnol a fectorau, gall braslun eich helpu i weld y ffordd ymlaen.
- ✓ **Edrychwch** ... sut gallwch chi fynd yn ôl i mewn i'r cwestiwn. Os na allwch chi ateb rhan **i**, nid yw hynny'n golygu na allwch chi wneud rhan **ii**. Cofiwch nad rhan olaf cwestiwn yw'r rhan anoddaf o reidrwydd.
- ✓ **Symudwch ymlaen** ... i'r cwestiwn nesaf neu i'r rhan nesaf o'r cwestiwn. Peidiwch â gwastraffu amser yn oedi'n rhy hir ar un cwestiwn, yn arbennig os nad yw'r cwestiwn yn werth mwy nag un neu ddau farc.
- ✓ **Dychwelwch yn nes ymlaen** ... yn yr arholiad i'r cwestiwn y cawsoch chi drafferth ag ef – fe synnwch chi mor aml y daw ysbrydoliaeth o rywle!
- ✓ **Meddyliwch yn gadarnhaol!** Rydych chi wedi paratoi'n dda, credwch ynoch chi eich hun!

Pob lwc!

Atebion

ADRAN 1: UNED 1 MATHEMATEG BUR

Targedu wrth adolygu (Penodau 1–4) (tudalen 1)

1. Awgrym: Dangoswch fod gan $(2n)^2 + (2n+2)^2$ ffactor o 4
2. Awgrym: Profwch bob rhif o 1 i 10
3. Pan fydd $n = 4$, yna $n^2 - 8n + 15 = -1$
4. $6\sqrt{3}$
5. $7 - 4\sqrt{3}$
6. $\dfrac{3c^2}{b}$
7. $\dfrac{7}{2}\sqrt{2}$
8. $x = -\dfrac{1}{3}$ neu $x = \dfrac{3}{2}$

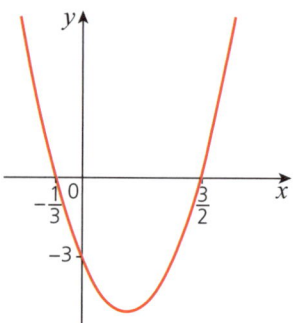

9. $y = (x-2)^2 - 7$
10. $k = \pm 12$
11. $(-1,-1)$ a $\left(\dfrac{3}{2}, 4\right)$
12. $-2 \leqslant x < \dfrac{3}{2}$
13. $x < -3$ neu $x > 5$ y gallwn ni ei ysgrifennu fel $\{x : x < -3\} \cup \{x : x > 5\}$.

14.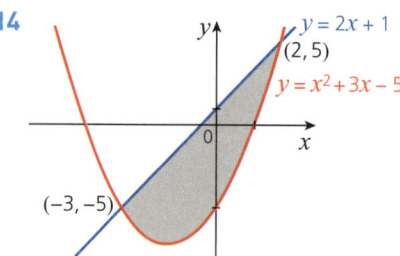

Pennod 1 Prawf

Profi eich hun (tudalen 4)

1. Llinell 2; $N^0 = N^x \div N^x$
2. Gwrthbrofwch drwy wrthenghraifft. $n = 6$, $n^2 + 3n + 1 = 55$ sydd ddim yn rhif cysefin.
3. Llinell 4: allwch chi ddim rhannu â 0.
4. Gadewch i $p = 2n + 1$,
$p^2 = (2n+1)^2 = 4n^2 + 4n + 1 = 2(2n^2 + 2n) + 1$
Mae $2(2n^2 + 2n)$ yn eilrif am ei fod yn lluosrif o 2, felly mae $2(2n^2 + 2n) + 1$ yn odrif. Felly mae p^2 yn odrif.

Cwestiwn enghreifftiol (tudalen 4)

i $n+1, n+2, n+3, n+4$
ii Mae $5(n+2)$ yn rhanadwy â 5
iii 95

Pennod 2 Indecsau a syrdiau

Profi eich hun (tudalen 8)

1. 9
2. $\dfrac{3}{4}$
3. $8(2-\sqrt{3})$
4. $\dfrac{4}{5}x^6 y$
5. $36\sqrt{2}$

Cwestiwn enghreifftiol (tudalen 8)

i $a = -1$ a $b = \dfrac{1}{4}$ ii $a = 9$ a $b = 15$

Pennod 3 Hafaliadau cwadratig

Profi eich hun (tudalen 14)

1. $(6x-5)(x+4)$
2. $x = -\dfrac{3}{2}$ neu $x = 6$
3. $x = \dfrac{3 \pm \sqrt{41}}{4}$
4. i

ii a $x = \pm 2$ neu $x = \pm \frac{1}{2}$

   b $x = \frac{1}{16}$ neu $x = 16$

5 $2(x-3)^2 - 15$

6 $A(0, -47)$ a $B(5, 3)$

Cwestiwn enghreifftiol (tudalen 14)

i $f(x) = 2(x+3)^2 - 8$

ii a $P(0, 10)$ a $Q(-3, -8)$

   b
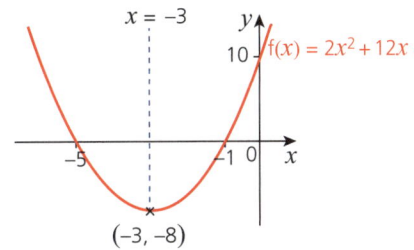

Pennod 4 Hafaliadau ac anhafaleddau

Hafaliadau cydamserol

Profi eich hun (tudalen 18)

1 $x = -\frac{8}{11}$, $y = -\frac{17}{11}$

2 $\left(\frac{5}{9}, -\frac{1}{9}\right)$

3 $x = 0$, $y = 2$ ac $x = \frac{12}{11}$, $y = -\frac{14}{11}$

4 Llinell X: Yr hafaliad wedi'i aildrefnu yw $y = 3 - 2x$
   Llinell Z: Y gwahanolyn yw
   $(-5)^2 - 4 \times 2 \times 4 = 25 - 32 = -7$

5 $(-1, -1)$ a $\left(\frac{3}{11}, \frac{17}{11}\right)$

Cwestiwn enghreifftiol (tudalen 18)

i $A(-1, 0)$ a $B\left(-\frac{1}{5}, \frac{12}{5}\right)$

ii $k = 7$ ac $C\left(\frac{1}{2}, \frac{17}{2}\right)$

Anhafaleddau

Profi eich hun (tudalen 21)

1 $x > 6$

2 $x \geq 4$

3 $x > 2$

4 $-5 \leq x \leq 3$

5 i
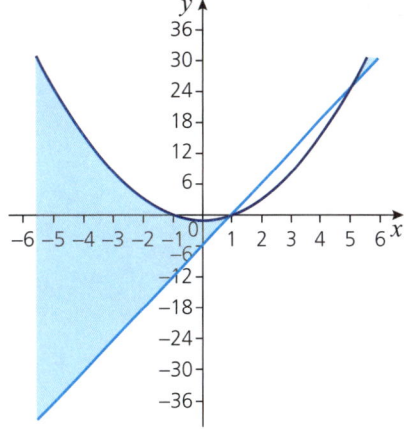

   ii $\{x : x < 1\} \cup \{x : x > 5\}$

Cwestiwn enghreifftiol (tudalen 21)

i $x \geq \frac{3}{7}$

ii a
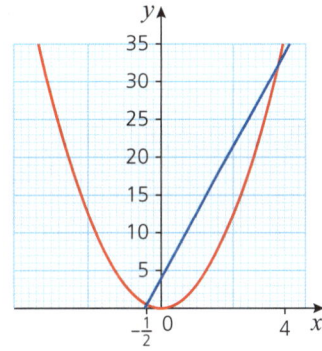

   b $\left\{x : x > -\frac{1}{2}\right\} \cap \{x : x < 4\}$

Cwestiynau adolygu (Penodau 1–4) (tudalen 22)

1 i Pan fydd n yn eilrif, $n = 2k$, yna
      $(2k)^2 - 2k = 4k^2 - 2k = 2k(k-1)$ sy'n eilrif am fod 2 yn ffactor.
      Pan fydd n yn odrif, $n = 2k + 1$, yna
      $(2k + 1)^2 - (2k + 1) = 4k^2 + 4k + 1 - 2k - 1$
      $= 4k^2 + 2k = 2k(k + 1)$
      sy'n eilrif am fod 2 yn ffactor.

   ii $n = 3$, $n^2 + 1 = 10$ sydd DDIM yn rhif cysefin. Mae hon yn wrthenghraifft ac felly nid yw'r ddamcaniaeth yn wir.

2 i $(2x - 1)(x + 3)$

   ii
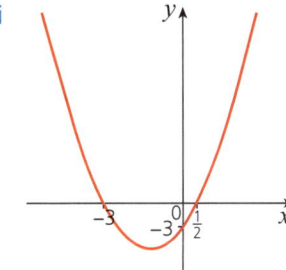

3 i $(11 - 6\sqrt{2})\,cm^2$ ii $c = 4$

4 i $x = 2$ ac $y = 3$ ii $x = \pm 1, x = \pm 2$

5 i $f(x) = (x - 5)^2 - 21$ ii $-8 < k < 8$

6 $x = 3$ ac $y = 2$

7 i $-2\left(x - \frac{5}{4}\right)^2 + \frac{49}{8}$

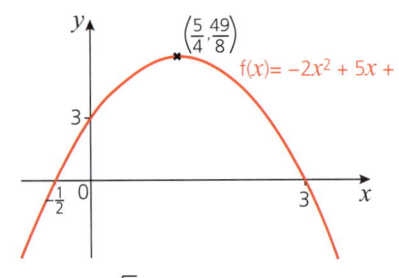

ii a $x = \pm\sqrt{3}$ b $x = 9$ c $x = 1$

ADRAN 2: UNED 1 MATHEMATEG BUR

Targedu wrth adolygu (Penodau 5–8) (tudalen 23)

1 i $y = \frac{1}{2}x + 2$

ii

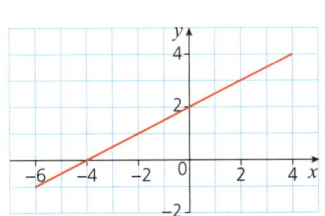

2 -0.1

3 $\left(\frac{2}{3}, -\frac{1}{3}\right)$

4 i $(x - 2)^2 + (y + 3)^2 = 16$

ii $(x - 1)^2 + (y - 3)^2 = 13$

5 $3y + 4x = 23$

6 i $-\frac{\sqrt{3}}{2}$ ii $-\frac{1}{2}$ iii 1

7 i $60°, 120°$

ii $20°, 40°, 140°, 160°$

iii $15°, 75°$

8 Awgrym: Ysgrifennwch tan θ fel $\frac{\sin\theta}{\cos\theta}$ ac $\frac{1}{\tan\theta}$ fel $\frac{\cos\theta}{\sin\theta}$ ac yna adio i gyfuno'r ddau ffracsiwn.

9 i $12\,cm^2$ ii $4.11\,cm$

10 i $5x^3 + 2x^2 - 5x + 1$

ii $5x^3 - 2x^2 + x + 5$

iii $10x^5 - 15x^4 - 14x^3 + 12x^2 - 5x - 6$

iv $5x^2 - 5x + 3$

11 i $f(1) = 2 \times 1^3 + 1^2 - 5 \times 1 + 2 = 0$

ii $f(-2) = 2 \times (-2)^3 + (-2)^2 - 5 \times (-2) + 2 = 0$

iii $f(x) = (2x - 1)(x + 2)(x - 1);$
$x = -2, x = \frac{1}{2}, x = 1$

iv

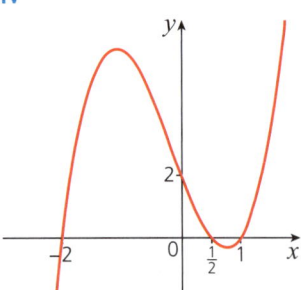

12 $y = \frac{16}{x^3}$

13 i

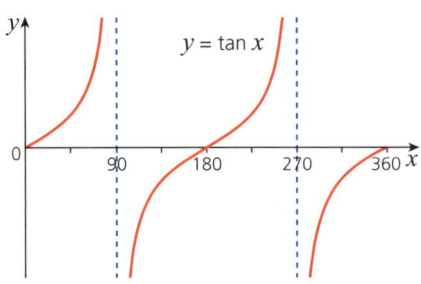

ii

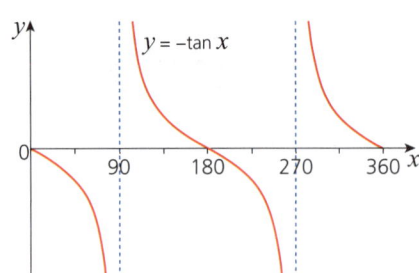

iii

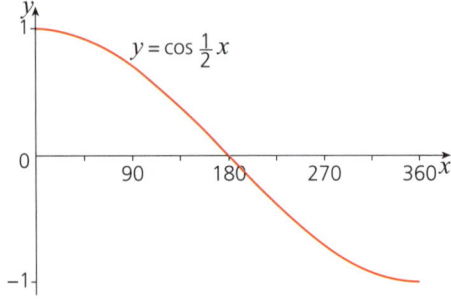

iv
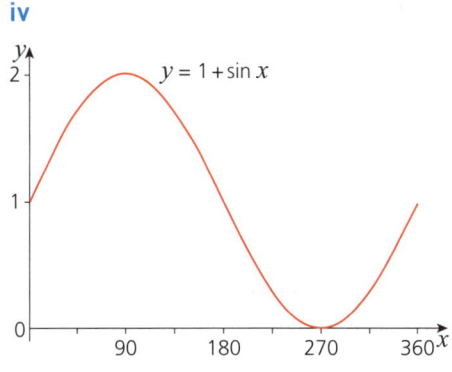

14 i $81x^4 - 216x^3 + 216x^2 - 96x + 16$
ii $-2\,099\,520$

Pennod 5 Geometreg gyfesurynnol
Llinellau syth
Profi eich hun (tudalen 29)

1. $(-5, 3)$
2. $\sqrt{41}$
3. $y = -2x + 1$
4. $\dfrac{5}{7}$
5. $y = \dfrac{1}{4}x + \dfrac{1}{2}$

Cwestiwn enghreifftiol (tudalen 29)

i $(1, 3)$
   Awgrym: Darganfyddwch raddiant AB a defnyddiwch $m_2 = -\dfrac{1}{m_1}$ i ddarganfod graddiant y perpendicwlar. Darganfyddwch ganolbwynt AB.
ii 9.15 uned sgwâr

Cylchoedd
Profi eich hun (tudalen 33)

1. $(x-1)^2 + (y+3)^2 = 25$
2. Canol $(-3, 2)$, radiws 7
3. i $x = 1 + 2\sqrt{3}$
   ii Awgrym: Amnewidiwch $y = x + 4$ i hafaliad y cylch. Aildrefnwch i ffurfio cwadratig. Dangoswch fod gwahanolyn, $b^2 - 4ac$, y cwadratig yn negatif.
4. Ydyn, maen nhw'n cyffwrdd yn fewnol am mai'r gwahaniaeth rhwng y radiysau yw $\sqrt{45} - \sqrt{5} = 3\sqrt{5} - \sqrt{5} = 2\sqrt{5}$ sef y pellter rhwng y ddau ganol $(1, -2)$ a $(3, 2)$.
5. $y = -\dfrac{5}{3}x + 12$
6. $\sqrt{5}$

Cwestiwn enghreifftiol (tudalen 33)

i $C(4, -3)$ a radiws 5
ii $A(4 - 2\sqrt{6}, -2)$ a $B(4 + 2\sqrt{6}, -2)$
iii $3x + 4y + 25 = 0$

Pennod 6 Trigonometreg
Gweithio â ffwythiannau trigonometrig
Profi eich hun (tudalen 38)

1. B; dylai $\cos 60°$ fod yn hafal i 0.5 nid $\dfrac{\sqrt{3}}{2}$.
2. i -1 ii 1 iii -1 iv 1
3. $60°, 120°, 240°, 300°$
4. $0°, 90°, 180°, 360°$
5. $7 + 4\sqrt{3}$

Cwestiwn enghreifftiol (tudalen 38)

i $-2\cos^2 x - \cos x + 2$
ii $30°, 90°, 150°$

Trionglau heb onglau sgwâr
Profi eich hun (tudalen 41)

1. $17.4\,\text{cm}^2$
2. $5.51\,\text{cm}$
3. $6.16\,\text{km}; 220°$
4. $66.1°, 113.9°$
5. $13.2\,\text{cm}^2$

Cwestiwn enghreifftiol (tudalen 41)

i $10.6\,\text{cm}$ ii $54.9°$ iii $6.05\,\text{cm}$ iv $77.9\,\text{cm}^2$

Pennod 7 Polynomialau
Gweithio â pholynomialau
Profi eich hun (tudalen 45)

1. i $5x^3 + 2x^2 - 5x + 1$
   ii $5x^3 - 2x^2 + x + 5$
   iii $10x^5 - 15x^4 - 14x^3 + 12x^2 - 5x - 6$
   iv $5x^2 - 5x + 3$
2. $3x^2 - 2x + 4$
3. $3x^2 + 2x - 4$
4. $x^3 - x^2 - 2x + 5; d = 5$

Cwestiwn enghreifftiol (tudalen 45)

$a = 2, b = -1$ ac $c = 4$

Y theorem ffactor a braslunio cromliniau
Profi eich hun (tudalen 48)
1 $a=-9, b=9$
2 $a=-32, b=16$
3 $(2x+1)(x+3)(x-4)$

4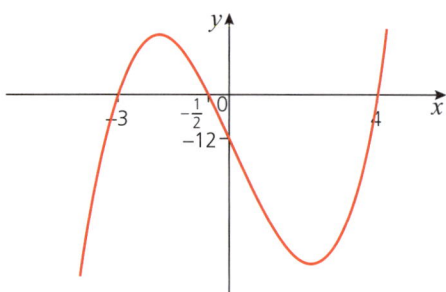

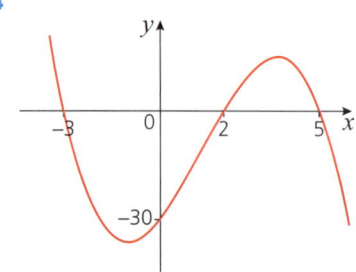

5 $x=-6; a=5, b=-12$

Cwestiwn enghreifftiol (tudalen 49)
i $f(-1) = -3 \times (-1)^3 + 4 \times (-1)^2 + 5 \times (-1) - 2 = 0$
   $f(-1) = 0 \Rightarrow$ mae $x = -1$ yn wreiddyn.
ii $f(\tfrac{1}{3}) = -3 \times (\tfrac{1}{3})^3 + 4 \times (\tfrac{1}{3})^2 + 5 \times (\tfrac{1}{3}) - 2 = 0$
    $f(\tfrac{1}{3}) = 0 \Rightarrow$ mae $(3x-1)$ yn ffactor.
iii $f(x) = (3x-1)(x+1)(2-x)$; $x = -1, x = \tfrac{1}{3}, x = 2$
iv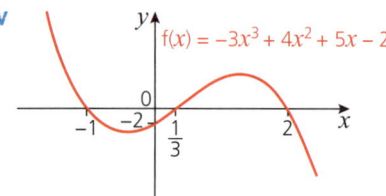

Ehangiadau binomaidd
Profi eich hun (tudalen 52)
1 84
2 $2x^3 + 6x$
3 -448
4 $1 - 12x + 54x^2 - 108x^3 + 81x^4$
5 -0.005

Cwestiwn enghreifftiol (tudalen 52)
i a $1 - 20x + 180x^2 - 960x^3 + 3360x^4 + \ldots$
   b 0.817
ii -1440

Pennod 8 Graffiau a thrawsffurfiadau
Braslunio cromliniau a thrawsffurfiadau
Profi eich hun (tudalen 58)
1 i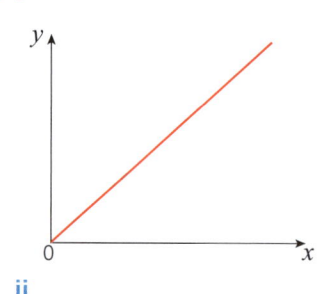

ii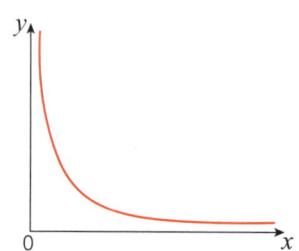

2 i $y = f(x+2) + 5$
   ii $y = f(-2x)$
3 $(3, -2)$
4 $y = x^2 - 6x + 7$

Cwestiwn enghreifftiol (tudalen 58)
i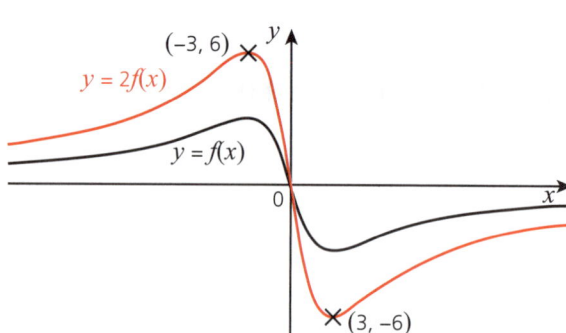

ii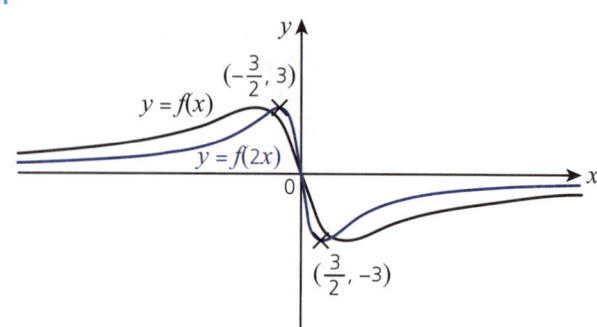

iii

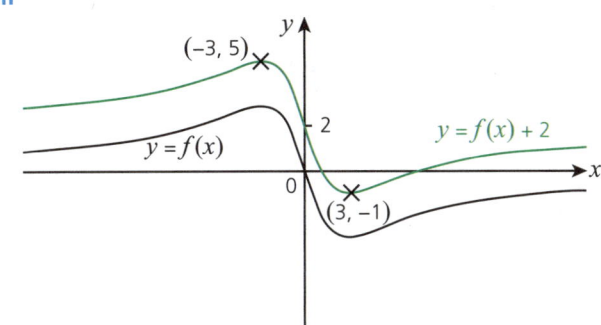

Graffiau ffwythiannau trigonometrig

Profi eich hun (tudalen 60)

1 i Cywir ii Anghywir iii Anghywir
iv Cywir v Anghywir vi Anghywir
vii Cywir viii Anghywir

2
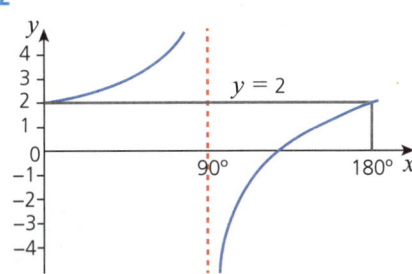

3
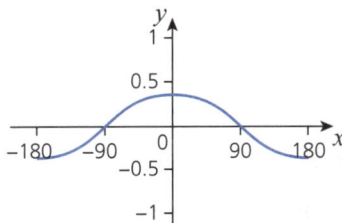

4
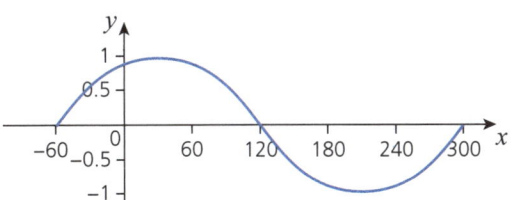

Cwestiwn enghreifftiol (tudalen 60)

i
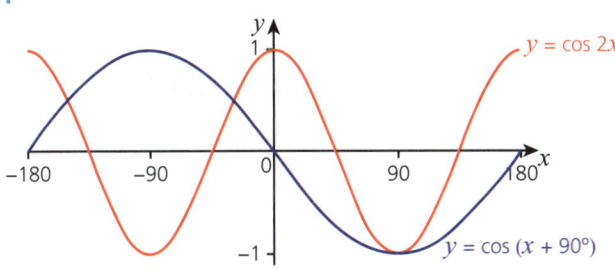

ii 3 gwreiddyn
iii $x = -150°$, $x = -30°$ ac $x = 90°$
iv 2

Cwestiynau adolygu (Penodau 5–8) (tudalen 61)

1 i $AB = 2\sqrt{5}$, $BC = \sqrt{65}$
  ii 15 uned sgwâr
2 i $2y + 5x = 24$
  ii $(x + 3)^2 + (y - 5)^2 = 116$
3 ii $60°, 300°$
4 i Asymptotau $x = 0$ ac $y = 0$

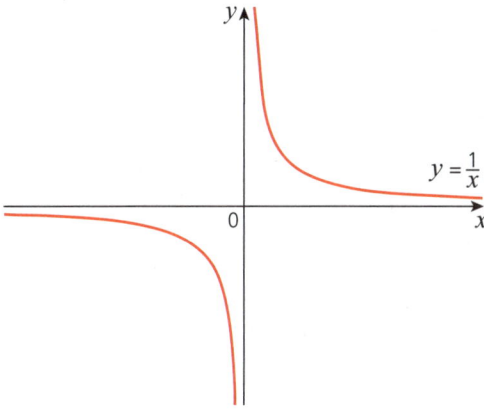

ii Asymptotau $x = 0$ ac $y = 2$

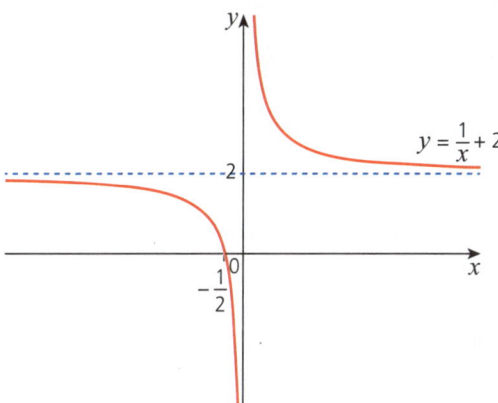

iii Asymptotau $x = -2$ ac $y = 0$

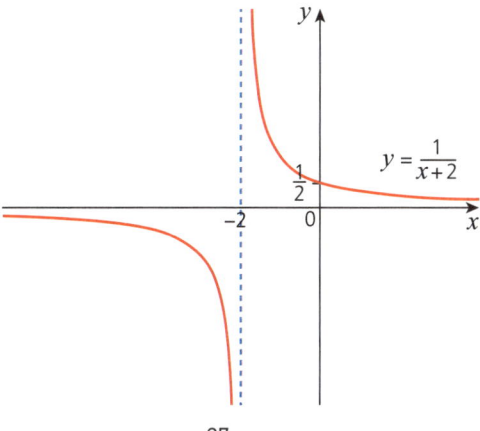

5 $n = 4$, $b = -54$, $c = \dfrac{27}{2}$
6 i $f(x) = (x + 3)(2x + 1)(x - 4)$
  ii $x = -1$, $x = \dfrac{3}{2}$, $x = 6$

CBAC UG Mathemateg

ADRAN 3: UNED 1 MATHEMATEG BUR

Targedu wrth adolygu (Penodau 9–12) (tudalennau 62–63)

1 i $\quad \dfrac{dy}{dx} = 6x - 2$

 ii $\quad \dfrac{dy}{dx} = \dfrac{1}{2\sqrt{x}} - \dfrac{4}{x^3}$

2 i 5.5 ii 4.5

3 i $y = 12x - 27$ ii $y = 12 - 2x$

4 macsimwm: (2, 0); minimwm: $\left(\dfrac{2}{3}, -\dfrac{32}{27}\right)$

5 $x < -3, x > 2$

6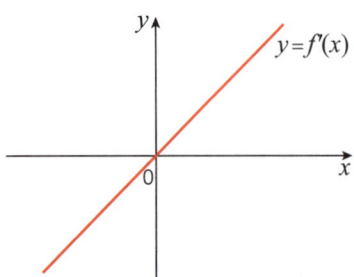

7 $\dfrac{3}{64}$

8 i $x^2 + 2hx + h^2$ ii $10hx + 5h^2$ iii $\dfrac{dy}{dx} = 10x$

9 i $x^4 - x^2 + 3x + c$

 ii $\dfrac{2\sqrt{x^3}}{3} + \dfrac{3}{x} + c$

10 i $\dfrac{35}{3}$ ii 37

11 i 15.75 uned sgwâr

 ii $5\dfrac{1}{3}$ uned sgwâr

 iii $21\dfrac{1}{12}$ uned sgwâr

 iv $10\dfrac{5}{12}$ uned sgwâr

12 $\dfrac{32}{3}$ uned sgwâr

13 $\begin{pmatrix} -4 \\ 6 \end{pmatrix}$

14 i $\begin{pmatrix} 4 \\ 2 \end{pmatrix}$ ii $2\sqrt{10}$

 iii 10 uned sgwâr

15 i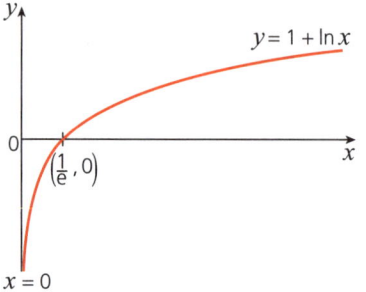

 ii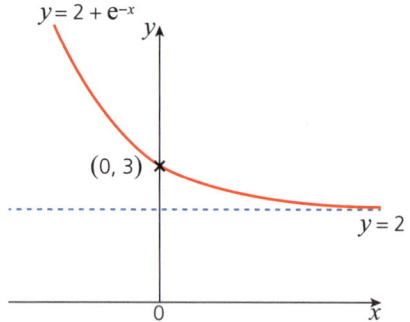

16 $\log 2\sqrt{x}$

17 i 8.68 i 3 ffigur ystyrlon

 ii 20

18 ii $A = 100, k = 3$

 iii 7.94×10^8

 iv -0.100 i 3 ffigur ystyrlon

Pennod 9 Differu

Tangiadau a normalau

Profi eich hun (tudalen 67)

1 (1, 2)

2 -7

3 $\dfrac{3}{2}$

4 $\left(\dfrac{1}{2}, -\dfrac{3}{2}\right)$ a $\left(-\dfrac{1}{2}, \dfrac{3}{2}\right)$

5 $y + 2x = 5$

6 $3y + x + 14 = 0$

7 $4y = x + 4$

8 $2y = 8x - 15$

Cwestiwn enghreifftiol (tudalen 67)

i $\dfrac{dy}{dx} = 6x^2 + 6x;$

 pan fydd $x = 1, \dfrac{dy}{dx} = 6 \times 1^2 + 6 \times 1 = 6 + 6 = 12$

ii $Q(-2, -7)$

iii $12y + x + 86 = 0$

Ffwythiannau cynyddol a lleihaol, a throbwyntiau

Profi eich hun (tudalen 71)

1. g yn unig
2. $-1 < x < -\frac{1}{3}$
3. $(-1, 16)$ a $(3, -16)$
4. $(0, 1)$ a $\left(-\frac{1}{2}, \frac{15}{16}\right)$
5. macsimwm: $x = -\sqrt[4]{3}$; minimwm: $x = \sqrt[4]{3}$

Cwestiwn enghreifftiol (tudalen 71)

i $\frac{dy}{dx} = 3x^2 - 6x - 9$

ii $x < -1$ neu $x > 3$

iii macsimwm: $(-1, 7)$; minimwm: $(3, -25)$

Deilliadau uwch a graff $\frac{dy}{dx}$

Profi eich hun (tudalen 75)

1.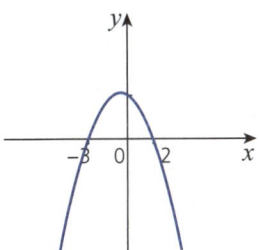

2. 42
3. $\frac{2}{81}$
4. $y = 3$
5. $x = \frac{1}{4}$; minimwm

Cwestiwn enghreifftiol (tudalen 75)

i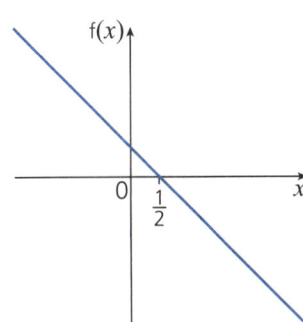

ii $x = \frac{1}{6}$; minimwm

Cymwysiadau a differu o egwyddorion sylfaenol

Profi eich hun (tudalen 79)

1. i $4x^3 - 78x^2 + 360x$
   ii $x = 3$
2. i $x^3 + 3hx^2 + 3h^2x + h^3$
   ii $3x^2 + 3hx + h^2$
   iii $3x^2$; deilliad $y = x^3$ yw $3x^2$

Cwestiwn enghreifftiol (tudalen 79)

$2670 \, cm^2$

Pennod 10 Integru

Integru fel y broses wrthdro i ddifferu

Profi eich hun (tudalen 83)

1. $x^3 + x + c$
2. $\frac{14}{3}$
3. 102.4
4. $60\frac{3}{32}$
5. $y = x^3 - 2x - 5$
6. $y = 3 - \frac{1}{x^3}$

Cwestiwn enghreifftiol (tudalen 83)

i $2(\sqrt{x})^3 - \frac{1}{x} + c$ ii $y = \frac{5}{3} - \frac{2}{x}$

Darganfod arwynebeddau

Profi eich hun (tudalennau 87–88)

1. $\frac{32}{2}$ uned sgwâr
2. 10 uned sgwâr
3. 0.5 uned sgwâr
4. $\frac{112}{3}$ uned sgwâr
5. i $(-4, 13)$ a $\left(\frac{1}{2}, 4\right)$ ii $\frac{243}{8}$

Cwestiwn enghreifftiol (tudalen 88)

i $A(-4, 0)$; $B(4, 0)$

ii 32 uned sgwâr

iii £240

Pennod 11 Fectorau

Profi eich hun (tudalen 92)

1. $-9i+4j$
2. $\begin{pmatrix} -2 \\ -1 \end{pmatrix}$
3. $3\sqrt{5}$
4. $BC = \begin{pmatrix} -5 \\ 5 \end{pmatrix} = 5\begin{pmatrix} -1 \\ 1 \end{pmatrix}$
5. $\begin{pmatrix} -4 \\ 5 \end{pmatrix}$
6. $\begin{pmatrix} 0.5 \\ 3.5 \end{pmatrix}$

Cwestiwn enghreifftiol (tudalen 92)

i $\begin{pmatrix} 2 \\ -8 \end{pmatrix}$

ii $2\sqrt{17}$

iii a $\begin{pmatrix} 1 \\ -4 \end{pmatrix}$ b $\begin{pmatrix} 3 \\ -1 \end{pmatrix}$ c $\begin{pmatrix} 2.5 \\ 1 \end{pmatrix}$

Pennod 12 Ffwythiannau esbonyddol a logarithmau

Ffwythiannau esbonyddol a logarithmau

Profi eich hun (tudalen 98)

1. $\log 13.5$
2. $\log 2$
3. $2\log x$
4. $x = 7.54$
5. $x = -1.35$
6. $t = 6.93$
7. £6065
8.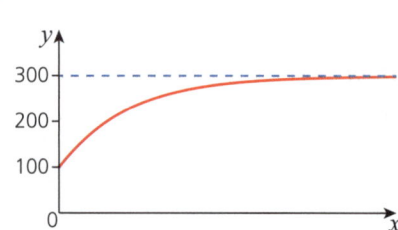
9. Gadewch i $\log_a x = m$ **(1)**

   a $\log_a y = n$ **(2)**

   Gan ddefnyddio **(1)**: $\log_a x = m \Rightarrow a^m = x$

   Gan ddefnyddio **(2)**: $\log_a y = n \Rightarrow a^n = y$

   Mae rhannu yn rhoi: $a^m \div a^n = \dfrac{x}{y}$

Gan ddefnyddio deddfau indecsau:

$$a^{m-n} = \frac{x}{y}$$

$$\Rightarrow \log_a \frac{x}{y} = m - n$$

Mae amnewid **(1)** a **(2)** i mewn yn rhoi:

$\log_a \dfrac{x}{y} = \log_a x - \log_a y$ fel sydd ei angen.

Cwestiwn enghreifftiol (tudalen 98)

i   a 8221   b 4000

ii   2127

iii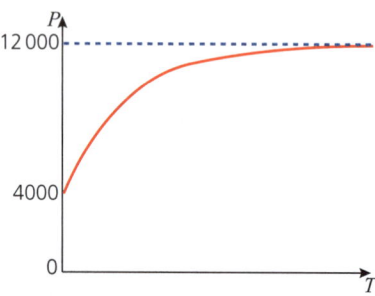

iv 1768–1769

Mae'r model wedi'i ddeillio o astudiaethau diweddar pan oedd poblogaeth y parotiaid dros 8000; efallai nad yw'n berthnasol pan oedd llawer llai o barotiaid, e.e. bydd ysglyfaethwyr/ clefydau yn cael effaith wahanol pan fydd y boblogaeth yn sylweddol is.

Modelu cromliniau

Profi eich hun (tudalennau 102–103)

1. $T = 0.32$ a $k = 10$
2.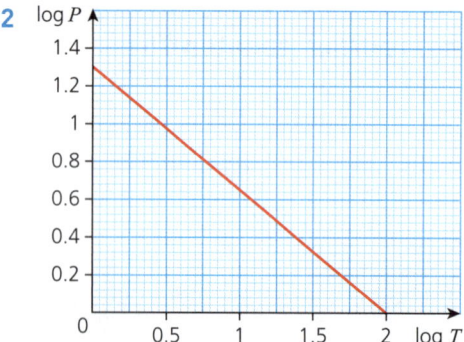
3. $y = 3.16t^{0.6}$
4. $A = 8t^{0.5}$ (gallai'r union werth amrywio ychydig)

Cwestiwn enghreifftiol (tudalen 103)

i

Blwyddyn (x)	1	2	3	4	5	6
Elw (P)	7800	9400	11200	13500	16200	19400
$\log_{10} P$	3.89	3.97	4.05	4.13	4.21	4.29

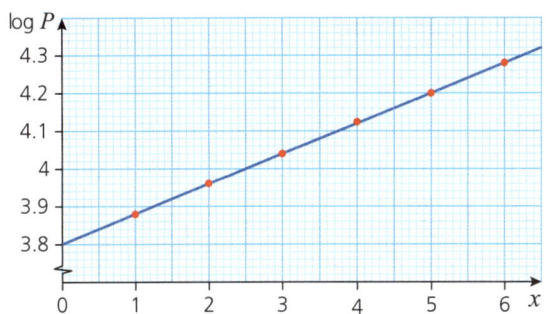

ii $P = 6500 \times 1.20^x$

iii £40 700

iv 28 mlynedd

Cwestiynau adolygu (Penodau 9–12) (tudalen 104)

1 $-\frac{1}{2} < x < 2$

2 i macsimwm $(0, -3)$; minimwm $(2, -7)$
   ii $-x + 3y + 16 = 0$

3 i $\dfrac{2}{x^3} - \dfrac{2}{\sqrt{x^3}}$
   ii $8\sqrt{x} + \dfrac{1}{x} + c$

4 84.4 uned sgwâr

5 i a $x = 3.32$ i 3 ffigur ystyrlon
      b $x = 4$
   ii 3

6 i $4\sqrt{5}$ ii $\begin{pmatrix} 13 \\ -6 \end{pmatrix}$

ADRAN 4: UNED 2 YSTADEGAETH

Targedu wrth adolygu (Penodau 13–17) (tudalennau 105–108)

1 Mae llawer o atebion posibl, fel
  • Bechgyn ym mlwyddyn gyntaf eu bywyd oedd â'r siawns fwyaf o farw.
  • Ar wahân i flwyddyn gyntaf eu bywyd, dynion yn eu hugeiniau oedd y mwyaf tebygol o farw.

2 Ateb yn yr amrediad 350 000 i 400 000.

3 i Sgiwedd negatif
   ii Dim sgiwedd
   iii Sgiwedd positif
   iv Sgiwedd negatif

4 Mae sawl ateb posibl gan gynnwys y canlynol
  • Mae gan brisiau tai yn Romford fwy o wasgariad na phrisiau tai yn Nelson.
  • Mae prisiau tai yn Romford yn tueddu i fod yn uwch nag yn Nelson.
  • Roedd mwy na hanner y tai a werthwyd yn Nelson yn rhatach nag unrhyw dŷ a werthwyd yn Romford.

5 Ateb yn yr amrediad 46 i 48.

6 i Cydberthyniad positif.
   ii Nac ydy. Un rheswm posibl yw y byddai cromlin yn ffitio'r data'n well.

7 Mae'r pwynt sy'n agos i (0, 180) yn allanolyn. Mae pwysedd gwaed o sero yn amhosibl, felly mae bron yn sicr o fod yn ganlyniad gwall.

8 i Cymedr y dynion = £36 648 (i'r £ agosaf)
      Gwyriad safonol = £13 408 neu £13 663 (i'r £ agosaf)
   ii Cymedr y menywod = £29 031 (i'r £ agosaf)
      Gwyriad safonol = £8177 neu £8445 (i'r £ agosaf)
   iii Mae gan y dynion gyflog cyfartalog uwch, a chyflogau mwy gwasgaredig.

9 i Canolrif yw 37 s. Amrediad rhyngchwartel yw 17 s.
   ii Canolrif yw 36 s. Amrediad rhyngchwartel yw 22 s.
   iii Mae gan y ddau grŵp bron yr un cyfartaledd ond mae gan Grŵp 2 fwy o wasgariad.

10 Mae o leiaf un allanolyn uchel ond nid oes unrhyw allanolion isel.

11 0.0144

12 $\dfrac{4}{9}$

13 i Binomaidd – tybio bod y tafliadau'n annibynnol (does dim rhaid iddo fod yn ddarn arian teg).
   ii Poisson – tybio bod y galwadau'n annibynnol ac yn digwydd ar gyfradd gymedrig unffurf.
   iii Unffurf arwahanol – tybio bod y dis yn deg.

14 0.057

15 0.1

16 $\dfrac{7}{15}$

17 0.1088

18 i Os yw'r rhagdybiaeth nwl yn gywir, y tebygolrwydd ei bod hi'n cael ei gwrthod yw 5%.
   ii 1%

19 $p \neq 0.55$

20 $H_0: p = 0.9$
   $H_1: p < 0.9$
   lle p yw cyfran y galwyr sy'n aros llai na 5 munud.

21 $X \leq 4$ ac $X \geq 17$

22 Mae tystiolaeth ddigonol, ar lefel o 5%, y bu gostyngiad yng nghyfran y platiau diffygiol.

23 i 0.0355
   ii 0.9087

Pennod 13 Casglu data

Profi eich hun (tudalen 111)

1 Ei ddileu o'r set ddata.
2 Samplu cyfle
3 i Anghywir   ii Cywir   iii Anghywir
  iv Cywir   v Cywir
4 Er enghraifft, ymweld â'r swyddfa bost bob bore a phrynhawn am wythnos a gofyn i bob pumed person sy'n dod i mewn yn ystod cyfnod o hanner awr.

Cwestiwn enghreifftiol (tudalen 111)

i Myfyrwyr chweched dosbarth yn Abertawe.
ii Cael rhestr o'r holl fyfyrwyr chweched dosbarth yn Abertawe a rhoi rhif i bob un. Dewis 100 o haprifau gwahanol yn yr ystod 1 i gyfanswm nifer y myfyrwyr. Dewis y myfyrwyr sydd â'r rhifau hynny.
iii Samplu cyfle.
iv Dwy ffynhonnell wahanol o duedd. Mae rhai enghreifftiau posibl yn cael eu rhoi isod.
  • Efallai nad yw'r myfyrwyr yn y coleg chweched dosbarth yn gynrychioliadol o'r boblogaeth.
  • Efallai nad yw'r myfyrwyr sy'n astudio gwleidyddiaeth yn gynrychioliadol o'r boblogaeth.
  • Efallai y byddai gweld pryd mae myfyrwyr eraill yn codi eu dwylo yn arwain at fyfyrwyr heb fod yn ateb yn onest.

Pennod 14 Prosesu, cyflwyno a dehongli data

Mesurau ystadegol

Profi eich hun (tudalen 116)

1 58.5 kg
2 i Cywir   ii Anghywir   iii Cywir
  iv Anghywir   v Cywir
3 i 73.7 cm
  ii canolrif 70–79 cm
  iii 70–79 (Mae'r dosbarthiadau o'r un lled ar wahân i'r un olaf, ac nid hwnnw yw'r amlder uchaf beth bynnag.)
4 i Anghywir   ii Anghywir (agosach i 3 na 4)
  iii Cywir   iv Anghywir
5 Mae gosodiad iii yn gywir.
6 cymedr 2.06, gwyriad safonol 1.279

Cwestiwn enghreifftiol (tudalen 117)

i Y cymedr yw 410.47 g.
  Y gwyriad safonol yw 12.26 neu 12.93 g (i 2 le degol).
ii Y cymedr yw 393.57 g.
  Y gwyriad safonol yw 70.23 neu 74.03 g (i 2 le degol).

iii Mae'r torthau o fara yn yr ail sampl ychydig yn ysgafnach, ar gyfartaledd.
Mae cymedr y naill sampl a'r llall yn gymharol agos i'r pwysau o 400 g a fwriadwyd.
Mae pwysau'r ail sampl yn llawer mwy gwasgaredig na phwysau'r sampl cyntaf.
Mae'n edrych fel pe bai rhywbeth o'i le ar y broses pan fydd yr ail sampl yn cael ei gymryd.

Dehongli diagramau

Profi eich hun (tudalennau 122–124)

1 36 i 56
2 i $(15 \times 2) + (5 \times 5) + (5 \times 6) + (5 \times 10) + (5 \times 2) + (10 \times 3.5) + (20 \times 1) = 200$
  ii Mae ychydig o sgiwedd positif.
3 i Canolrif 90.5 mm, chwartel isaf 88 mm, chwartel uchaf 94 mm, amrediad, rhyngchwartel 6 mm
  ii Allanolyn os yw'n uwch na 103 neu'n is na 79, felly dim allanolion.
  iii

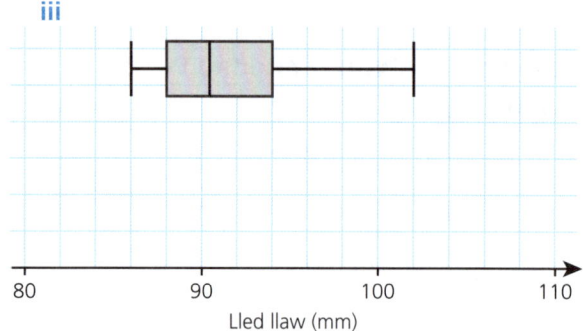
Lled llaw (mm)

4 i Anghywir (dim mwy na 28)
  ii Cywir
  iii Anghywir
  iv Anghywir
  v Anghywir
5 i Anghywir
  ii Cywir
  iii Anghywir
  iv Anghywir (Allanolion y tu allan i'r amrediad −13 i 117)

Cwestiwn enghreifftiol (tudalennau 124–125)

i Canolrif = 4.35 cm
  Amrediad rhyngchwartel = 4.85 − 3.75 = 1.1 cm
ii 1.5 × amrediad rhyngchwartel = 1.5 × 1.1 = 1.65
  4.85 + 1.65 = 6.5 cm
  3.75 − 1.65 = 2.1 cm
  Gallai dail sy'n fyrrach na 2.1 cm, neu'n hirach na 6.5 cm gael eu hystyried yn allanolion.
iii

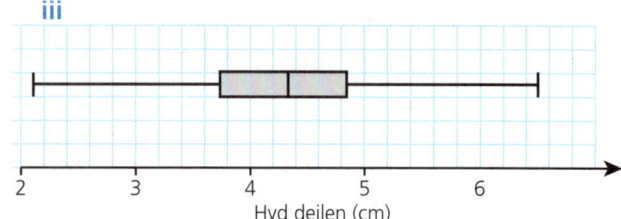
Hyd deilen (cm)

iv Hyd at 5 allanolyn ar y pen isaf.
Hyd at 3 allanolyn ar y pen uchaf ond nid oes modd i chi ddweud a oedd unrhyw ddail sy'n hirach na 6.5 cm neu'n fyrrach na 2.1 cm heb weld y data gwreiddiol. Felly roedd Alex yn anghywir i ddefnyddio'r gair 'rhaid'.

Data deunewidyn

Profi eich hun (tudalennau 128–129)

1 i Anghywir   ii Anghywir
  iii Anghywir   iv Cywir
2 i C
  ii Cydberthyniad positif gwan
3 Mae'r data mewn dwy adran (oedolion a phlant, yn ôl pob tebyg). Yn achos yr oedolion, nid oes cydberthyniad, ac yn achos y plant o'u hystyried ar eu pen eu hunain mae cydberthyniad positif, ond fel set unigol, nid yw atchwel llinol yn gwneud unrhyw synnwyr.
4 i Anghywir   ii Anghywir   iii Anghywir

Cwestiwn enghreifftiol (tudalen 130)

i Cydberthyniad positif.
ii Mae'r rhanbarth lle mae'r ddwy wefan yn nodi eu bod nhw'n iach wedi'i dywyllu.

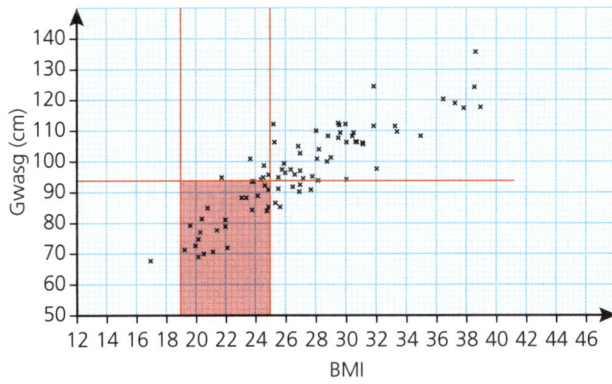

iii Mae gan ychydig llai na hanner ohonyn nhw BMI iach.
$\frac{36}{89} = 40.40... \% \approx 40\%$

Pennod 15 Gweithio â thebygolrwydd

Profi eich hun (tudalen 135)

1 $\frac{1}{8}$

2 i Anghywir   ii Cywir   iii Anghywir
  iv Cywir   v Cywir
3 0.64
4 i Cywir   ii Anghywir
  iii Cywir   iv Cywir
5 i 0.9
  ii $0.9 - 0.4 \times 0.5 = 0.7$

Cwestiwn enghreifftiol (tudalen 136)

i a $P(M) = \frac{3}{5}$
  b $P(M \cap B) = \frac{3}{25}$
  c $P(M' \cup A) = \frac{26}{50}$

ii A, C neu A, B neu B, C

iii $P(M) \times P(B) = \frac{3}{5} \times \frac{20}{100} = \frac{3}{25} = P(M \cap B)$ felly mae'r digwyddiadau'n annibynnol.

Pennod 16 Dosraniadau tebygolrwydd

Hapnewidynnau arwahanol

Profi eich hun (tudalennau 139–140)

1 i Na allai
  ii Gallai, os yw $k = \frac{1}{47}$
  iii Na allai
  iv Gallai
  v Na allai
2 0.04
3 0.35
4

Nifer y goliau	0	1	2
Tebygolrwydd	$\frac{1}{16}$	$\frac{2}{8}$	$\frac{9}{16}$

Cwestiwn enghreifftiol (tudalen 140)

i $p = \frac{11}{30}$

ii Os yw X = 4, yna byddai'r bumed ferch hefyd yn cael y rhodd a brynodd hi, felly byddai X yn 5 nid 4.

iii $P(X = 5) = \frac{1}{5} \times \frac{1}{4} \times \frac{1}{3} \times \frac{1}{2} \times 1$

$P(X = 5) = \frac{1}{120}$

Y dosraniad unffurf arwahanol

Profi eich hun (tudalen 142)

1 i Gallai
  ii Na allai, nid yw'n unffurf
  iii Na allai, nid yw'n arwahanol
  iv Gallai
  v Na allai, nid yw'n arwahanol nac yn feidraidd.
2 i 0.002   ii 0.01
3 i $\frac{1}{23}$ ii $\frac{4}{23}$ iii $\frac{3}{23}$
  iv $\frac{7}{23}$ v 0
4 i 0.05   ii 0.25   iii 0.35
  iv 0.4   v 0.5

Cwestiwn enghreifftiol (tudalen 142)

i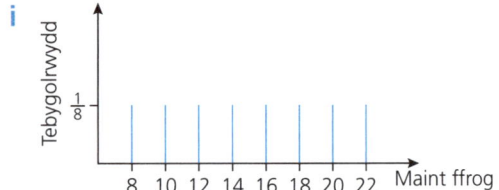

ii 0.125

iii 0.5

iv Mae pob maint yr un mor debygol o gael ei werthu gyntaf.

v Pe bai'r tybiaethau modelu'n ddilys, byddai'n gwerthu un sy'n is na'r cyfartaledd tua hanner yr amser; am ei fod fel arfer yn is na'r cyfartaledd, mae'n annhebygol o fod yn ddilys.

Y dosraniad binomaidd

Profi eich hun (tudalen 146)

1 i Nac ydy   ii Binomaidd   iii Nac ydy
   iv Nac ydy   v Nac ydy

2 0.1323

3 0.2461

4 26.5%

5 i Cywir   ii Cywir   iii Anghywir
   iv Cywir   v Anghywir

6 0.5583

7 0.7380

Cwestiwn enghreifftiol (tudalen 147)

i Mae'r cyfanswm yn hafal i nifer y digidau sy'n hafal i 1.

ii Tybio bod y dewis o ddigid yn annibynnol bob tro.

iii 0.2256   iv 0.0730   v 0.8540

Y dosraniad Poisson

Profi eich hun (tudalen 149)

1 i Nac ydy, mae'n rhaid mai X yw nifer y ...
   ii Ydy
   iii Nac ydy; nid yw'r gyfradd yn unffurf.
   iv Ydy
   v O bosibl; ydy, os ydych chi'n tybio nad yw tymor y flwyddyn yn effeithio ar y gyfradd gymedrig.

2 0.1255

3 0.0821

4 0.0474

5 i 2.765
   ii 0.0630
   iii Yr amlder cymharol ar gyfer 0-0 yw $\frac{11}{119}=0.0924$ sy'n eithaf gwahanol i'r tebygolrwydd a gyfrifwyd, felly efallai nad yw'n fodel da.

6 i 3   ii 0.4232

Cwestiwn enghreifftiol (tudalen 150)

i 0.3679   ii 0.0803   iii 0.1954

iv Os yw'r clefyd yn heintus, yna gallai nifer o bobl ddal y clefyd a chael eu derbyn i'r ysbyty tua'r un amser. Mae hyn yn golygu nad yw'r digwyddiadau'n annibynnol, felly efallai nad yw'r dosraniad Poisson yn ddilys.

Pennod 17 Profi rhagdybiaethau ystadegol gan ddefnyddio'r dosraniad binomaidd

Profi rhagdybiaethau ystadegol gan ddefnyddio'r dosraniad binomaidd (profion ungynffon)

Profi eich hun (tudalen 156)

1 i $H_0 : p = \frac{2}{3}$
    $H_1 : p > \frac{2}{3}$

   ii C

   iii Derbyn H_0 gan mai'r gwerth-p yw 0.1515 sy'n fwy na 5%.

   iv Nid oes tystiolaeth ddigonol ar lefel o 5% i gyfiawnhau'r honiad bod mwy na dau draean o aelwydydd yn ailgylchu gwydr.

2 i $X = 10$ ii 2.82%   iii 89.26%
   iv $X \geq 41$, 4.02%, 55.63%

3 i Anghywir   ii Cywir   iii Cywir
   iv Anghywir   v Cywir

Cwestiwn enghreifftiol (tudalen 156)

i $H_0 : p = 0.9$
   $H_1 : p > 0.9$
   lle p yw cyfran y plant 11–16 oed yn yr ardal sydd â ffonau symudol.

ii Mae tystiolaeth ddigonol, ar lefel o 5%, i awgrymu bod cyfran y plant sydd â ffonau symudol wedi cynyddu.

iii Na fydden, am mai'r gwerth-p yw 0.05%

Profion dwygynffon

Profi eich hun (tudalen 159)

1 $X \leq 4, X \geq 15$

2 $X \leq 4, X \geq 12$

3 i $H_0 : p = 0.45$
    $H_1 : p \neq 0.45$

   ii $P(X \geq 16) = 0.04396$

   iii 0.04396 > 2.5% felly dylai Alwyn dderbyn y rhagdybiaeth nwl. Nid oes tystiolaeth ddigonol bod yr ymgyrch wedi newid dewis pobl.

4 $X \geq 7$

5 i $H_0: p = 0.5$
$H_1: p \neq 0.5$

ii Y gwerth-p yw $P(X \geq 13) = 0.0481 > 2.5\%$
neu
Y rhanbarth critigol yw $X \leq 4$ neu $X \geq 14$. Nid yw $X = 13$ yn y rhanbarth critigol.
Derbyn H_0. Nid oes digon o dystiolaeth bod tuedd tuag at ddewis llythrennau neu rifau.

Cwestiwn enghreifftiol (tudalen 159)

i $H_0: p = 0.05$
$H_1: p \neq 0.05$
lle p yw cyfran y platiau diffygiol sy'n cael eu cynhyrchu.

ii Y rhanbarth critigol yw $X \geq 6$.

iii Nid oes tystiolaeth, ar lefel o 5%, fod cyfran y platiau diffygiol wedi newid.

iv 1.39%

v 90.32%

Cwestiynau adolygu (Penodau 13–17) (tudalennau 160–161)

1 i 50.8 (i 1 lle degol)
ii Rheswm addas, e.e. efallai nad yw pobl yn cofio union nifer y gwersi a gawson nhw, felly mae gofyn iddyn nhw ddewis grŵp yn gywirdeb realistig.

2 i Dau sylw gwahanol, e.e.
- Mae gan y dosraniadau siâp a safle tebyg.
- Mae'r data ar gyfer 1896–1905 yn fwy gwasgaredig na'r data ar gyfer 1996–2005.

ii Canolrif 5.2°C; amrediad rhyngchwartel 1.55°C

iii Roedd y tymereddau yn 1996–2005 ychydig yn uwch a llai gwasgaredig ond byddai'n anodd cyfeirio atyn nhw fel tystiolaeth o gynhesu byd-eang.
NEU
Data ar gyfer un lle ar ddwy adeg sydd yma, felly nid yw'n bosibl dweud a yw hyn yn rhan o newid byd-eang dros amser.

3 i a £51 587 i'r bunt agosaf
b £39 600
ii Mae'r ymddiriedolwr newydd yn ennill llai na'r lleill i gyd. Bydd ei chynnwys hi yn gostwng y cymedr. O ran y canolrif, bydd y rhif newydd ar waelod y rhestr ac fe fydd 10 rhif yn y rhestr yn lle 9. Y canolrif newydd yw £35 340.
iii Canolrif am nad yw'n cael ei effeithio gan werth uchel nac isel iawn.

4 0.65

5 $\dfrac{7}{216}$

6 i Mae'r ambiwlansys yn mynd heibio ar hap ac yn annibynnol ac ar gyfradd unffurf

ii 0.0302
iii 0.2746

7 i 0.0182 (i 3 ffigur ystyrlon)
ii Mae tystiolaeth, ar lefel o 5%, i awgrymu bod y tebygolrwydd o gael pedwar yn llai na $\dfrac{1}{8}$.

8 i $H_0: p = 0.08$
$H_1: p \neq 0.08$
lle p yw cyfran y llysieuwyr ym mhoblogaeth oedolion yr ardal.

ii $\{0, 1, 2\} \cup \{x \geq 15\}$ lle x yw nifer y llysieuwyr yn y sampl.

ADRAN 5: UNED 2 MECANEG

Targedu wrth adolygu (Penodau 18–21) (tudalennau 162–164)

1 i 50 s
ii

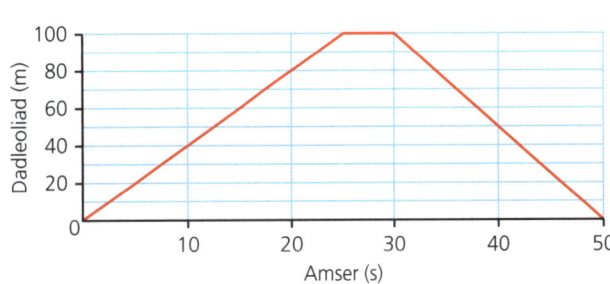

2 $3.3 \, \text{m s}^{-1}$

3 20.0 s

4 $0.6 \, \text{m s}^{-2}$, sero, $0.05 \, \text{m s}^{-2}$

5 i $-1.25 \, \text{m s}^{-2}$
ii 40 m

6 4 s

7 i 0.495 s
ii $4.85 \, \text{m s}^{-1}$

8 $12.5 \, \text{m s}^{-1}$

9 $11g = 107.8 \, \text{N}$, yn fertigol i fyny

10

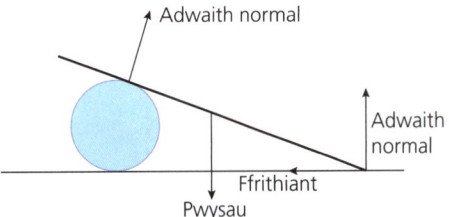

11 Y grym ffrithiannol yw mg

12 i 490 000 N
ii $6.2 \, \text{m s}^{-2}$

13 6.06 N

14 O'r chwith i'r dde $T_1 - 0.5g = 0.5a$, $T_2 - T_1 = 2a$, $1.5g - T_2 = 1.5a$

15 Nid yw a yn gyson

16 Ydy, pan fydd $t=16$ s
17 6 m
18 $\sqrt{205}$ ar ongl 77.9° i'r cyfeiriad-**i** negatif
19 $x = -3, y = 34$
20 $2\mathbf{i}+3.5\mathbf{j}$ m s^{-2}

Pennod 18 Cinemateg

Defnyddio graffiau i ddadansoddi mudiant

Profi eich hun (tudalen 170)

1 C

2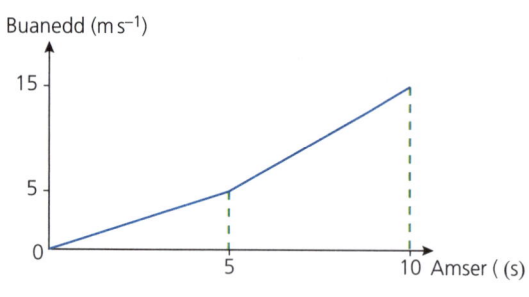

$$\frac{\frac{1}{2}(5 \times 5) + \frac{1}{2}(5+15)5}{10} = 6.25 \text{ m s}^{-1}$$

3 i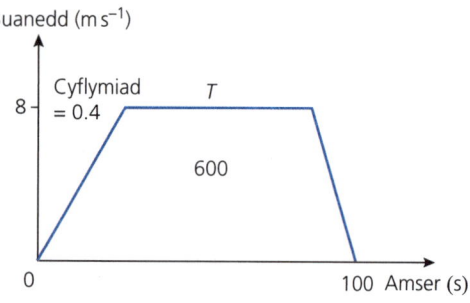

ii 20 s

iii $\frac{1}{2}(T+100) \times 8 = 600$ felly $T = 50$ s

Cwestiwn enghreifftiol (tudalen 170)

i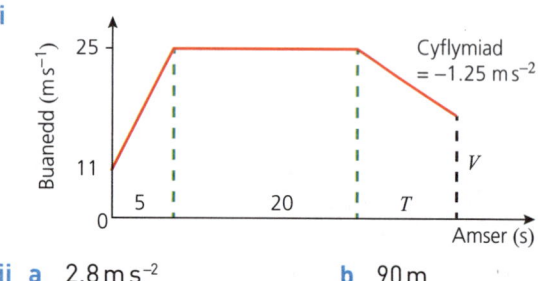

ii a 2.8 m s^{-2} b 90 m

iii $T = 12, V = 10$

iv 21.6 m s^{-1}

v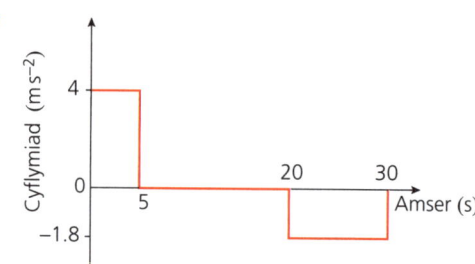

Defnyddio fformiwlâu cyflymiad cyson

Profi eich hun (tudalennau 173–174)

1 i B   ii Ch   iii C
   iv Unrhyw un os yw'r gwerth ar gyfer v yn cael ei ddefnyddio.

2 i -1.5 m s^{-2}
   ii 300 m

3 $t = 200$ s, $v = 40 \text{ m s}^{-1}$

4 4816 m

5 Mae Kirsty yn dal i fyny â Jonathan ar ôl 2.17 s (17.35 m). Yna, mae Jonathan yn dal i fyny â Kirsty eto 13.83 s (110.65 m) ar ôl dechrau'r ras.

Cwestiwn enghreifftiol (tudalen 174)

i 48 m   ii 14 s

Mudiant fertigol o dan effaith disgyrchiant

Profi eich hun (tudalen 176)

1 0.459 m

2 15.9 m

3 2.08 s

4 20 m s^{-1}, 8 m

5 Gan ddefnyddio $u = 20$ ac $s = -8$, 23.6 m s^{-1} tuag i lawr

Cwestiwn enghreifftiol (tudalen 176)

i 40 m

ii 27.5 m

Pennod 19 Grymoedd a deddfau mudiant Newton

Grymoedd a deddf gyntaf Newton

Profi eich hun (tudalennau 179–180)

1 i Anghywir   ii Anghywir   iii Anghywir
   iv Cywir   v Anghywir

2 i Cywir   ii Cywir
   iii Anghywir   iv Cywir

3 i A   ii B   iii C
   iv B   v Ch

4 i

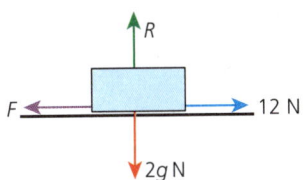

ii $R = 2g = 19.6$ N

iii $F = 12$ N yn llorweddol mewn cyfeiriad dirgroes i'r grym 12 N.

Cwestiwn enghreifftiol (tudalen 180)

i

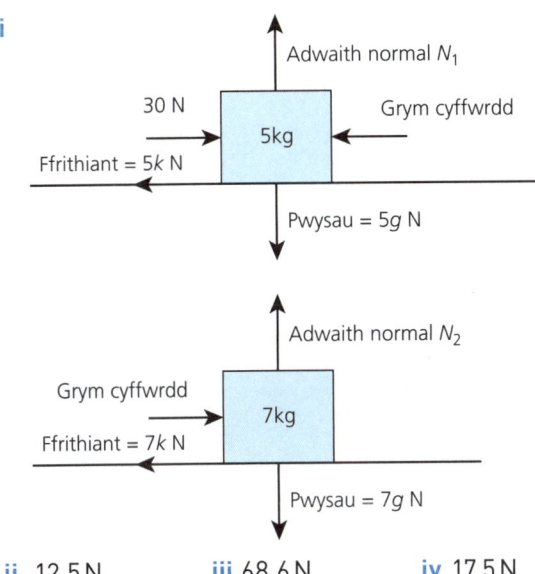

ii 12.5 N   iii 68.6 N   iv 17.5 N

Ail Ddeddf Newton

Profi eich hun (tudalennau 182–183)

1   9600 N
2   0.6 m s^{-2}
3   i   0.75 m s^{-2} ii   2 s   iii   3.2 s
4   Pan fydd y lifft yn cyflymu tuag i fyny. Mae angen i'r grym cyffwrdd tuag i fyny arnoch chi fod yn fwy na'ch pwysau.

Cwestiwn enghreifftiol (tudalen 183)

i   2 m s^{-2} ii   3.75 s   iii   600 N

Trydedd Ddeddf Newton

Profi eich hun (tudalen 186)

1

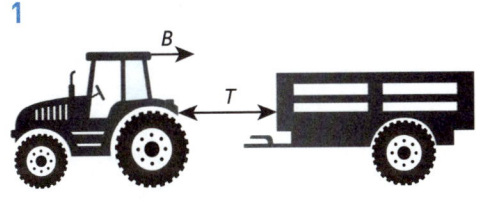

i   Anghywir   ii   Cywir
iii   Anghywir   iv   Cywir

2   i   830 N   ii   Gwthiad 280 N
3   i

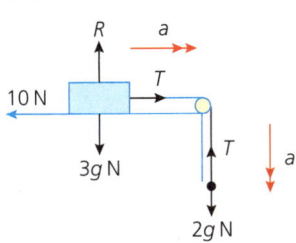

ii   bloc $T - 10 = 3a$, sffêr $2g - T = 2a$
iii   1.92 m s^{-2}

Cwestiwn enghreifftiol (tudalen 186)

i   60 N, 0.5 m s^{-2} ii   4.25 N
iii   17 N   iv   7 s

Pennod 20 Cyflymiad amrywiol

Profi eich hun (tudalen 190)

1   $t = 0.125$ s
2   $v = -2$ m s^{-1} felly'r buanedd yw 2 m s^{-1} a'r cyfeiriad yw tuag i lawr
3   i $t = 2$ s
   ii

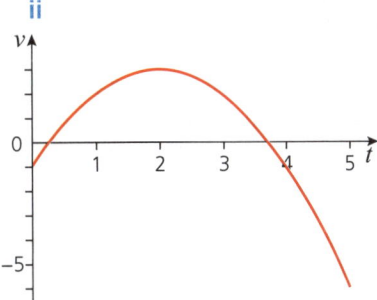

   iii   Pan fydd $t = 5, v = -6$ felly'r buanedd mwyaf yw 6 m s^{-1}

4   i $\int_2^4 (30t - 3t^2 - 63)\, dt = -2$ m

   ii $v = 0$ pan fydd $t = 3$

    $\int_2^3 (30t - 3t^2 - 63)\, dt = -7$ a

    $\int_3^4 (30t - 3t^2 - 63)\, dt = 5$ felly'r pellter yw 12 m

Cwestiwn enghreifftiol (tudalen 190)

i $a = 6 - 2t$ m s^{-2}
ii $t_1 = 1$ s, $t_2 = 5$ s
iii $\frac{32}{3}$ m
iv   a   Ydy   b   Nac ydy
v $15\frac{1}{3}$ m

Pennod 21 Cinemateg mewn 2 ddimensiwn

Profi eich hun (tudalen 194)

1. 327°
2. 17 uned ac 118.1° i'r echelin-x bositif.
3. $\sqrt{5}$ uned a 206.6° i'r echelin-x bositif.
4. $-4\mathbf{i} - 7.8\mathbf{j}\,\text{m s}^{-2}$
5. i Anghywir ii Cywir
   iii Cywir iv Cywir
6. $-0.4\mathbf{i} + 0.1\mathbf{j}\,\text{N}$
7. $-15\mathbf{i} + 2\mathbf{j}\,\text{N}$

Cwestiwn enghreifftiol (tudalen 194)

i $-6.86\mathbf{j}\,\text{N}$
ii $a = 5$, $b = 11.86$
iii $\mathbf{a} = -2.86\mathbf{i} + 1.63\mathbf{j}$
   $|\mathbf{a}| = 3.29\,\text{m s}^{-2}$ ar 150.3° i'r echelin-x bositif.

Cwestiynau adolygu (Penodau 18–21) (tudalennau 195–196)

1. i 25 m ii 75 m
   iii 30 s iv 2.5 s^{-2}
2. i I ddechrau, mae'r gronyn yn teithio tua'r gogledd â chyflymder o 20 m s^{-1}. Mae'n arafu ar gyfradd gyson o 10 m s^{-1} ar ôl 10 s. Yna, mae'n teithio ar fuanedd cyson am y 10 s nesaf. Yna, mae'n arafu, ar gyfradd gyson unwaith eto, gan gyrraedd 4 m s^{-1} ar ôl 20 s arall.
   ii $-1\,\text{m s}^{-2}$, $0\,\text{m s}^{-2}$, $-0.3\,\text{m s}^{-2}$
   iii 590 m i'r gogledd o'r tarddbwynt.
3. 6 munud 45 eiliad
4. 4.8 s
5. i

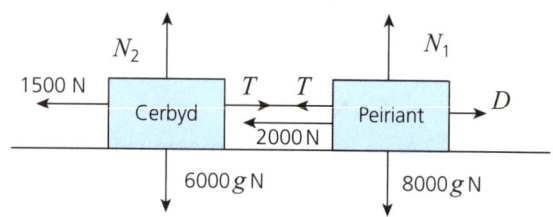

   ii $D = 3500\,\text{N}$, $N_1 = 78400\,\text{N}$, $N_2 = 58800\,\text{N}$, $T = 1500\,\text{N}$
6. i 553.5 N
   ii 441 N
   iii 283.5 N
7. i 1.25 m s^{-2}
   ii 3125 N
   iii 900 N
   iv 1975 N
8. i $a = 4.8 - 1.2t$. Ar $t = 4$ mae hi wedi cyrraedd ei chyflymder mwyaf.
   ii a 25.6 m
      b 64 m
   iii 11.75 s
9. i $-2.5g\mathbf{j}\,\text{N}$
   ii $(1.25\mathbf{i} + 32.5\mathbf{j})\,\text{N}$